U1074953

全国技工院校“十二五”系列规划教材

中国机械工业教育协会推荐教材

维修电工综合实训教程

主　编　张静之　刘建华

副主编　朱彩萍　孙鹏涛

参　编　郑　昊　牟智刚

陈晓婷　黄　颖

机械工业出版社

本书以职业能力为核心，整合了中级维修电工所需掌握的基本知识和技能实践，按任务驱动模式编写。本书共分为4个单元36个项目，单元1为电子技术，讲述了常用电子元器件及其应用电路；单元2为电气控制电路的安装与调试，讲述了常见的液压控制机床滑台运动及机床滑台工作电气控制电路、双速电动机自动控制电路、正反转起动能耗制动控制电路、通电延时带直流能耗制动控制电路、减压起动控制电路等；单元3为机床电气控制电路故障分析与排除，讲述了M7130型平面磨床、Z3040型摇臂钻床电气控制电路故障分析与排除；单元4为可编程序控制器，以三菱FX_{2N}系列PLC为例讲述了其应用，并给出了利用其实现各种功能的实际应用电路。

本书可作为技工院校与中等职业学校电气运行与控制、机电一体化技术，高等职业院校机电自动化、电气工程、机电一体化等专业中级维修电工的技能鉴定实训课程用书，也可作为中级维修电工职业技能培训教材，还可作为电气工程技术人员的参考用书。

图书在版编目(CIP)数据

维修电工综合实训教程/张静之，刘建华主编．—北京：机械工业出版社，2013.1（2018.2重印）
全国技工院校“十二五”系列规划教材
ISBN 978-7-111-41140-6

Ⅰ.①维…　Ⅱ.①张…　②刘…　Ⅲ.电工—维修—技工学校—教材
Ⅳ.①TM07

中国版本图书馆CIP数据核字(2013)第008976号

机械工业出版社(北京市百万庄大街22号　邮政编码100037)
策划编辑：陈玉芝　责任编辑：陈玉芝
版式设计：霍永明　责任校对：闫玥红
封面设计：张　静　责任印制：孙　炜
保定市中画美凯印刷有限公司印刷
2018年2月第1版第2次印刷
184mm×260mm · 15印张 · 365千字
3001—4500册
标准书号：ISBN 978-7-111-41140-6
定价:33.00元

凡购本书，如有缺页、倒页、脱页，由本社发行部调换

电话服务	网络服务
社服务中心：(010) 88361066	教材网：http://www.cmpedu.com
销售一部：(010) 68326294	机工官网：http://www.cmpbook.com
销售二部：(010) 88379649	机工官博：http://weibo.com/cmp1952
读者购书热线：(010) 88379203	封面无防伪标均为盗版

全国技工院校“十二五”系列规划教材
编审委员会

顾　问： 郝广发

主　任： 陈晓明　李　奇　季连海

副主任： （按姓氏笔画排序）

丁建庆　王　臣　冯跃虹　刘启中　刘亚琴　刘治伟
李长江　李京平　李俊玲　李晓庆　李晓毅　佟　伟
沈炳生　陈建文　黄　志　章振周　董　宁　景平利
曾　剑　魏　葳

委　员： （按姓氏笔画排序）

于新秋　王　军　王　珂　王小波　王占林　王良优
王志珍　王栋玉　王洪章　王惠民　方　斌　孔令刚
白　鹏　乔本新　朱　泉　许红平　汤建江　刘　军
刘大力　刘永祥　刘志怀　毕晓峰　李　华　李成飞
李成延　李志刚　李国诚　吴　岭　何立辉　汪哲能
宋燕琴　陈光华　陈志军　张　迎　张卫军　张廷彩
张敬柱　林仕发　孟广斌　孟利华　荆宏智　姜方辉
贾维亮　袁　红　阎新波　展同军　黄　樱　黄锋章
董旭梅　谢蔚明　雷自南　鲍　伟　潘有崇　薛　军

总策划： 李俊玲　张敬柱　荆宏智

序

“十二五”期间，加速转变生产方式，调整产业结构，将是我国国民经济和社会发展的重中之重。而要完成这种转变和调整，就必须有一大批高素质的技能型人才作为后盾。根据《国家中长期人才发展规划纲要（2010－2020年）》的要求，至2020年，我国高技能人才占技能劳动者的比例将由2008年的24.4%上升到28%（目前一些经济发达国家的这个比例已达到40%）。可以预见，作为高技能人才培养重要组成部分的高级技工教育，在未来的10年必将会迎来一个高速发展的黄金期。近几年来，各职业院校都在积极开展高级工培养的试点工作，并取得了较好的效果。但由于起步较晚，课程体系、教学模式都还有待完善与提高，教材建设也相对滞后，至今还没有一套适合高级技工教育快速发展需要的成体系、高质量的教材。即使一些专业（工种）有高级工教材也不是很完善，或是内容陈旧、实用性不强，或是形式单一、无法突出高技能人才培养的特色，更没有形成合理的体系。因此，开发一套体系完整、特色鲜明、适合理论实践一体化教学、反映企业最新技术与工艺的高级工教材，就成为高级技工教育亟待解决的课题。

鉴于高级技工教材短缺的现状，机械工业出版社与中国机械工业教育协会从2010年10月开始，组织相关人员，采用走访、问卷调查、座谈等方式，对全国有代表性的机电行业企业、部分省市的职业院校进行了历时6个月的深入调研。对目前企业对高级工的知识、技能要求，各学校高级工教育教学现状、教学和课程改革情况以及对教材的需求等有了比较清晰的认识。在此基础上，他们紧紧依托行业优势，以为企业输送满足其岗位需求的合格人才为最终目标，组织了行业和技能教育方面的专家精心规划了教材书目，对编写内容、编写模式等进行了深入探讨，形成了本系列教材的基本编写框架。为保证教材的编写质量、编写队伍的专业性和权威性，2011年5月，他们面向全国技工院校公开征稿，共收到来自全国22个省（直辖市）的110多所学校的600多份申报材料。在组织专家对作者及教材编写大纲进行了严格的评审后，决定首批启动编写机械加工制造类专业、电工电子类专业、汽车检测与维修专业、计算机技术相关专业教材以及部分公共基础课教材等，共计80余种。

本系列教材的编写指导思想明确，坚持以达到国家职业技能鉴定标准和就业能力为目标，以各专业的工作内容为主线，以工作任务为引领，由浅入深，循序渐进，精简理论，突出核心技能与实操能力，使理论与实践融为一体，充分体现“教、学、做合一”的教学思想，致力于构建符合当前教学改革方向的，以培养应用型、技术型、创新型人才为目标的教材体系。

本系列教材重点突出了如下三个特色：一是“新”字当头，即体系新、模式新、内容新。体系新是把教材以学科体系为主转变为以专业技术体系为主；模式新是把教材传统章节模式转变为以工作过程的项目为主；内容新是教材充分反映了新材料、新工艺、新技术、新方法。二是注重科学性。教材从体系、模式到内容符合教学规律，符合国内外制造技术水平实际情况。在具体任务和实例的选取上，突出先进性、实用性和典型性，便于组织教学，以提高学生的学习效率。三是体现普适性。由于当前高级工生源既有中职毕业生，又有高中生，各自学制也不同，还要考虑到在职人群，教材内容安排上尽量照顾到了不同的求学者，适用面比较广泛。

此外，本系列教材还配备了电子教学课件，以及相应的习题集，实验、实习教程，现场操作视频等，初步实现教材的立体化。

我相信，本系列教材的出版，对深化职业技术教育改革，提高高级工培养的质量，都会起到积极的作用。在此，我谨向各位作者和所在单位及为这套教材出力的学者表示衷心的感谢。

原机械工业部教育司副司长

中国机械工业教育协会高级顾问

郝广发

前　言

为了适应我国职业教育的迅速发展，“以就业为导向”的教学改革不断深化，以职业能力为依据组织课程内容逐渐取代了以往的实验和认知课程。目前，图书市场上有关维修电工的教材及参考书籍虽然不少，但大多数是面向工人培训和社会培训的教材。近几年“以就业为导向”的教材有所发展，但很多也是将原有的较为成熟的实验进行整合，存在着教材理论性较深、缺乏实际应用实例、与工业生产实际脱节等问题，并不完全适用于职业技能教学。

本书以职业能力为核心，整合了维修电工所需掌握的基本知识和技能实践，按任务驱动模式编写。在内容上，力求做到理论与实际相结合，课题安排遵循人的认知规律和技能养成规律，一个项目即为一项职业能力，项目之间相对独立，又相互关联，符合循序渐进的教学要求，突出机电类职业院校生产实习教学的特点；职业技能教育依据由浅入深、由易到难的教学原则，力求培养出基本功好、灵活运用能力强的学生，使他们能得心应手地运用所学知识，为今后学习设备的装配、修理等技能打下扎实的基础，同时有助于学生通过技能鉴定考核，真正掌握本职业的实用技术与操作技能。

本书由上海工程技术大学高职学院张静之、刘建华主编。其中单元1的项目1、2、4、5由郑昊编写，项目3、项目6～10由刘建华编写；单元2的项目1～3由朱彩萍编写，项目4～11由张静之编写；单元3由孙鹏涛编写；单元4的项目1、项目4～7由陈晓婷编写，项目3、项目8～10由黄颖编写，项目2、项目11～13由牟智刚编写；全书由张静之负责统稿。在本书编写过程中，参考了一些书刊并引用了一些资料，难以一一列举，在此一并表示衷心的感谢。

由于编者水平有限，错误在所难免，恳请使用本书的师生和读者提出宝贵的意见。

编　者

目录

单元1 电子技术

1

知识目标

1）能识别电路元器件的符号。

2）能知道元器件的性能、工作原理及使用方法。

3）能理解所安装电路的控制原理。

技能目标

1）能阅读电路图。

2）能够识别电路所涉及的元器件的外形，并能够对它们进行检测。

3）能够独立安装电路接线。

4）会使用电工电子仪表进电路调试。

项目操作准备

1）穿好工作服、电工鞋，佩戴好学生证或工位证。

2）安全教育。

3）配备安装使用的设备、工具：电工常用工具；电烙铁及焊锡；万用表；示波器；直流稳压电源；信号发生器；晶体管图示仪；晶体管毫伏表；220V/12V 变压器；焊接电路板；连接导线若干。

4）检查相关仪器仪表，确保能够正常工作。

5）准备好有关书籍及学习用品。

项目1 RC 阻容放大电路的安装与调试

图 1-1a 所示是 RC 阻容放大电路的原理图，在完成如图 1-1b 所示实物焊接的基础上，进行电路的测试。

任务1 电阻的识别与检测

任务描述

电子电路中常用的元器件包括电阻、电容、二极管、晶体管、晶闸管、轻触开关、液晶、发光二极管、蜂鸣器、传感器、芯片、继电器、变压器、压敏电阻、熔断器、光耦合器、滤波器、接插件、电动机和天线等。从本次任务开始将逐步讲解相关的内容，读者可在

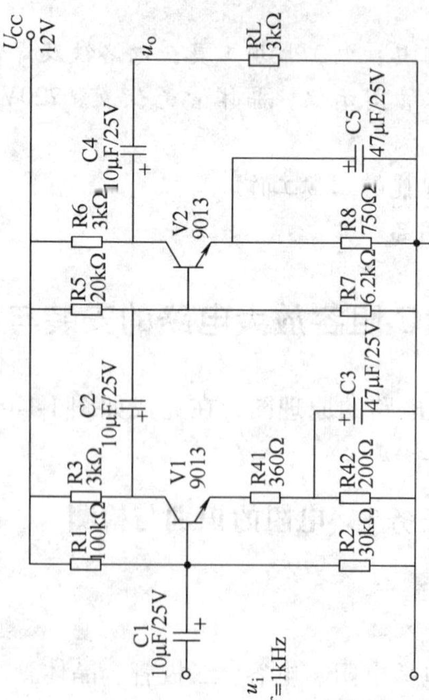

a)

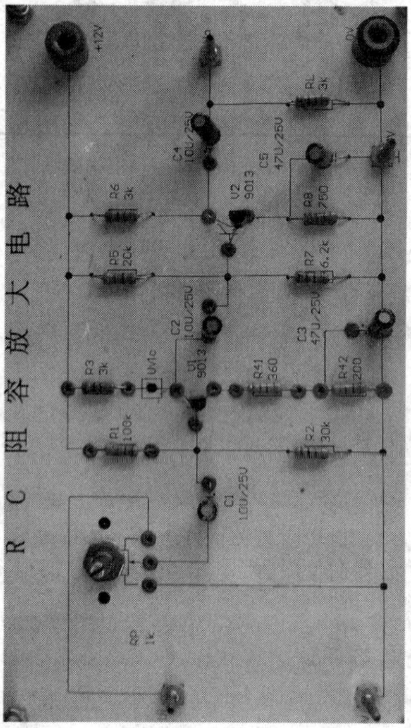

b)

图 1-1　RC 阻容放大电路

a) 原理图　b) 焊接实物图

往后的项目中注意积累相关知识。

1）能够对电阻进行简单的判别。掌握电阻的标称及识别方法。

2）能够用万用表对电阻进行测量，从而判断电阻的好坏与阻值。

相关知识

1. 电阻的符号与外形

作为电路中最常用的元件，电阻器通常简称为电阻（文字符号为“R”），如图1-2a所示。电阻几乎是任何一个电子电路中不可缺少的一种元件，顾名思义，电阻的作用是阻碍电流的运动。在电路中主要有缓冲、负载、分压、分流、保护等作用。本次任务中大多用的是碳膜电阻，它是目前在电子、电器、通信产品中使用量最大、价格最便宜、品质稳定性、信赖度最高的固定电阻。

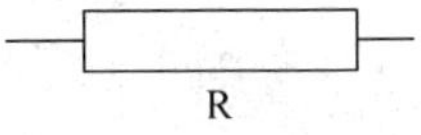

a）

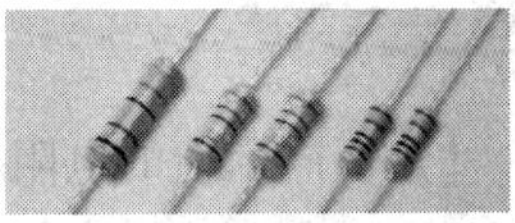

b）

图1-2　电阻的符号与外形

a）符号　b）外形

2. 电阻的标称及识别方法

（1）直标法　直标法对电阻的电阻值进行直接标注，并根据阻值数量级的不同规定如下：

1）1Ω以下的电阻，在阻值数的后面加上“Ω”符号，如0.5Ω。

2）1kΩ以下的电阻，可以只写数字，不写单位，如47、330、750。

3）1kΩ～1MΩ的电阻，以千欧为单位，符号是“k”，如6.8k、82k、680k。

4）1MΩ以上的电阻，以兆欧为单位，符号是“M”，如1M、10M。

（2）色环法　本任务电阻阻值的标称一般使用色环法表示。色环法指的是用不同颜色的色带或色点标注在电阻的表面上，以表示电阻的标称阻值和允许误差。其中有四环和五环之分，四环电阻误差比五环电阻要大，一般用于普通电子产品上，五环电阻一般都是金属氧化膜电阻，主要用于精密设备或仪器上。电阻色环法各种颜色所表示的意义如图1-3所示。

颜色	第一段	第二段	第三段	乘数	误差	
黑色	0	0	0	1		
棕色	1	1	1	10	±1%	F
红色	2	2	2	100	±2%	G
橙色	3	3	3	1k		
黄色	4	4	4	10k		
绿色	5	5	5	100k	±0.5%	D
蓝色	6	6	6	1M	±0.25%	C
紫色	7	7	7	10M	±0.10%	B
灰色	8	8	8		±0.05%	A
白色	9	9	9			
金色				0.1	±5%	J
银色				0.01	±10%	K
无					±20%	M

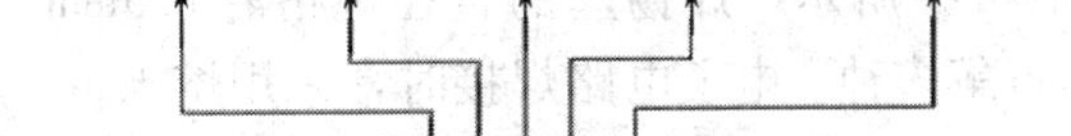

图1-3　电阻色环法各种颜色所表示的意义

例如，一个电阻器上面的四条色带的颜色从左到右为红、紫、橙、金，则根据图 1-2 中的规定，可知其阻值为 $27\times10^3\Omega=27k\Omega$，允许误差为 ±5%。

想一想

一个电阻五条色带的颜色从左到右为棕、紫、绿、金、银，该电阻的阻值是多少？

任务实施

1）不同阻值的电阻若干。

2）用色环法读出每个电阻的阻值。

3）利用万用表对不同阻值的电阻进行测量，判断电阻的好坏，并与色环标示的阻值进行对比。

检查评议

检查评议的内容分为万用表的正确使用和电阻判别检测两个主要部分，检测评分表见附录表 A-1。

1）万用表的正确使用方法，分析教师提出的无法正常使用情况的原因。

2）用万用表对电阻正常与否进行简单测试，剔除不合格元件，简要说明情况；合格的电阻读出相应的阻值。

任务 2　RC 阻容放大电路的安装

任务描述

RC 阻容放大电路的原理图如图 1-1a 所示，要求学生在对元器件进行简单判别基础上，在安全操作的前提下，按照焊接工艺的要求独立完成电路元器件的安装和电路的连接，在安装过程中理解电子元器件的焊接工艺，掌握元器件的焊接安装方法，同时确保安装的元器件无损坏、电路正确无短路。

相关知识

1. 焊接工具

电烙铁是手工焊接主要使用的焊接工具，最常用的是单一焊接使用的直热式电烙铁，它又可以分为内热式和外热式两种，如图 1-4 所示。常见规格有 25W、45W、75W、100W 和 300W 等。

2. 焊接材料

铅锡合金是常用的钎料，形状有锭状和丝状两种，丝状钎料通常在中心包含着松香，在焊接中使用较为方便，如图 1-5 所示。焊锡丝的直径规格有 0.5mm、0.8mm、1mm、1.2mm、2.5mm、3mm、4mm、5mm 等多种。电子电路焊接时常采用熔点低、流动性能好、机械强度好、直径为 1mm、含锡量为 61% 的松香芯焊锡丝。

助焊剂在焊接过程中熔化金属表面氧化物，起到保护作用，使钎料能尽快浸润到焊件金

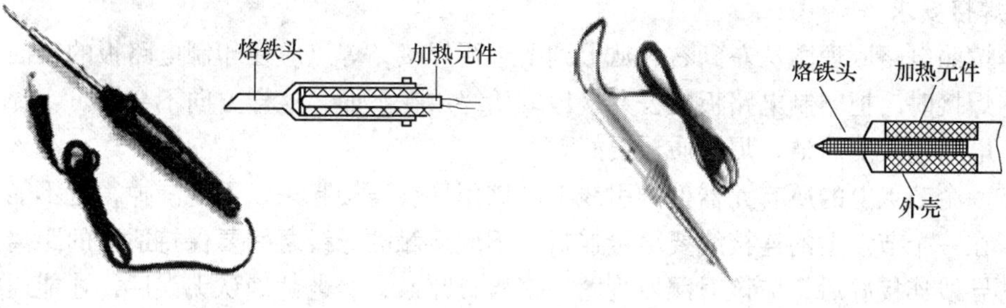

a)　　　　b)

图 1-4　电烙铁

a）内热式电烙铁　b）外热式电烙铁

属体上，以达到助焊的功能。助焊剂的种类很多，通常电子电路焊接一般使用松香作为助焊剂，如图 1-6 所示。

图 1-5　焊锡丝

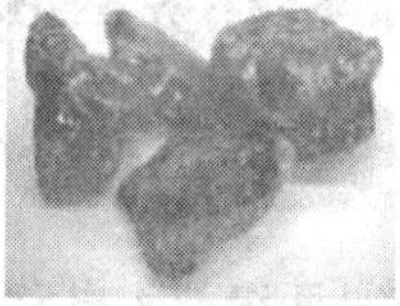

图 1-6　松香

任务实施

1. 元器件明细表

RC 阻容放大电路元器件明细见表 1-1。

表 1-1　RC 阻容放大电路元器件明细表

序　号	符　号	名　称	型号与规格	数　量
1	V1 ~ V2	晶体管	9013	2
2	C1、C2、C4	电容	10μF/25V	3
3	C3、C5	电容	47μF/25V	2
4	R1	电阻	RT、100 kΩ、0. 125W	1
5	R2	电阻	RT、30 kΩ、0. 125W	1
6	R3	电阻	RT、3kΩ、0. 125W	1
7	R41	电阻	RT、360Ω、0. 125W	1
8	R42	电阻	RT、200Ω、0. 125W	1
9	R5	电阻	RT、20 kΩ、0. 125W	1
10	R6	电阻	RT、3kΩ、0. 125W	1
11	R7	电阻	RT、6. 2Ω、0. 125W	1
12	R8	电阻	RT、750Ω、0. 125W	1
13	RL	电阻	RT、3 kΩ、0. 25W	1

2. 焊接要求

1）按照电路原理图从左到右、从上到下进行焊接，焊点应在印制电路板的反面。

2）焊接时，把印制电路板的公共接地端始终放在下面，这样方向不会错。

3）电路连接要简洁，焊接质量要好。

4）一个节点上的所有元器件的引线都应该用导线连接起来，不能漏掉，也不能多连。

5）在一个节点上的连接线要尽量连贯，不应接触的导线之间要保持适当的距离。

6）导线连接好后，应该对照原理图，多检查几遍，经老师确认无误后，才能通电。

检查评议

检查评议的内容分为电路安装操作和焊接工艺要求的复习两个主要部分，检测评分表见附录表 A-2。

1）独立完成电路的安装。

2）简述电烙铁使用的注意事项。

任务3　RC 阻容放大电路的调试

任务描述

RC 阻容放大电路是两级放大电路，为了使电路正常工作，应分别对两级进行调试，使整个电路都能工作在稳定状态，输出不失真的电压波形。本次任务就是要在完成安装的基础上用示波器完成电路直流工作点的测试和输入、输出信号波形的测量。万用表测量输入、输出电压，计算放大倍数，并对电压放大倍数进行理论分析。

相关知识

1. 晶体管的结构与符号

晶体管俗称三极管。常见晶体管的外形如图 1-7a 所示。在半导体锗或硅的单晶上制备两个能相互影响的 PN 结，组成一个 NPN 型晶体管结构如图 1-7b 所示，也可以构成 PNP 型晶体管结构如图 1-7c 所示。中间的 N 区（或 P 区）叫基区，两边的区域叫发射区和集电区，这三部分各有一条电极引线，分别叫基极（B）、发射极（E）和集电极（C）。晶体管是能起放大、振荡或开关等作用的半导体电子器件。晶体管的种类很多，按材料来分有硅材料和锗材料，本项目选用硅材料 NPN 型晶体管。

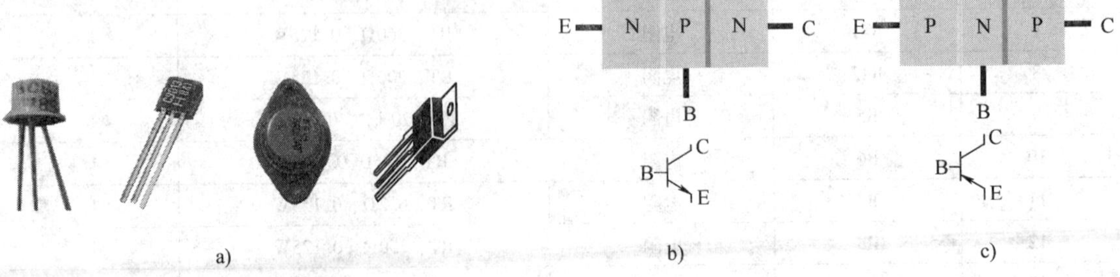

图 1-7　晶体管的结构与符号

a）常见晶体管的外形　b）NPN 型晶体管结构　c）PNP 型晶体管结构

2. 晶体管的工作状态及静态工作点

一般晶体管都有三种工作状态：放大状态、截止状态、饱和状态。在放大状态下，晶体管处于线性放大状态，当有交流信号输入时，晶体管便对信号进行放大，输出放大信号。在饱和状态下，晶体管处于非线性工作状态，此时晶体管的电流很大，当有交流信号输入时便进入饱和区，其信号便会产生非线性失真。在截止状态下，晶体管的各极电流都很小或为零，此时输入给晶体管的信号便进入截止区，其输出的信号产生很大的非线性失真。

晶体管是放大电路的核心器件，要使晶体管正常发挥作用，必须使晶体管处于合适的工作状态，即要设置合理的静态工作点。

当 $u_i=0$ 时，放大电路中没有交流成分，称为静态或直流工作状态。静态工作点可以用晶体管的电流和电压的一组数值来表示，分别是基极电流 I_{BQ}、集电极电流 I_{CQ} 和集射极电压 U_{CEQ}。它们在晶体管特性曲线上所确定的一个点，称为静态工作点，习惯上常用 Q 表示，又称为 Q 点。

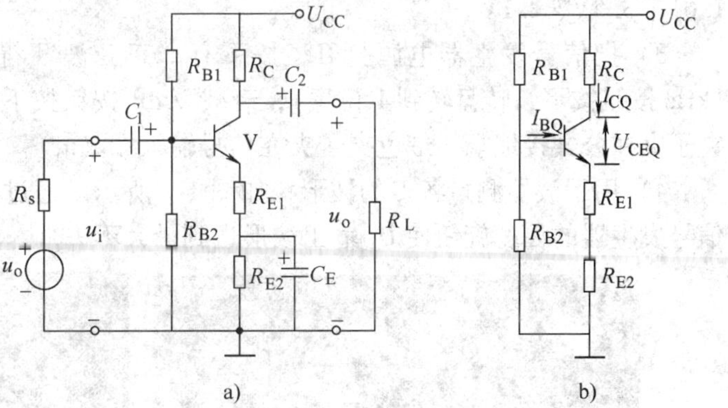

图 1-8 分压式负反馈放大电路

a）电路 b）直流通路

I_{BQ} 太小，交流信号 u_i 的负半波的全部或部分会使发射结进入“死区”，电路处于截止状态，失去对负半波的正常放大作用。I_{BQ} 过大，当输入信号正半周到来时，电路会进入饱和区，同样不能正常放大，由此可见 I_{BQ} 的值对放大电路工作好坏起着重要作用。此外，还有 I_{CQ} 和 U_{CEQ}，Q 点是由三者共同决定。

RC 阻容放大电路是由两级分压式负反馈放大电路构成的，其电路如图 1-8a 所示，图 1-8b 所示为电路的直流通路，简要介绍一下该电路静态工作点的计算。

$$U_{BQ}=\frac{U_{CC}R_{B2}}{R_{B1}+R_{B2}}$$

其中

$$I_{BQ}=\frac{U_{BQ}-U_{BEQ}}{(1+\beta)R_E}\quad R_E=R_{E1}+R_{E2}$$

$$I_{CQ}=\beta I_{BQ}$$

$$U_{CEQ}=U_{CC}-I_{CQ}(R_C+R_E)$$

3. 两级放大电路的放大倍数

如图 1-1a 所示，RC 阻容放大电路的两级之间通过耦合电容 C_2 及下级输入电阻连接，故称为阻容耦合。电容有隔直通交作用，它可以不影响前、后级之间的直流工作状态，故各级放大电路静态工作点可单独考虑。信号频率越低，电容阻值应越大。C_1 为信号源与第一级放大电路之间的耦合电容，C_4 为第二级放大电路与负载之间的耦合电容。信号源或前级放大电路的输出信号在耦合电阻上产生电压降，作为后级放大电路的输入信号。R_{41} 为交直流负反馈电阻，C_3、C_5 为旁路电容，它提供交流通道，第二级采用分压偏置共射级放大电路。图中为两级电压放大电路，第一级的输出电压即为第二级的输入电压，所以两级放大电路电压放大倍数为

$$A_u = \frac{u_o}{u_i} = \frac{u_{o1}}{u_i} \times \frac{u_o}{u_{i2}} = A_{u1} \times A_{u2}$$

任务实施

1）把直流稳压电源上的电压调到12V，然后把直流电压加到印制电路板电源接线柱上，要注意极性（直流电压正极夹子接 U_{CC} 端，负极夹子接公共接地端）。

2）用万用表测量 U_{V1C}、U_{V1E}、U_{V2C}、U_{V2E} 的数值（万用表调整到直流电压挡，量程为20V，红表笔分别碰四个测试点，黑表笔始终碰在公共接地端），此四个数值大约为3.1V、1.6V、3.5V、2.1V。

3）把信号发生器电源打开，按下有“正弦波”符号的按钮，将频率调到1kHz（把1kHz按钮按下，转盘转到1位置），衰减20dB按钮按下，幅度旋钮调到适当位置。把黑色夹子夹在公共接地端，红色夹子夹在信号输入端（u_i）。

4）用示波器测量各点的波形，如图1-9所示。通过调节电路板上的输入电位器或调节信号发生器的幅度旋钮使 U_o 输出波形达到最大不失真，如图1-10所示。

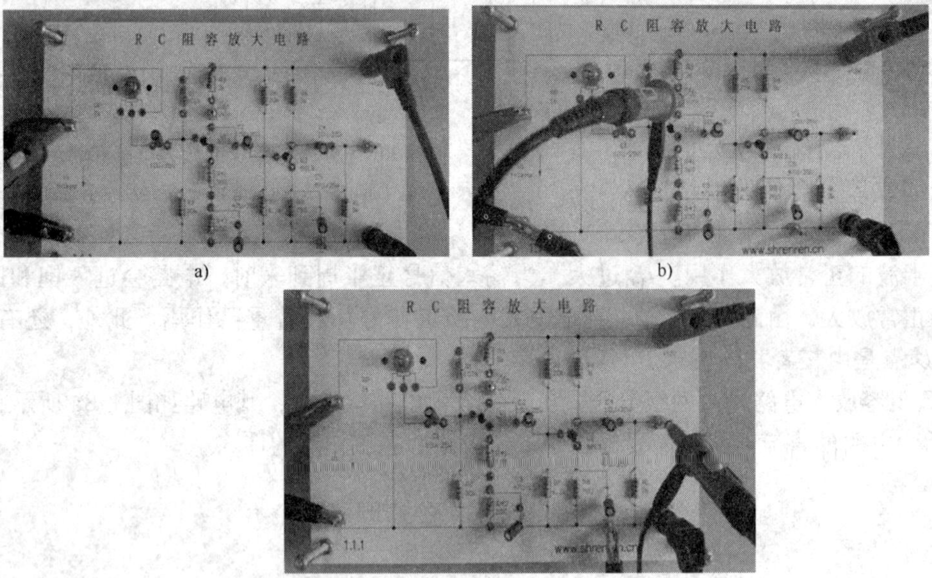

图1-9 用示波器测量各点的波形

a）测量输入信号 u_i b）测量第一级输出 c）测量第二级输出

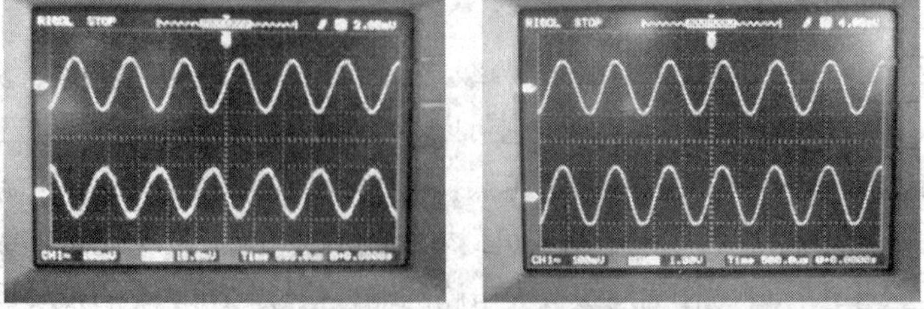

图1-10 各点波形对应关系

a）u_i 与 u_{o1} b）u_i 与 u_o

想一想

静态工作点设置不合适会给电路的正常工作带来哪些影响？此外，如果输入的电压过大会怎样？实际操作一下！

5）在图1-11中画出示波器测量的RC阻容放大电路各点波形图，并在不失真状态下用万用表测量四组数据填入表1-2中。

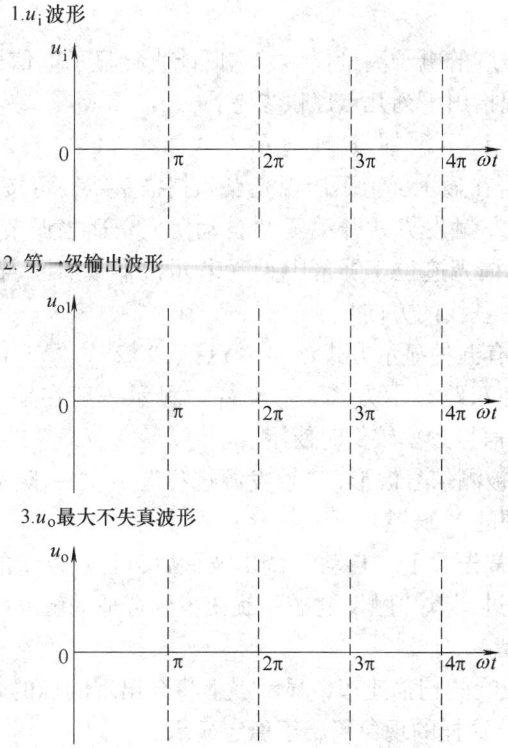

图1-11 RC阻容放大电路各点波形图

表1-2 测量数据记录

输入信号 U_i				
第一级输出信号 U_{o1}				
第二级输出信号 U_{o2}				
输出信号 U_o				
第一级电压放大倍数 A_{u1}				
第二级电压放大倍数 A_{u2}				
电压放大倍数 A_u				

检查评议

检查评议的内容将涵盖本项目的所有内容，电路的安装、调试及测量检测评分表见附录表 A-3。

1）独立完成元器件的选择和电路的安装。

2）运用万用表、示波器和信号发生器完成电路的调试。

3）波形和数据的测量与记录。

扩展知识

示 波 器

1. 示波器的使用

示波器是一种用途很广的电子测量仪器，它既能直接显示电信号的波形，又能对电信号进行各种参数的测量。现指出下列几点以供参考：

1）寻找扫描光迹，将示波器 Y 轴显示方式置“Y1”或“Y2”，输入耦合方式置“GND”，开机预热后，若在显示屏上不出现光点和扫描基线，可按下列操作去找到扫描线：① 适当调节亮度旋钮。② 触发方式开关置“自动”。③ 适当调节垂直（上下）水平（左右）“位移”旋钮，使扫描光迹位丁屏幕中央（若示波器设有“寻迹”按键，可按下“寻迹”按键，判断光迹偏移基线的方向）。

2）双踪示波器一般有五种显示方式，即“Y1”、“Y2”、“Y1 + Y2”三种单踪显示方式和“交替”“断续”两种双踪显示方式。“交替”显示一般在输入信号频率较高时使用。“断续”显示一般在输入信号频率较低时使用。

3）为了显示稳定的被测信号波形，“触发源选择”开关一般选为“内”触发，使扫描触发信号取自示波器内部的 Y 通道。

4）触发方式开关通常先置于“自动”调出波形后，若被显示的波形不稳定，可置触发方式开关于“常态”，通过调节“触发电平”旋钮找到合适的触发电压，使被测试的波形稳定地显示在示波器屏幕上。

有时，由于选择了较慢的扫描速率，显示屏上将会出现闪烁的光迹，但被测信号的波形不在 X 轴方向左右移动，这样的现象仍属于稳定显示。

5）适当调节“扫描速率”开关及“Y 轴灵敏度”开关使屏幕上显示 1 ~ 2 个周期的被测信号波形。在测量幅值时，应注意将“Y 轴灵敏度微调”旋钮置于“校准”位置，即顺时针旋到底，且听到关的声音。在测量周期时，应注意将“X 轴扫速微调”旋钮置于“校准”位置，即顺时针旋到底，且听到关的声音。还要注意“扩展”旋钮的位置。

① 信号幅值的测量。根据被测波形在屏幕坐标刻度上垂直方向所占的格数（div 或 cm）与“Y 轴灵敏度”开关指示值（V/div）的乘积，即可算得信号幅值的实测值。如果荧光屏上信号波形的峰-峰值为 $y$div，示波器探头衰减为 10 ∶ 1，Y 轴灵敏度为 0.02V/div，则所测电压的峰-峰值为

$$V_{PP} = 0.02\text{V/div} \times y\text{div} \times 10 = 0.2y\text{V}$$

式中，0.02V/div 是示波器无衰减时的灵敏度，即每格代表 20mV；10 为探头的衰减量；y 为被测信号在 Y 轴方向上峰-峰之间的距离，单位为格（div）。

② 时间（周期）的测量。时间测量时在 X 轴上读数，量程由 X 轴的扫描速度开关“t/div”决定。

a. 测量前对示波器进行扫描速度校准，测量时间过程中使该“微调”始终处于“校

准”位置上（信号频率较低时，波形不太稳定，有时需要适当调整X轴扫速微调旋钮才能使波形稳定）。

b. 测量信号波形任意两点间的时间间隔 t。

首先将被测信号送入Y轴，调节有关旋钮使荧光屏上出现1~2个稳定波形，然后测量 P、Q 两点的时间间隔 t。

然后读出 P、Q 两点在X轴上的距离为 $y$div。

最后记录“t/div”扫描挡位上的指示值，如为“N ms/div”，然后利用公式 $t = N$ ms/div × $y$div = $N \times y$ ms 计算时间间隔。根据 $f = 1/T$，先按时间的测量方法，测出周期，便可求得频率。

③ 上升时间 t_r、下降时间 t_f 的测量。将方波信号输入到示波器，扫描微调旋钮置于校准位置，调节灵敏度粗、微调旋钮，使信号的高电平线和低电平线分别与刻度板100%和0%刻度线相重合，读出上升沿与10%和90%两条刻度线交点的水平格数 L_r 和下降沿与10%和90%两条刻度线交点的水平格数 L_f，那么上升时间 $t_r = L_r$ 格 × μs/格，下降时间 $t_f = L_f$ 格 × μs/格。

前期调节简要口诀（适用于YB4320型示波器）：仅按一键（CH1或CH2）；两个位移（上下、左右位移居中）；三处到底（电平锁定、扫描速度校准微调、Y轴灵敏度微调全部顺时针旋到底）；四挡最上（两个AC-GND-DC耦合选择开关、触发源选择开关、触发方式开关都打到最上面）；五挡校准（校准时幅度和时间挡位置0.5V/div、0.5ms/div）。

注意：要开机预热，注意保护屏幕（暂时不用可将辉度调至最暗），必须使用专用探头（一般选择×1挡）。

2. YB4320型示波器各部分功能

YB4320型示波器面板如图1-12所示，其各部分功能如下：

（1）主机电源 ①电源开关（POWER）；②电源指示灯；③亮度旋钮（INTENSITY）；④聚焦旋钮（FOCUS）；⑤光迹旋转旋钮（TRACE ROTATION）；⑥刻度照明控制钮（SCALE ILLUM）。

（2）垂直方向部分 ㉚通道1输入端[CHI INPUT（X）]；㉔通道2输入端[CH2 INPUT（Y）]；㉒、㉙交流-接地-直流耦合选择开关（AC-GND-DC）；㉖、㉝衰减器开关（VOLT/DIV）；㉕、㉜垂直微调旋钮（VARIBLE）；⑳、㊱CH1×5扩展、CH2×5扩展（CH1×5MAG、CH2×5MAG）；㉓、㉟垂直移位（POSITION）；㉞通道1选择（CH1）；㉘通道2选择（CH2）；㉞、㉘双踪选择（DUAL）；㉛叠加（ADD）；㉑CH2极性开关（INVERT）。

（3）水平方向部分 ⑮扫描时间因数选择开关（TIME/DIV）；⑪X-Y控制键；㉓通道2垂直移位键（POSITION）；⑫扫描微调控制键（VARIBLE）；⑭水平移位（POSITION）；⑨扩展控制键（MAG×5）；⑧ALT扩展按钮（ALT-MAG）。

（4）触发（TRIG） ⑱触发源选择开关（SOURCE）；㊲交替触发（ALT TRIG）；⑲外触发输入插座（EXT INPUT）；⑩触发极性按钮（SLOPE）；⑰触发电平旋钮（TRIG LEVEL）；⑯触发方式选择（TRIG MODE）；⑦校准信号（CAL）；㉗接地端。

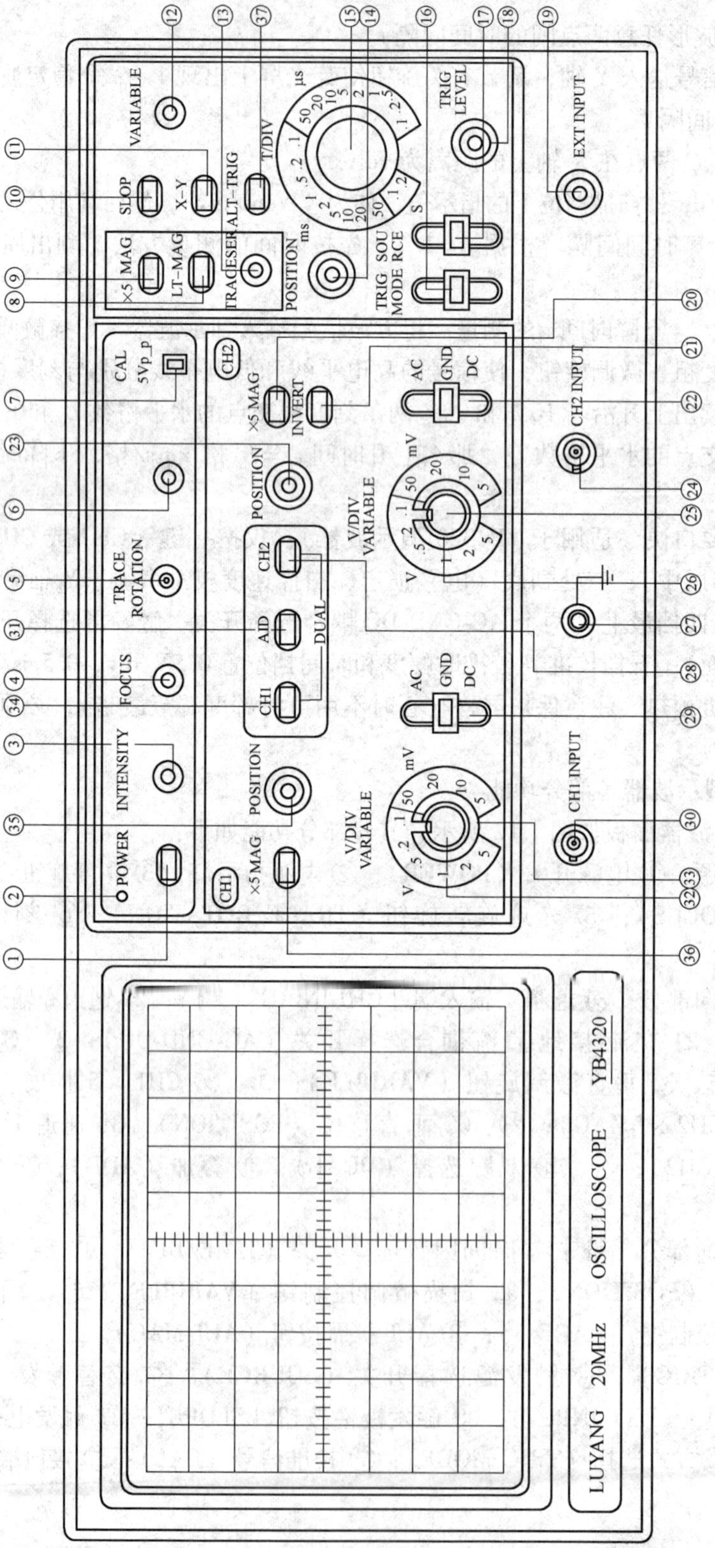

图 1-12 YB4320 型示波器面板

项目2 RC桥式振荡电路的安装和调试

图1-13a所示是RC桥式振荡电路的原理图，在完成如图1-13b所示的实物焊接的基础上，进行电路的测试。

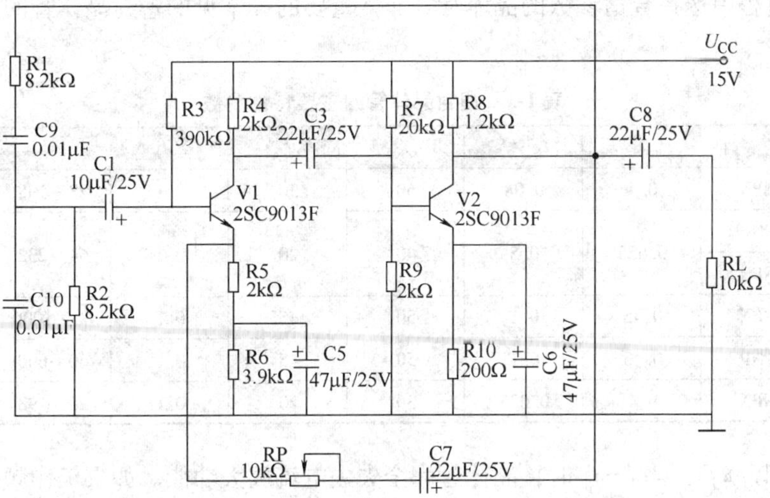

a)

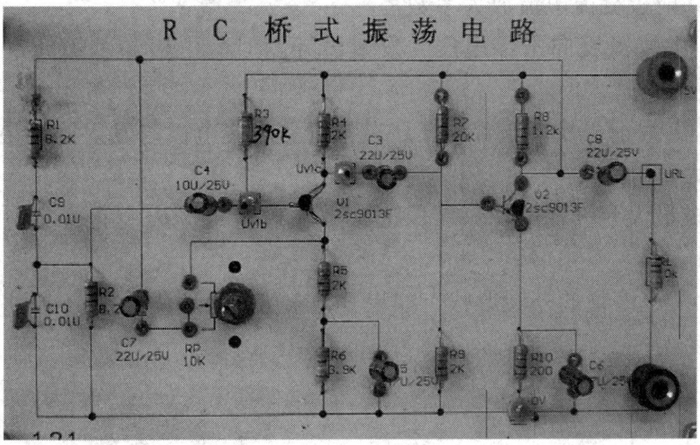

b)

图1-13 RC桥式振荡电路
a）原理图 b）焊接实物图

任务1 晶体管的识别与检测

任务描述

晶体管在电子电路中的应用十分广泛。晶体管的主要特性是对电信号进行放大或组成开关电路。通过本任务的学习，学生能够对从外形上识别晶体管。能够对晶体管的引脚进行简单的判别。了解晶体管型号命名方法，熟记型号构成的含义。掌握晶体管的常用参数。能够用万用表对晶体管进行检测。

相关知识

在使用过程中选择合适参数的晶体管是非常重要的，常见的塑封晶体管的主要特性参数见表1-3。

表1-3　塑封晶体管的主要特性参数

型　号	极　性	P_{CM}/W	I_{CM}/A	BU_{CBO}/V	BU_{CEO}/V	I_{CEo}/μA	h_{FE}	f_T/MHz
9011	NPN	0.4	0.08	50	30	0.1	28～198	150
9012	PNP	0.625	0.5	40	20	0.1	64～232	100
9013	NPN							
9014	NPN	0.45	0.1	50	45	0.1	60～1000	150
9015	PNP	0.45	0.1	50	45	0.1	60～600	100
9016	NPN	0.4	0.025	30	20	0.1	28～198	400

1）特征频率f_T：当$f=f_T$时，晶体管完全失去电流放大功能。如果工作频率大于f_T，电路将不正常工作。

2）工作电压/电流：用这个参数可以指定该管的电压/电流使用范围。

3）h_{FE}（β）：共射极交流电流放大系数。

4）U_{CBO}：集电极-基极反向击穿电压，发射极开路时集电极与基极间最大允许的反向电压。

5）U_{CEO}：集电极-发射极反向击穿电压，基极开路时集电极与发射极间最大允许的反向电压。一般为几千伏。

6）P_{CM}：集电极最大允许耗散功率。保证参数在规定范围内变化，集电结上允许损耗功率的最大值。

7）封装形式：指定该管的外观形状，如果其他参数都正确，封装不同将导致组件无法在电路板上实现安装。

任务实施

1. 区分晶体管的基极b

从晶体管的结构图可以看出，如果在c、e之间加测量电压，无论电源方向如何，总有一个PN结处于反向偏置状态，电路不会导通。具体步骤如下：

1）数字式万用表位选择二极管蜂鸣挡。

2）任意测量晶体管两引脚。

3）若数字式万用表显示“1”，则将红、黑表笔交换，再测这两个引脚一次，如图1-14所示。

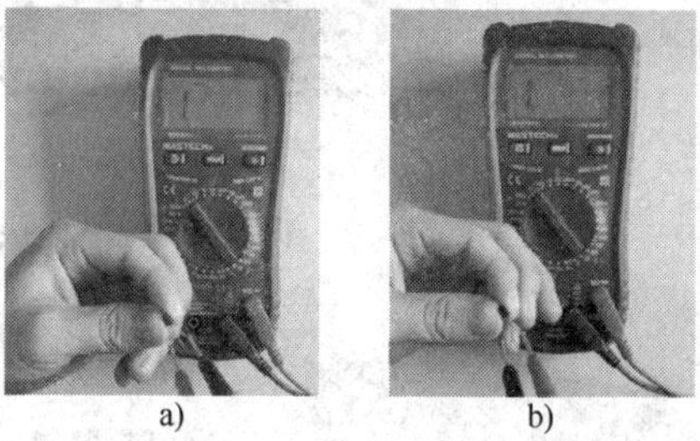

a)　　b)

图1-14　区分晶体管的基极

a）任意测量两个引脚

b）将红、黑表笔交换再测一次

结果：两次测得都是截止状态，说明被测的两个引脚是集电极 c 和发射极 e，剩下的一个则是基极 b。

2. 区分晶体管的极性（NPN、PNP）

测出晶体管的基极 b 后，通过再次测量来区分晶体管是 NPN 型还是 PNP 型。当在基极加测量电压的正极时，NPN 型晶体管的基极对另外两个极都是正向偏置，而 PNP 型晶体管的基极对另外两个极都是反向偏置。

1）数字式万用表位选择二极管蜂鸣挡。

2）测量 b→c 两端，万用表黑表笔接 c 端，红表笔接 b 端。

3）测量 b→e 两端，万用表黑表笔接 e 端，红表笔接 b 端，如图 1-15 所示。

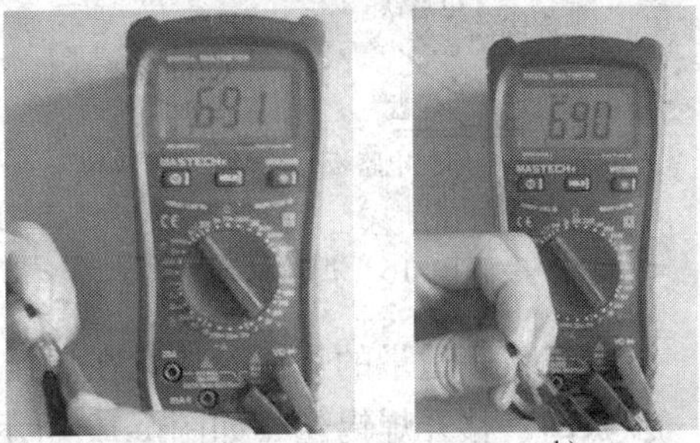

a) b)

图 1-15 区分晶体管的极性

a）b→e 两端导通 b）b→c 两端导通

结果：若两次全部正偏导通则说明为 NPN 型晶体管，若都反向截止则为 PNP 型晶体管。

想一想

如果晶体管的集电极和发射极判断反了，接入电路会怎样？

检查评议

检查评议的内容分为万用表的正确使用和晶体管的判别检测两个主要部分，检测评分表见附录表 A-1。

1）万用表的正确使用方法，并分析教师提出的无法正常使用情况的原因。

2）晶体管管型判别。

3）用万用表对晶体管的正常与否进行简单测试，如果发现不合格，简要说明原因。

任务2 RC 桥式振荡电路的安装

任务描述

RC 桥式振荡电路的原理图如图 1-13a 所示，要求学生在对元器件进行简单判别的基础上，在安全操作的前提下，按照焊接工艺的要求独立完成电路元器件的安装和电路的连接，在安装过程中理解电子元器件焊接工艺，掌握元器件的焊接安装方法，同时确保安装的元器件无损坏、电路正确无短路。

相关知识

基本焊接方法

通常焊接方法分为五个步骤：

步骤一：将元器件插入印制电路板（或铆钉板）后，先将发热后的电烙铁放到焊接处，如图 1-16 所示。

步骤二：将焊锡丝放到焊接处，如图 1-17 所示。

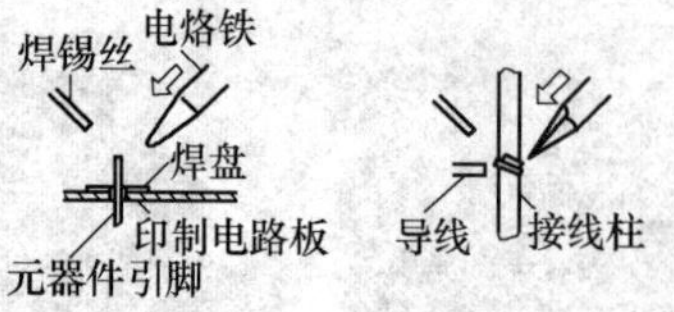

图 1-16　焊接步骤一

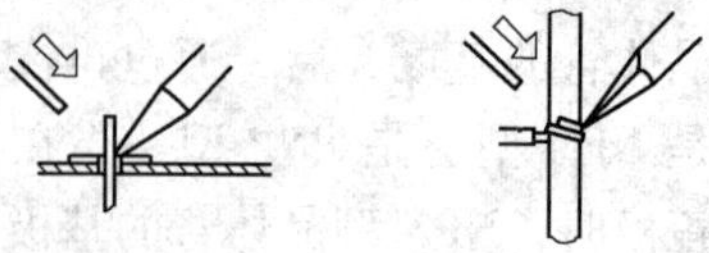

图 1-17　焊接步骤二

步骤三：等适量的焊锡丝熔化在焊接点上，如图 1-18 所示。

步骤四：移开焊锡丝，如图 1-19 所示。

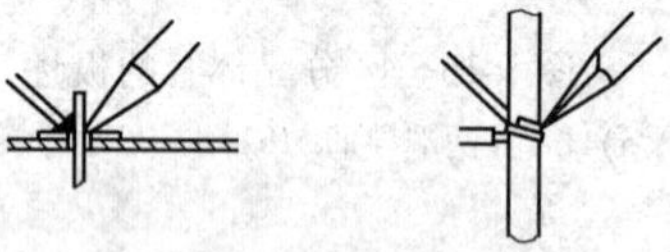

图 1-18　焊接步骤三

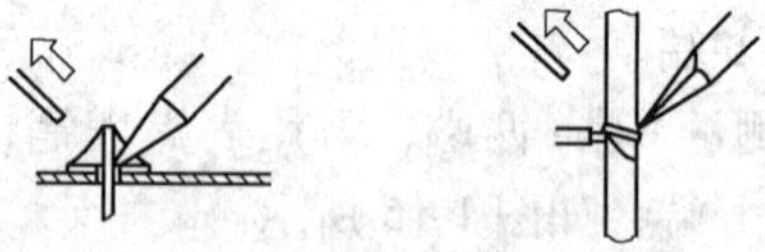

图 1-19　焊接步骤四

步骤五：移开电烙铁，如图 1-20 所示。

标准的焊接点应圆而光滑，无毛刺，焊锡量控制合适。焊锡量过多，造成焊接点上焊锡堆积容易造成短路，如图 1-21a 所示。焊锡量过少，造成焊接不牢靠，如图 1-21b 所示。焊锡量合适，如图 1-21c 所示。

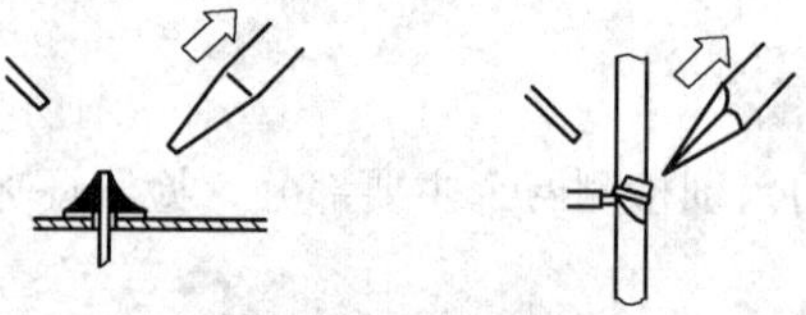

图 1-20　焊接步骤五

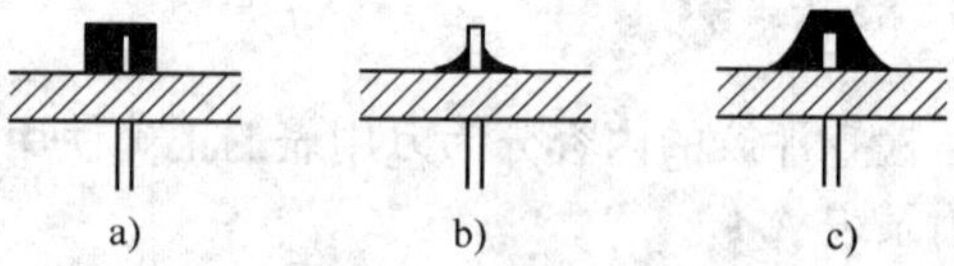

图 1-21　焊锡量的控制

a）焊锡量过多　b）焊锡量过少　b）焊锡量合适

焊接时应注意防止因焊锡外溅而烫伤手臂和脸。上锡时，注意导线上锡层不要太厚或出现不均匀现象。控制好焊接的时间和温度，防止虚焊、烧焦或出现毛糙不平的现象。通常整个焊接过程不超过 2～4s。

任务实施

RC 桥式振荡电路元器件明细见表 1-4。

表 1-4　RC 桥式振荡电路元器件明细表

序　号	符　号	名　称	型号与规格	数　量
1	V1、V2	晶体管	2SC9013F	2
2	R1、R2	电阻	RT、8.2kΩ、1/8W	2
3	R3	电阻	RT、390kΩ、1/8W	1
4	R4、R5、R9	电阻	RT、2kΩ、1/8W	3
5	R6	电阻	RT、3.9kΩ、1/8W	1

（续）

序　号	符　号	名　称	型号与规格	数　量
6	R7	电阻	RT、20kΩ、1/8W	1
7	R8	电阻	RT、1.2kΩ、1/8W	1
8	R10	电阻	RT、200Ω、1/8W	1
9	RP	电位器	WT、10（或15）kΩ、0.25W	1
10	RL	电阻	RT、10 kΩ、0.25W	1
11	C9、C10	电容	CGZX、0.01μF	2
12	C4	电容	10μF /25V	1
13	C3、C8	电容	22μF /25V	2
14	C7	电容	22μF /25V	1
15	C5、C6	电容	47μF /25V	2

焊接过程中的各项要求请读者对照项目1的任务2自行学习，完成焊接任务，在此不再赘述。

检查评议

检查评议的内容分为电路安装操作和焊接工艺要求的复习两个主要部分，检测评分表见附录表A-2。

1）独立完成电路的安装。

2）简述晶体管焊接时的注意事项。

任务3　RC桥式振荡电路的调试

任务描述

RC桥式振荡电路实质上是正反馈自激振荡电路，在电路的调试过程中，往往采用先开环后闭环、先直流后交流的步骤，主要包括：开环状态测量基本放大电路的静态工作点，初步判断工作点对电路工作的影响。调节反馈回路使振荡电路起振，测量输出最大不失真波形。在电路正常工作后对电路输出波形进行记录。测量输出电压数值。

相关知识

1. 反馈的概念

将放大电路输出信号（电压或电流）的一部分或全部，回送到输入回路中，从而使净输入信号增强或削弱的过程称为反馈。输出回路中反送到输入回路的那部分信号称为反馈信号，将反馈信号送回输入端的电路称为反馈网络，引入反馈的放大器叫反馈放大器，也叫闭环放大器，其结构框图如图1-22所示。而未引入反馈的放大器称为开环放大器，也叫基本放大器。在反馈放大器中，按照反馈信号的极性分可以分为正反馈和负反馈，反馈信号使净输入信号加强为正反馈，使净输入信号减弱为负反馈。

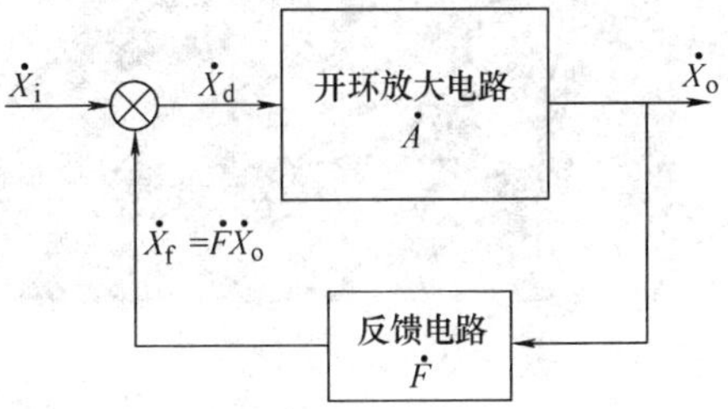

图1-22　反馈放大器的结构框图

2. 桥式振荡电路的分析

图1-13a所示电路是RC桥式振荡电路，由放

大电路和反馈电路两部分组成，其实质是一个正反馈自激振荡电路。放大电路是一个带有电压串联负反馈的两级阻容耦合放大电路，电位器 RP 是反馈电阻，输出电压 u_o 通过 RP 反馈到 V1 的发射极，因此调节 RP 就可调节放大倍数的大小，加上电压负反馈的第一个目的是为了降低放大倍数，因为按照振荡的幅度条件 $AF \geqslant 1$，在 $F_{max}=1/3$ 时，电路的闭环放大倍数只要 $A_f \geqslant 3$ 就够了，根据电压串联负反馈电路在深度负反馈条件下电压放大倍数的近似计算公式

$$A_f=\frac{\dot{U}_o}{\dot{U}_i}=1+\frac{R_{RP}}{R_{E1}}$$

可以估算出反馈电阻大小应为 $R_{RP} \geqslant 2R_{E1}$。

加上电压负反馈的另一个目的是使电路工作稳定，波形好，减小输入电阻对振荡频率的影响，增大振荡器带负载的能力等。

调节 RP 可以改变振荡器输出信号的频率。RC 桥式振荡电路输出电压稳定，波形失真小，频率调节方便。因此，在低频标准信号发生器中都用它来构成振荡电路。

为了使振荡电路能顺利起振并稳幅，要求电路中有稳幅措施。RC 桥式振荡电路中的稳幅措施是用热敏电阻来负反馈电位器 RP，热敏电阻是一种具有负温度系数的电阻，即冷态时电阻大，热态时电阻小。在起振时由于 $\dot{U}_o$ 小，流过 RP 的信号电流小，发热少，RP 电阻较大，所以放大倍数较大，满足了 $\dot{A}\dot{F}>1$ 的起振条件，随着振荡的建立，RP 上的信号电流增大，电阻发热，阻值减小，放大倍数减小，使 $\dot{A}\dot{F}=1$，使得电路的输出幅度稳定下来。

任务实施

1）焊下电容 C_4 一个引脚，把直流稳压电源上的电压调到 15V，然后把直流电压加到印制电路板电源接线柱上，要注意极性（直流电压正极夹子接 U_{CC} 端，负极夹子接公共接地端）。

2）用万用表测量 U_{V1C}、U_{V1E}、U_{V2C}、U_{V2E} 的数值（万用表调在直流电压挡，量程为 20V，红表笔分别碰四个测试点，黑表笔始终碰在公共接地端），此四个数值约为 11.2V、10.4V、10.6V、0.7V（仅做参考）。

3）关掉电源，焊上电容 C_4 引脚，再次打开电源后，用示波器测量各点的波形，如图 1-23 所示。通过调节电路板上的反馈电位器使 u_o 输出波形达到最大不失真，如图 1-24 所示。

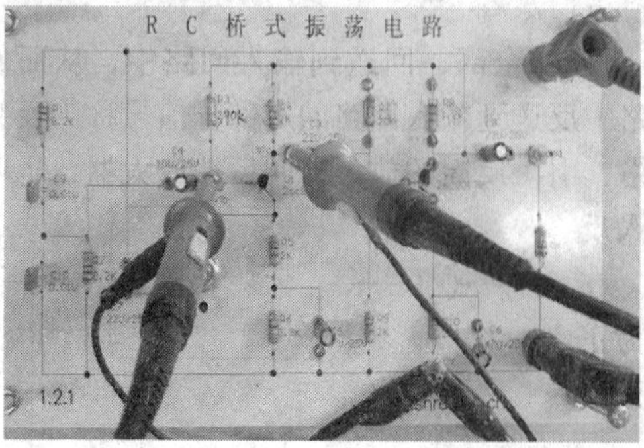

a)

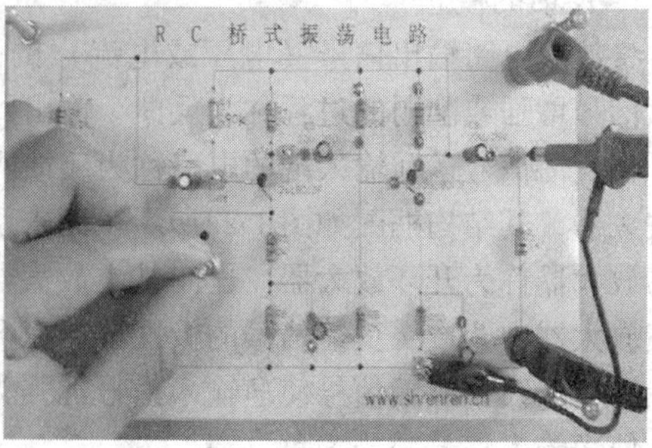

b)

图 1-23　用示波器测量各点的波形

a）测量正反馈信号 $u_{f(+)}$ 与 VT_1 集电极波形　b）测量输出波形

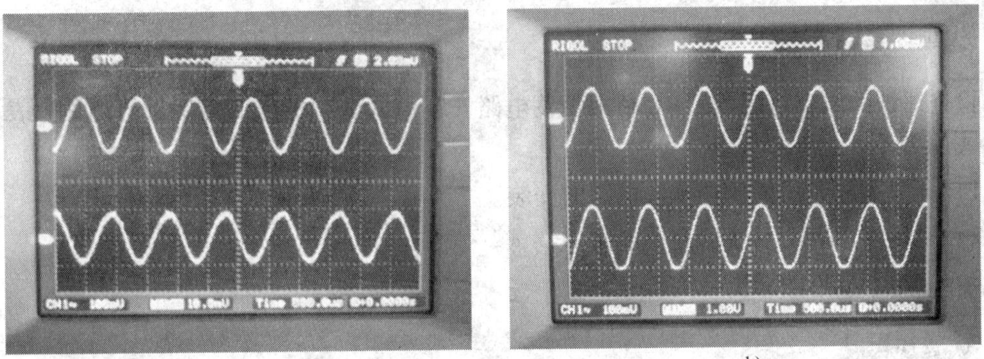

a) b)

图 1-24 各点波形对应关系

a）$u_{f(+)}$ 与 u_{V1C} b）$u_{f(+)}$ 与 u_o

想一想

若电路无法起振怎么办？

4）在图 1-25 中画出 RC 桥式振荡放大电路各点波形图。

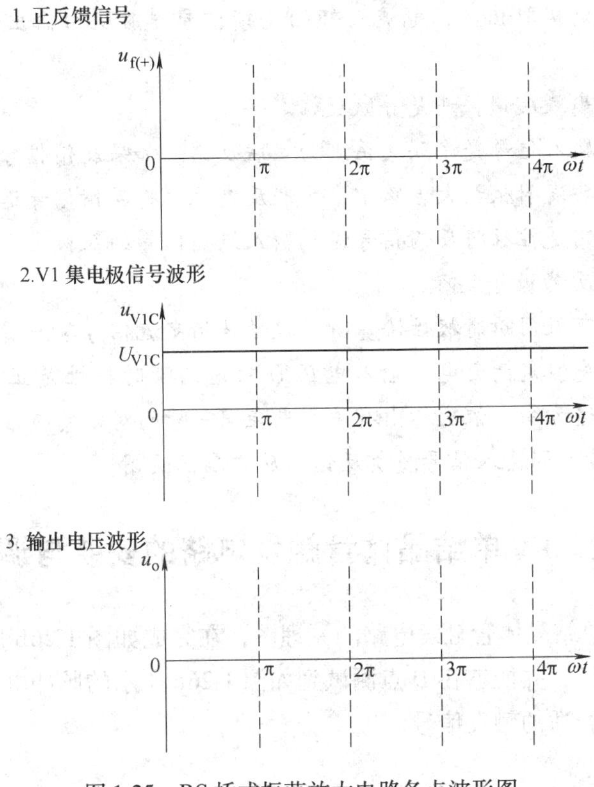

图 1-25 RC 桥式振荡放大电路各点波形图

检查评议

检查评议的内容将涵盖“RC 桥式振荡电路安装与调试”的所有内容，检测评分表见附录表 A-3。

1）独立完成元器件的选择和电路的安装。

2）运用万用表、示波器完成电路的调试。

3）波形和数据的测量与记录。

扩展知识

反馈类型的判断

判断放大电路中反馈的类型，可以按如下步骤进行：

第一步：反馈网络的确定。

在放大电路输出和输入回路间起联系作用的元件称为反馈元件（或反馈电路），确定反馈元件的存在才能确定电路中才有反馈存在。

第二步：判断是电压反馈，还是电流反馈。

如果反馈信号取自放大电路的输出电压，就是电压反馈。如果反馈信号取自输出电流，则是电流反馈。可用输出端短路法判别，即将放大电路的输出端短路，如短路后反馈信号消失了，为电压反馈，否则为电流反馈。在共发射极放大电路中，电压反馈的反馈信号一般是从输出级晶体管的集电极取出的，电流反馈的反馈信号一般从由输出级晶体管的发射极取出的。

第三步：判断是串联反馈，还是并联反馈。

如果反馈信号和输入信号是串联关系则为串联反馈。如果反馈信号和输入信号是并联关系则为并联反馈。在共发射极放大电路中，串联反馈往往将反馈信号送到输入回路晶体管的发射极上，而并联反馈是往往将反馈信号送到输入级晶体管的基极上。

第四步：判断正反馈和负反馈。

判别正、负反馈可采用瞬时极性法。瞬时极性是指交流信号某一瞬间的极性，一般要在交流通路里进行。首先假定放大电路输入电压 U 对地的瞬时极性是正或负，然后按照闭环放大电路中信号的传递方向，依次标出有关各点在同一瞬间对地的极性（用“+”或“-”表示）。如果反馈信号削弱输入信号属负反馈，反之属正反馈。

项目 3　单结晶体管触发电路的安装与调试

图 1-26a 所示是单结晶体管触发电路的原理图，在完成如图 1-26b 所示的实物焊接的基础上，进行电路的测试，并能够在 D 点测试到如图 1-26c 所示的脉冲电压。这一脉冲电压可用于为其他电路提供合适的触发信号。

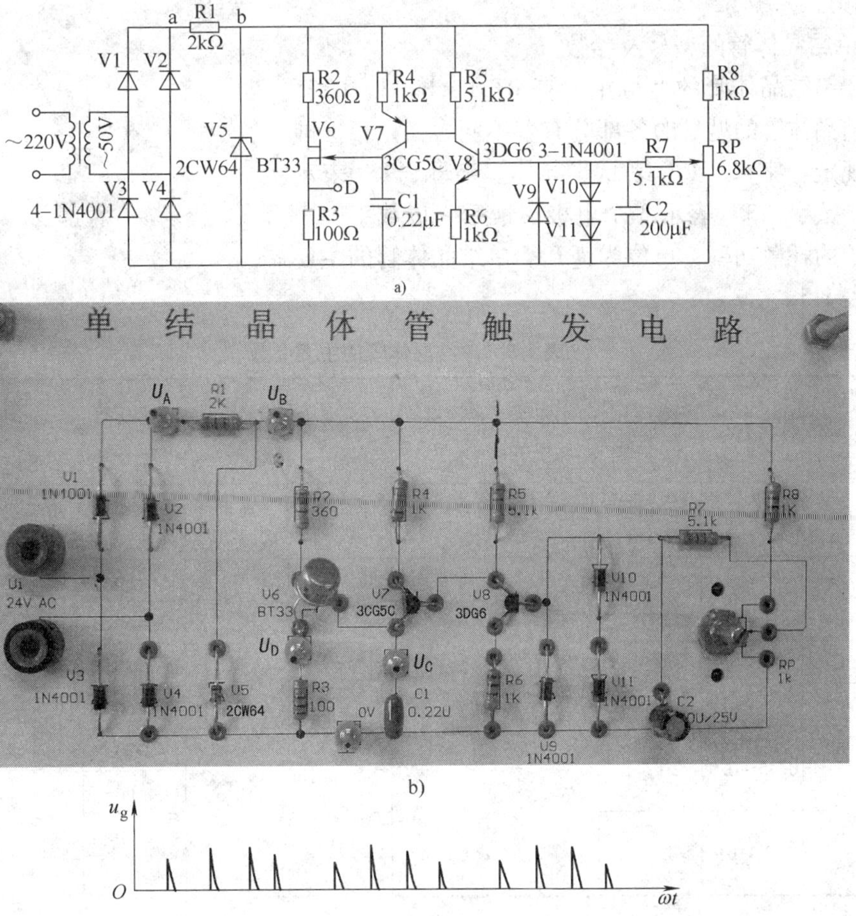

图 1-26 单结晶体管触发电路

a）原理图 b）焊接实物图 c）D 点测试的脉冲波形

任务1 单结晶体管的识别与检测

任务描述

单结晶体管是一种在生产和生活中有着广泛应用的半导体器件，通过本任务的实施能够在外观上区别单结晶体管与其他电子器件。能够对单结晶体管的引脚进行简单的判别。了解单结晶体管型号命名方法，熟记型号构成的含义。掌握单结晶体管的常用参数。熟记单结晶体管的符号。掌握单结晶体管的检测方法。

相关知识

1. 单结晶体管的外形

单结晶体管的实物外形如图 1-27 所示，其引脚的判别方法为：从单结晶体管的管壳凸起处顺时针旋转，其三个引脚依次为发射极 e、第一基极 b1 和第二基极 b2。

2. 单结晶体管的型号及参数

国产单结晶体管的型号主要有 BT31、BT33、BT35 等。单结晶体管的型号的各部分有着不同含义，根据国家有关规定，字母“B”表示半导体。字母“T”表示特种管。数字“3”表示 3 个电极。最后一位数字则表示该管子的耗散功率，单位为毫瓦。单结晶体管的主要参数见表 1-5。

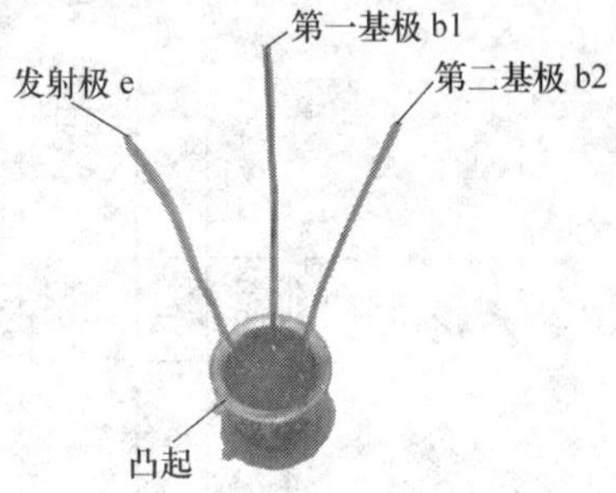

图 1-27　单结晶体管的实物外形

表 1-5　单结晶体管的主要参数

参数名称		分压比 η	基极电阻 R_{bb}/kΩ	峰点电流 I_P/μA	谷点电流 I_V/mA	谷点电压 U_V/V	饱和电压 U_{es}/V	最大反压 U_{b2emax}/V	发射极反向漏电流 I_{eo}/μA	耗散功率 P_{max}/mW
测试条件		$U_{bb}=20V$	$U_{bb}=3V$ $I_e=0$	$U_{bb}=0$	$U_{bb}=0$	$U_{bb}=0$	$U_{bb}=0$ $I_e=I_{emax}$		U_{b2e}为最大值	
BT33	A	0.45~0.9	2~4.5	<4	>1.5	<3.5	<4	≥30	<2	300
	B							≥60		
	C	0.3~0.9	>4.5~12			<4	<4.5	≥30		
	B							≥60		
BT35	A	0.45~0.9	2~4.5			<3.5	<4	≥30		500
	B					>3.5		≥60		
	C	0.3~0.9	>4.5~12			>4		≥30		
	D						<4.5	≥60		

想一想

单结晶体管 BT35 的含义是什么？请在参数表中找出有关耗散功率的参数。

3. 单结晶体管的符号及内部结构

单结晶体管的图形符号如图 1-28 所示，其内部结构与等效电路如图 1-29 所示。

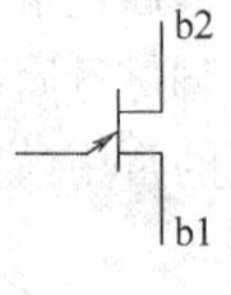

图 1-28　单结晶体管的图形符号

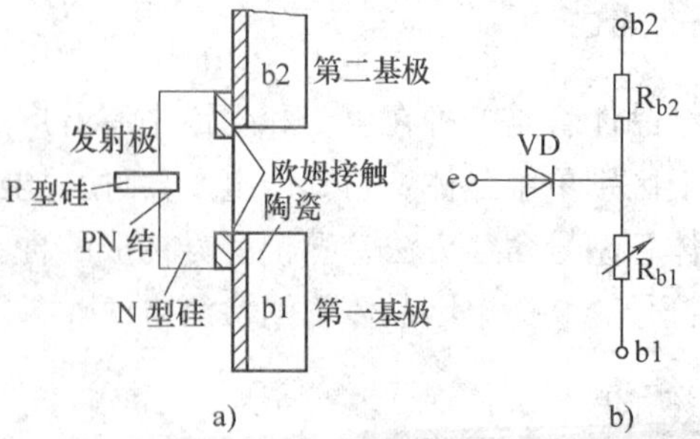

图 1-29　单结晶体管的内部结构与等效电路

a）内部结构　b）等效电路

由单结晶体管的内部等效电路可以看出单结晶体管只具有一个 PN 结，所以单结晶体管又称为双基极二极管，这将为后面的检测工作提供依据。

任务实施

在实际使用的工程中单结晶体管是采用万用表来测试管子的三个电极，通过各引脚之间的相互关系对管子的好坏进行简单的辨别，具体步骤如下：

1）万用表的挡位选择是电阻 $R\times1\text{k}$ 挡。

2）测量 e、b1 两端的电阻：万用表红表笔接 e 端，黑表笔接 b1 端，如图 1-30 所示。

3）测量 b2、e 两端的电阻：万用表黑表笔接 b2 端，红表笔接 e 端，如图 1-31 所示。

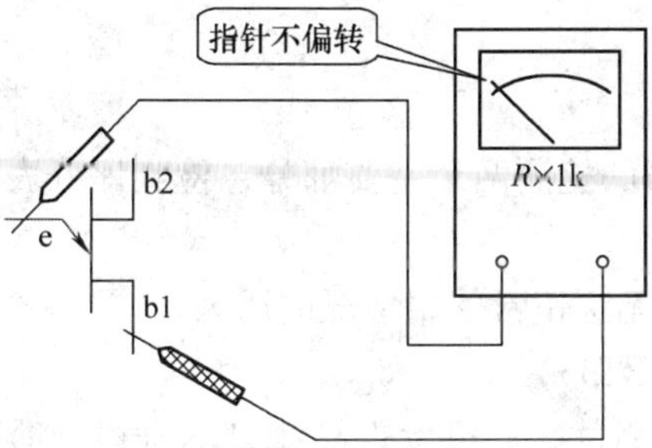

图 1-30　红表笔接 e 端，黑表笔接 b1 端测量

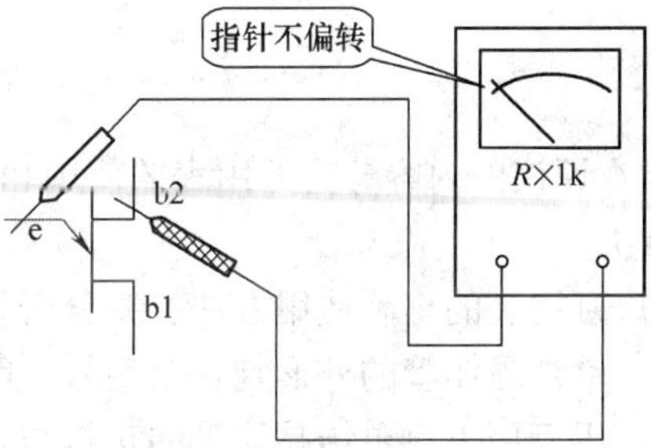

图 1-31　黑表笔接 b2 端，红表笔接 e 端测量

结果：若两次测量的电阻值均较大，通常在几十千欧，说明单结晶体管正常。

4）再次测量 b1、e 两端的电阻：万用表黑表笔接 e 端，红表笔接 b1 端，如图 1-32 所示。

5）再次测量 b2、e 两端的电阻：万用表黑表笔接 e 端，红表笔接 b2 端，如图 1-33 所示。

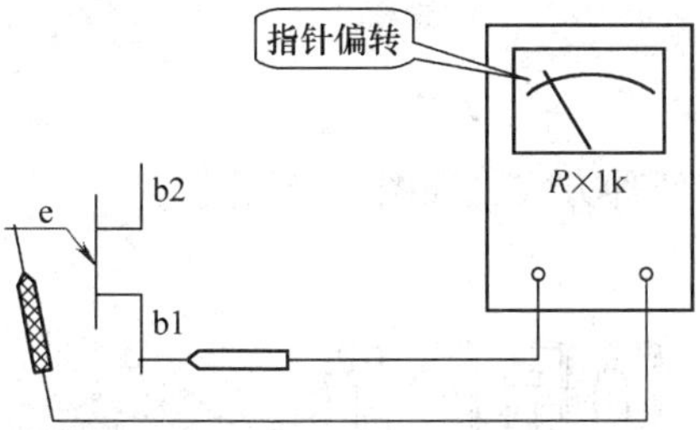

图 1-32　黑表笔接 e 端，红表笔接 b1 端测量

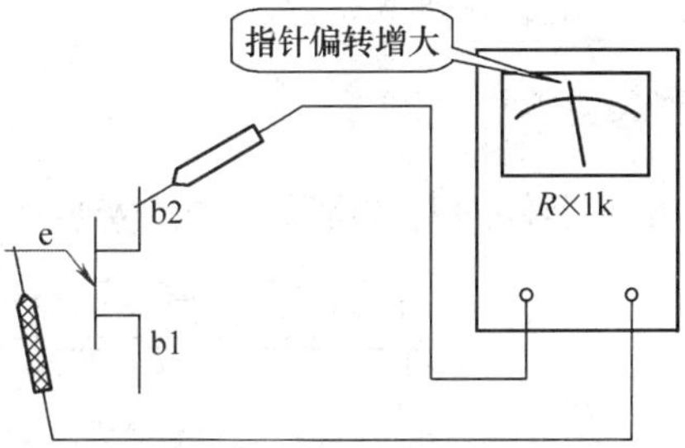

图 1-33　黑表笔接 e 端，红表笔接 b2 端测量

结果：若两次测量的电阻值均较小，通常在几千欧，且 $R_{b1}>R_{b2}$，则说明单结晶体管正常。

6）测量 b1、b2 两端的电阻：万用表红表笔接 b1 端，黑表笔接 b2 端，测量结果如图 1-34所示。再将万用表黑表笔接 b1 端，红表笔接 b2 端，再次测量 b1、b2 两端的电阻，测量结果如图 1-35 所示。

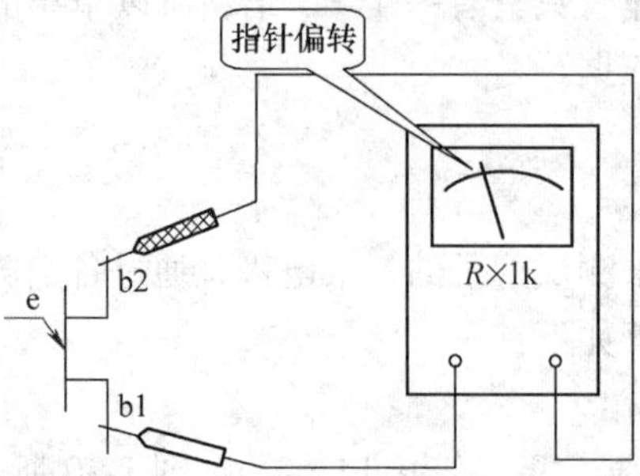

图 1-34　红表笔接 b1 端，黑表笔接 b2 端测量

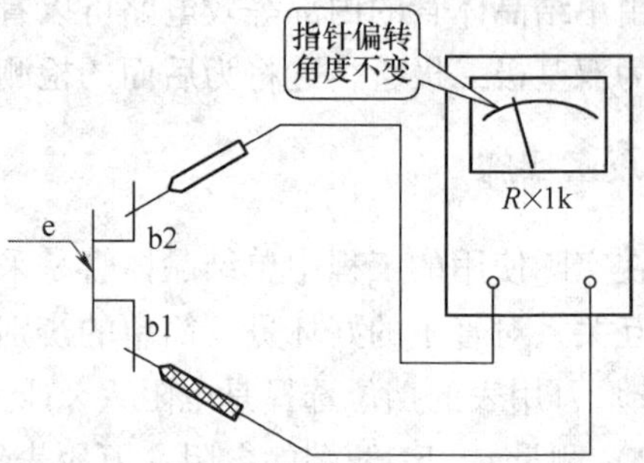

图 1-35　黑表笔接 b1 端，红表笔接 b2 端测量

结果：若 b1、b2 间的电阻 R_{bb} 为固定值，则说明单结晶体管正常。

检查评议

检查评议的内容分为万用表的使用和单结晶体管的检测两个主要部分，检测评分表见附录表 A-1。

1）万用表的正确使用方法，并分析教师提出的无法正常使用情况的原因。

2）单结晶体管的外形判别及型号说明（BT31、BT33）。

3）用万用表对单结晶体管的正常与否进行简单测试，如果发现晶体管不合格，简要说明情况。

任务 2　单结晶体管触发电路的安装

任务描述

单结晶体管触发电路的原理图如图 1-26a 所示，要求学生在对器件进行简单判别基础上，在安全操作的前提下，按照焊接工艺的要求独立完成电路元器件的安装和电路的连接，在安装过程中理解电子元器件焊接工艺，掌握元器件的焊接安装方法，同时确保安装的元器件无损坏、电路正确无短路。

相关知识

电子元器件的安装常采用卧式安装和立式安装两种方式，如图 1-36 所示。

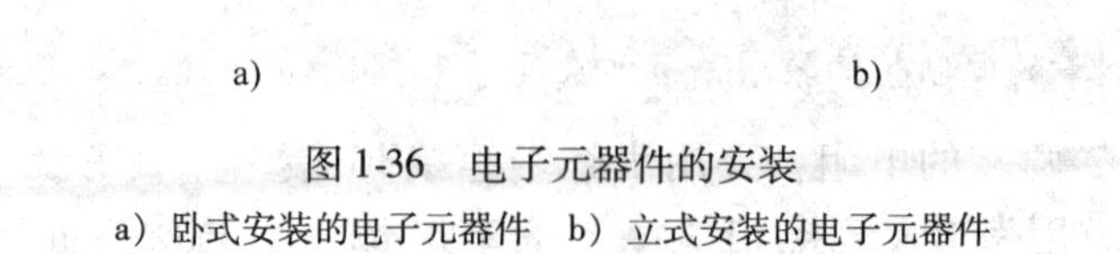

a)　　b)

图 1-36　电子元器件的安装

a）卧式安装的电子元器件　b）立式安装的电子元器件

焊接安装过程中一个良好的焊接点主要取决于以下几个方面：

首先，被焊元器件引脚的金属材料应具有良好的可焊性，常用铜制作元器件的引脚、导线及印制电路板上的焊接点。其次，要保证被焊元器件引脚的金属表面清洁，当被焊元器件引脚的金属表面上出现氧化物或有污垢，就会严重阻碍焊点的形成。再次，使用合适的助焊剂，它可以在焊接过程中清除被焊金属表面上的氧化物和污垢。最后，在焊接过程中要保持电烙铁的焊接温度，焊接时间一般不要超过3s，时间过长则易损坏被焊元器件，但时间过短，则容易形成虚焊和假焊。

焊接操作方法如下：

1）用电工刀或砂布清除表面氧化层，并在焊接处涂适当的助焊剂。

2）焊接时要对准焊接点下焊，焊头停留时间根据焊件的大小决定。

3）焊接点必须焊牢焊透，锡液必须充分渗透，表面要光滑并有光泽。

4）焊锡未充分凝固时，不要摇动线头避免出现焊锡夹生现象。

任务实施

单结晶体管触发电路元器件明细表见表1-6。焊接过程中的各项要求请读者对照项目1的任务2自行学习，完成焊接任务，在此不再赘述。

表1-6 单结晶体管触发电路元器件明细表

序 号	符 号	名 称	型号与规格	件 数
1	V1～V4、V9～V11	二极管	1N4001	7
2	V5	稳压管	2CW64（18～21V）	1
3	V6	单结晶体管	BT33A	1
4	V7	晶体管	3CG5C	1
5	V8	晶体管	3DG6	1
6	R1	电阻	RT、2（或1.2）kΩ、1W	1
7	R2	电阻	RT、360Ω、0.125W	1
8	R3	电阻	RT、100Ω、0.125W	1
9	R4、R6、R8	电阻	RT、1kΩ、0.125W	3
10	R5、R7	电阻	RT、5.1kΩ、0.125W	2
11	RP	电位器	WT、6.8kΩ、0.25W	1
12	C1	电容器	0.22μF / 16V	1
13	C2	电容器	200μF / 25V	1

想一想

如果单结晶体管的两个基极b1、b2在焊接过程中焊反了会怎样？

检查评议

检查评议的内容分为电路安装操作和焊接工艺要求的复习两个主要部分，检测评分表见附录表 A-2。

1）独立完成电路的安装。

2）简述单结晶体管的安装注意事项。

任务3　单结晶体管触发电路的调试

任务描述

在完成安装的基础上，要对单结晶体管触发电路进行调试。单结晶体管触发电路的调试以及在今后的使用过程中的检修主要是通过几个点的典型波形来判断各元器件是否正常。通过本任务的实施，学生能够按照操作规范的要求正确使用示波器，完成示波器的功能选择和调节。熟悉并掌握单结晶体管触发电路关键点的波形测量，使单结晶体管触发电路正常工作。

相关知识

1. 单结晶体管的分压比

将单结晶体管接成如图 1-37 所示试验电路，S 接通时两个基极之间的电压 U_{bb} 由 R_{b1}、R_{b2}分压，管子内部 A 点电压为

$$U_A = \frac{R_{b1}}{R_{b1}+R_{b2}}U_{bb} = \eta U_{bb}$$

式中，η 为单结晶体管的分压比，由内部结构决定，一般为 0.3～0.9。

2. 单结晶体管的伏安特性

单结晶体管的伏安特性曲线图如图 1-38 所示。当 U_e 电压从零开始增大，$U_e < U_A$ 时，二极管 VD 反偏，只有很小的反向漏电流，I_e为负值，如图 1-38 中 ab 段曲线。

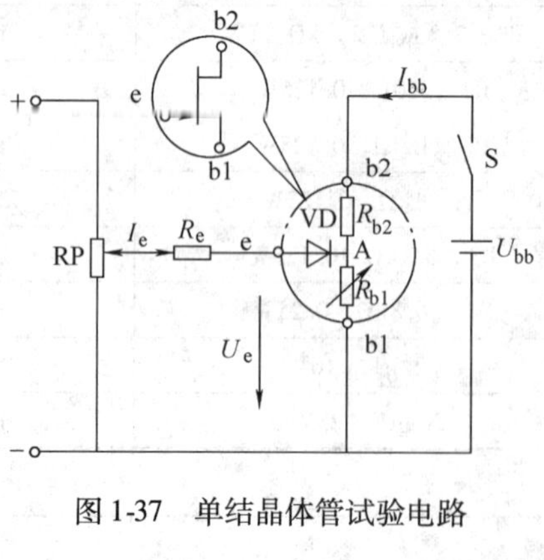

图 1-37　单结晶体管试验电路

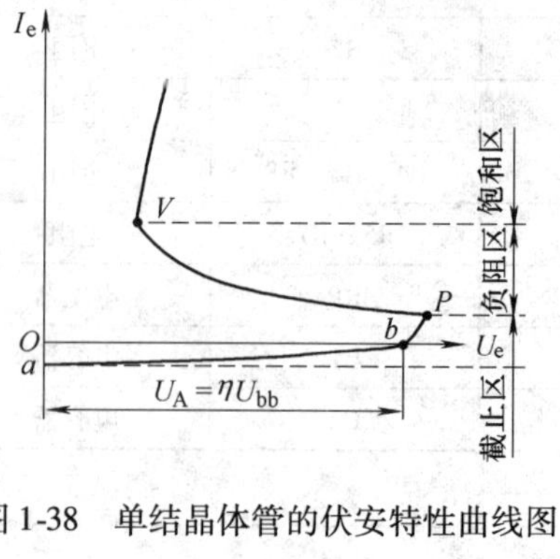

图 1-38　单结晶体管的伏安特性曲线图

当 U_e增大到与 U_A相等时，二极管 VD 零偏，I_e为零，如图 1-38 中的 b 点。

当 $U_A < U_e < U_A + U_D = U_A + 0.7V$ 时，二极管 VD 开始正偏，但未完全导通，I_e大于零，但数值很小。

当 $U_e > U_A + U_D = U_A + 0.7V$ 时，二极管 I_e流入发射极，由于发射极 P 区的空穴不断注入 N 区，使 N 区 R_{b1} 段中的载流子增加 R_{b1} 阻值减小，导致 U_A值下降，使 I_e进一步增大。I_e

增大使 R_{b1} 进一步减小，因此在器件内部形成强烈正反馈，使单结晶体管瞬时导通。当 R_{b1} 值的下降超过 I_e 的增大时，从器件 e→b1 端观察，U_e 随 I_e 增加而减小，即动态电阻 $\Delta R_{eb1}=\Delta U_e/\Delta I_e$ 为负值，这就是单结晶体管所特有的负阻特性。

当 U_e 增大到 $U_P=U_A+U_D$（称为峰点电压）时管子进入负阻状态，当 I_e 再继续增大，注入 N 区的空穴来不及复合，剩余空穴使 R_{b1} 值增大，管子由负阻进入正阻饱和状态。U_V（称为谷点电压）是维持管子导通的最小发射电压，一旦 $U_e<U_V$ 时管子重新截止。

任务实施

在图 1-26b 中标出的“U_A、U_B、U_C、U_D”就是单结晶体管触发电路的调试过程中需要测试的几个关键点，如果用示波器测量这几个点的波形正常就可以判定单结晶体管触发电路能够正常工作。

1. 桥式整流后脉动电压的波形（图 1-26b 中“U_A”点）

将 Y_1 探头的测试端接于“U_A”点，接地端接于“E”点，调节旋钮“t/div”和“V/div”，使示波器稳定显示至少一个周期的完整波形，测得波形如图 1-39 所示。

2. 同步电压的波形（图 1-26b 中“U_B”点）

将 Y_1 探头的测试端接于“U_B”点，测得“U_B”点的波形如图 1-40 所示。

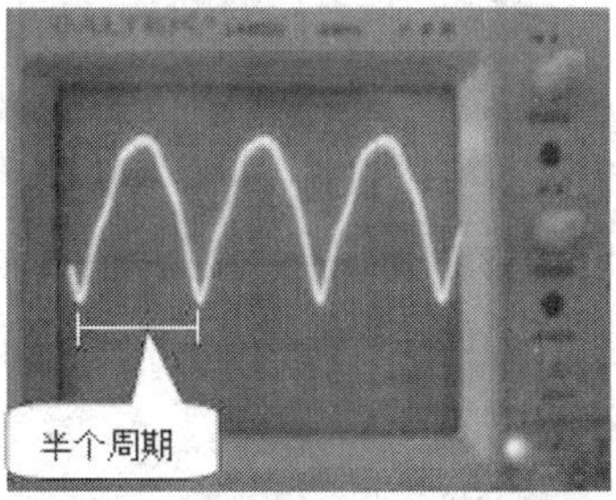

图 1-39 桥式整流后脉动电压的波形

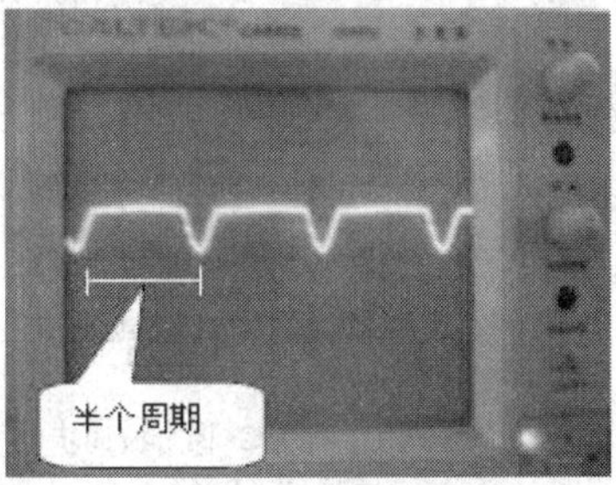

图 1-40 梯形电压的波形

3. 电容电压的波形（图 1-26b 中“U_C”点）

将 Y_1 探头的测试端接于“U_C”点，测得“U_C”点的波形如图 1-41 所示。调节电位器 RP 的旋钮，观察“U_C”点的波形的变化范围，图 1-42 所示为调节电位器后得到的锯齿波形。

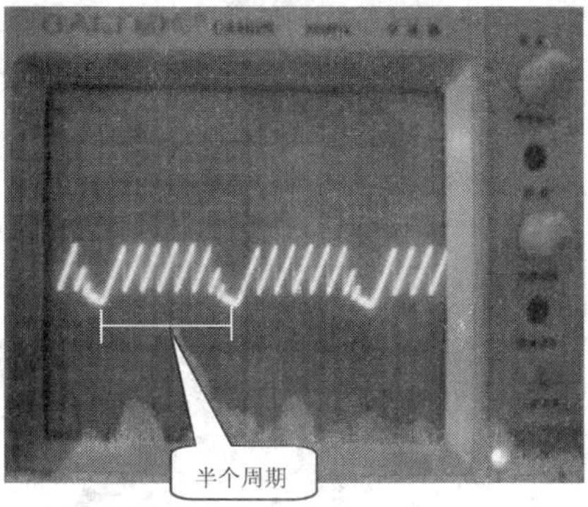

图 1-41 电容充放电形成的锯齿波形

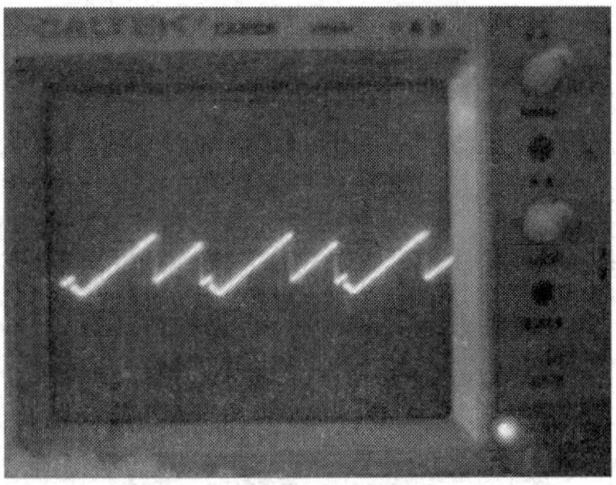

图 1-42 调节电位器后得到的锯齿波形

4. 输出脉冲的波形（图 1-26b 中“U_D”点）

将 Y_1 探头的测试端接于“U_D”点，测得“U_D”点的波形如图 1-43 所示。调节电位器 RP 的旋钮，观察“U_D”点的波形的变化范围，图 1-44 所示为调节电位器后得到的脉冲波形。

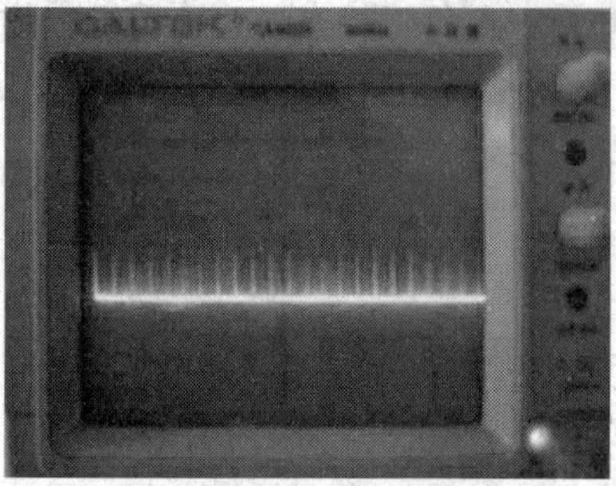

图 1-43　脉冲波形

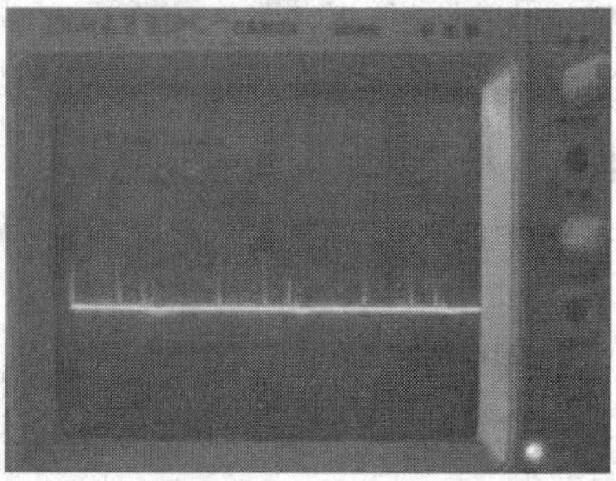

图 1-44　调节电位器后得到的脉冲波形

想一想

“U_D”点的第一个脉冲会不会在电源电压过零点处送出？为什么？

在图 1-45 中画出单结晶体管触发电路各点波形图。

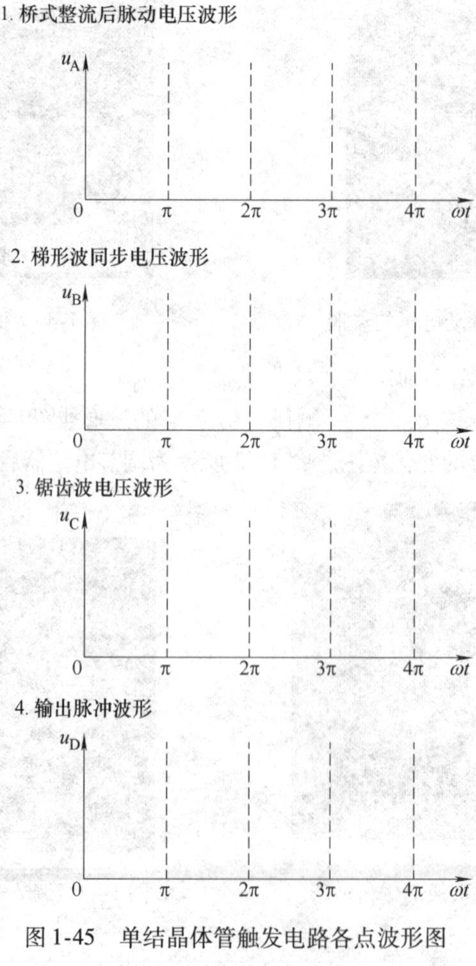

图 1-45　单结晶体管触发电路各点波形图

检查评议

检查评议的内容将涵盖单结晶体管触发电路项目的所有内容，电路的安装、调试及测量检测评分表见附录表 A-3。

1）独立完成元器件的选择和电路的安装。

2）运用万用表、示波器完成电路的调试。

3）波形和数据的测量与记录。

扩展知识

单结晶体管触发电路的原理分析

在单结晶体管触发电路基本原理图中标出的测试点如图 1-46 所示，对该电路的工作原理进行简单的分析。触发电路由四个二极管组成的桥式整流电路和一个 2CW64 稳压管、BT33 单结晶体管、RP 电位器以及 V7、V8 组成的直接耦合放大电路组成。电路由 D 点输出一组触发脉冲，调节电位器 RP 可以改变触发脉冲的第一个触发脉冲出现的时间，得到所需要的触发信号。

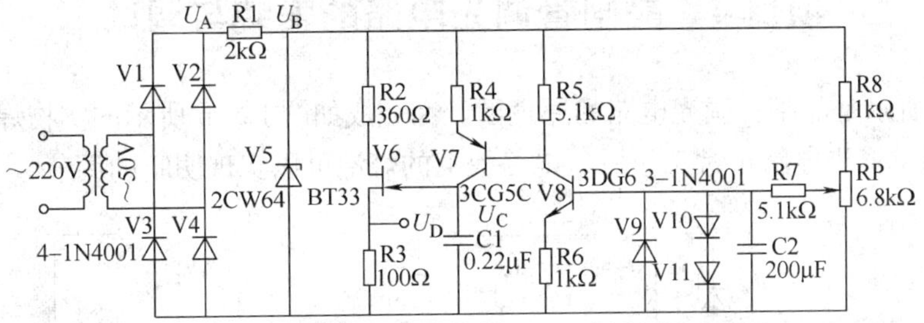

图 1-46 单结晶体管触发电路原理图

单结晶体管触发电路变压器的二次电压（50V）经单相桥式整流，得到脉动的直流电压波形，如图 1-47 所示，再经稳压管 V5 削波得到梯形波电压，如图 1-48 所示。

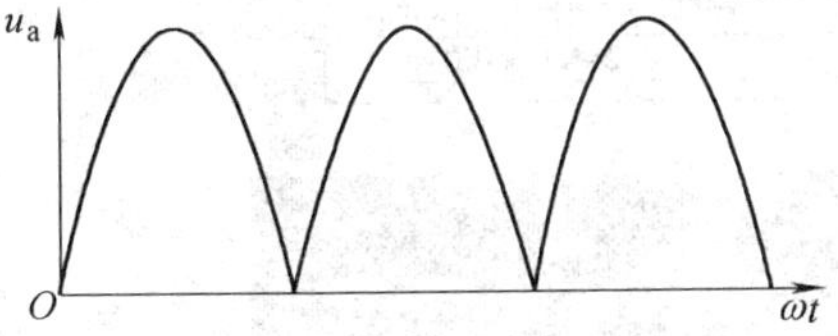

图 1-47 桥式整流后脉动电压的理论波形

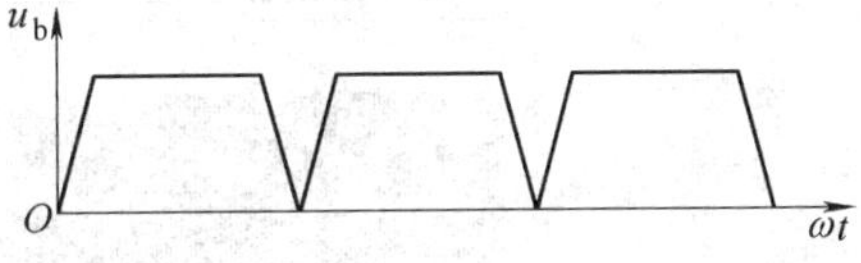

图 1-48 稳压管削波后梯形电压的理论波形

该电压既作为单结晶体管触发电路的同步电压，又作为单结晶体管的工作电源电压。电阻 R8 与电位器 RP 串联分压经电容滤波后作为给定电压。给定电压经 V10、V11 的正向限幅（约 1.4V），V9 的反向限幅（约 -0.7V），控制晶体管 V8 的电流，从而控制 V7 电流（即电容 C1 的充电电流大小），改变电容 C1 的电压达到单结晶体管峰值电压 U_P的时间，改变触发脉冲的第一个触发脉冲出现时间。V7 与 V8 组成直接耦合放大电路，V7 采用 PNP 型管，V8 采用 NPN 型管，触发电路的给定电压由电位器 RP 调节，给定电压经 V8 放大后加到 V7。当给定电压增大时，V8 的集电极电流增加，使 V8 的集电极电位降低，V7 的基极电位降低，V7 的集电极电流增大，使电容 C1 的充电电流增大，使出现第一个触发脉冲时间前移。同理，给定电压减小时，V8 的集电极电流减小，V8 的集电极电位升高，V7 的基极电位升高，V7 的集电极电流减小，使出现第一个触发脉冲时间后移。晶体管 V7 相当于由给定电压控制的一个可变电阻，它的作用与电位器 RP 的作用相同，起移相作用。

梯形同步电压经 R4、V7 对电容 C1 充电，电容 C1 两端电压上升到单结晶体管峰点电压时，单结晶体管由截止变为导通，由电容 C1 通过 e→b1→R3 放电，在电容 C1 上形成锯齿波如图 1-49 所示。同时放电电流在电阻 R3 上产生一组尖脉冲电压，如图 1-50 所示。随着电容 C1 的放电，电容两端电压下降至单结晶体管谷点电压时，单结晶体管重新截止，电容 C1 重新充电，然后重复上述过程。输出脉冲与电源频率同步。

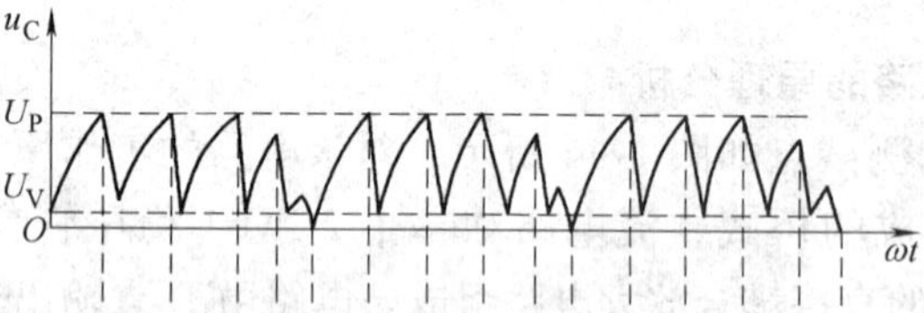

图 1-49　电容充放电形成的锯齿波

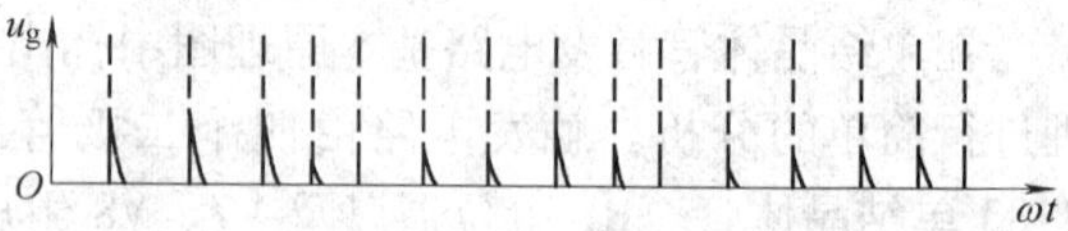

图 1-50　理论上的脉冲波形

项目 4　晶闸管调光电路的安装与调试

图 1-51a 所示是晶闸管调光电路的原理图。在完成如图 1-51b 所示的实物焊接的基础上，进行电路的测试。当电路正常工作后，电路板上的灯泡可以实现明暗的调节。

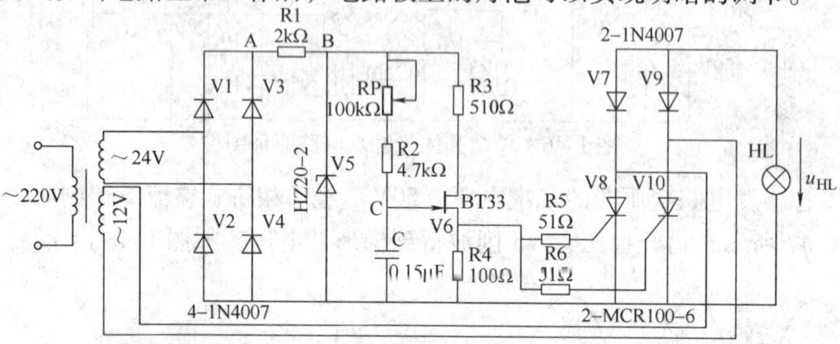

a)

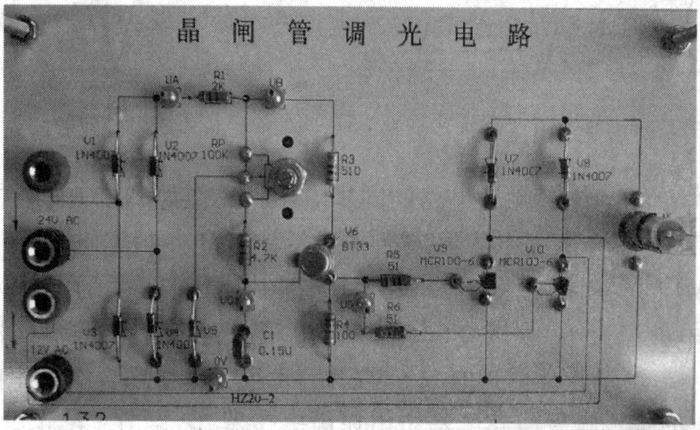

b)

图 1-51　晶闸管调光电路

a）原理图　b）焊接实物图

任务1 晶闸管的识别与检测

任务描述

晶闸管是一种用硅材料制成的大功率半导体器件，可以用于整流、调压、调速、开关和变频等方面，有着广泛的应用。掌握晶闸管的识别和检测是正确使用晶闸管的基础，本次任务的具体要求为：能够在外观上区别晶闸管与其他电子元器件；能够对晶闸管的引脚进行简单的判别，掌握晶闸管的检测方法；熟记晶闸管的符号；掌握晶闸管的常用参数。

相关知识

1. 晶闸管的符号及基本结构

晶闸管是一种由PNPN四层半导体材料构成的三端半导体器件，三个引出电极分别是阳极A、阴极K和门极G。晶闸管导通必须具备两个条件：阳极A和阴极K之间加上正向电压；门极G和阴极K之间必须加上一定大小的正向触发电压。晶闸管的符号、实物外形、内部结构和等效电路如图1-52所示。

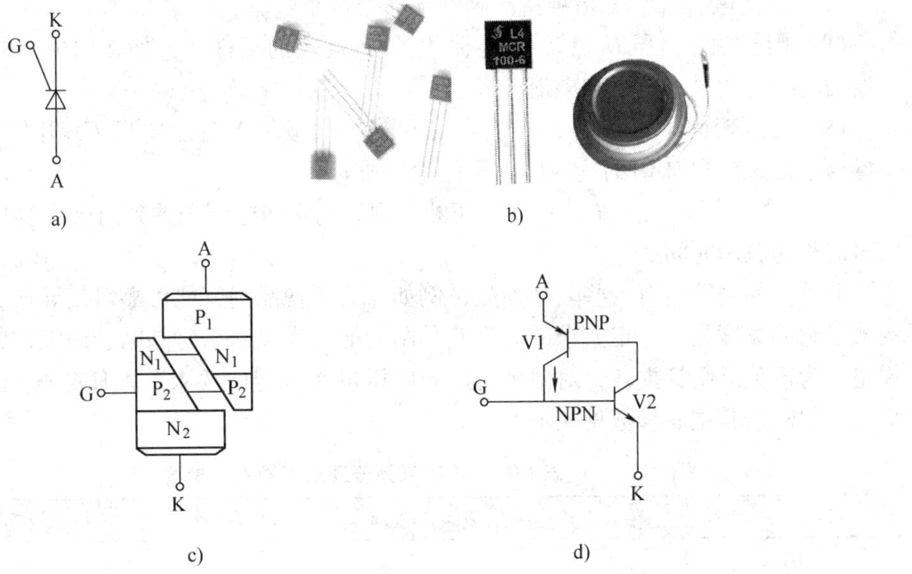

图1-52　晶闸管的符号、实物外形、内部结构和等效电路

a）符号　b）实物外形　c）内部结构　d）等效电路

2. 晶闸管的主要参数

普通晶闸管门极伏安特性曲线如图1-53所示。普通晶闸管从它的特性曲线上可分为5个区，即反向击穿区、反向阻断区、正向阻断区、负阻区和正向导通区。在大多数情况下，晶闸管的应用电路均工作在正向阻断和正向导通两个区域。晶闸管A、K极间所加的反向电压不能大于反向峰值电压，否则有可能使其烧毁。

（1）通态平均电流 $I_{T(AV)}$　在环境温度小于40℃和标准散热及全导通的条件下，晶闸管可以连续导通的工频正弦半波电流平均值称为通态平均电流 $I_{T(AV)}$ 或正向平均电流，通常所说晶闸管是多少安就是指这个电流。

（2）正向转折电压 U_{BO}　是指在额定结温及门极开路的条件下，在阳极和阴极之间加以正弦波半波正向电压，使其由关断状态发生正向转折变为导通状态时所对应的电压峰值。

（3）正向阻断峰值电压 U_{DRM}　定义为正向转折电压减去100V后的电压值。

（4）反向击穿电压 U_{BR}　是指在额定结温下，阳极和阴极间加以正弦波反向电压，当其反向漏电流急剧上升时所对应的电压峰值。

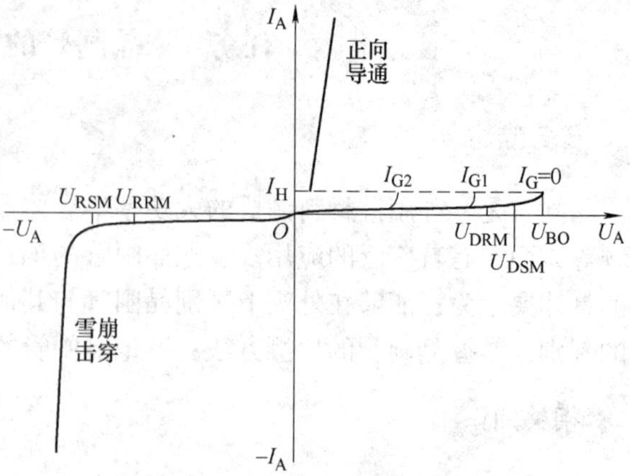

图1-53　晶闸管门极伏安特性曲线

（5）反向峰值电压 U_{RRM}　定义为反向击穿电压减去100V后的电压值。

（6）正向平均压降 U_T　是指在规定的条件下，当通过的电流为其额定电流时，晶闸管阳极、阴极之间电压降的平均值。

（7）维持电流 I_H　是指维持晶闸管导通的最小电流。

（8）门极触发电压 U_{GT}和触发电流 I_{GT}　在规定的条件下，加在门极上的可以使晶闸管导通的所必需的最小电压和电流。

（9）导通时间 T_{GT}（T_{ON}）　从在晶闸管的门极加上触发电压 U_{GT}开始到晶闸管导通，其导通电流达到90%时的这一段时间称为导通时间。

（10）关断时间 T_G（T_{OFF}）　从切断晶闸管的正向电流开始到门极恢复控制能力的这一段时间称为关断时间。

此外，晶闸管还有一些其他参数，例如，为了使晶闸管能可靠触发导通，对加在门极上的触发脉冲宽度是有一定要求的。为使晶闸管能可靠关断，对晶闸管的工作频率也有一定的规定。为避免晶闸管损坏，对门极的反向电压也有一定的要求。本任务选用的是MCR系列普通晶闸管，其主要参数见表1-7。

表1-7　MCR系列普通晶闸管主要参数

型　　号	$I_{T(AV)}$/A	U_{DRM}、U_{RRM}/V	U_T/V	U_{GT}/V	I_{GT}/mA
MCR102	0.8	25	≤0.8	0.8	0.2
MCR103		50			
MCR100-3-8		100～800			

任务实施

1. 普通晶闸管好坏及引脚的判断

由于普通晶闸管的G极与K极之间仅有1个PN结，所以这两个引脚间具有单向导电特性，而其余引脚间的阻值应为无穷大。具体步骤如下：

1）数字式万用表位选择二极管蜂鸣挡。

2）任意测普通晶闸管两个引脚的数值，测试中数值出现0.694，如图1-54所示。

a)　b)　c)

图 1-54　用万用表判别晶闸管引脚

a）红表笔为 A，黑表笔为 K　b）红表笔为 K，黑表笔为 A　c）红表笔为 G，黑表笔为 K

结果：红表笔接的引脚为 G 极，黑表笔接的引脚是 K 极，剩下的引脚为 A 极。

2. 普通晶闸管触发导通能力的检测

1）数字式万用表置于二极管蜂鸣挡。

2）黑表笔接 K 极，红表笔接 A 极，阻值应为无穷大。

3）此时用红表笔瞬间短接 A、G 极，随后测 A、K 极之间的电阻，若阻值迅速变小，说明晶闸管被触发并能够维持导通状态。否则，说明该晶闸管已损坏。

检查评议

检查评议的内容分为万用表的正确使用、晶闸管引脚判别和晶闸管触发导通能力检测三个主要部分，检测评分表见附录表 A-1。

1）万用表的正确使用方法，并分析教师提出的无法正常使用情况的原因。

2）用万用表对晶闸管的引脚进行判别测试，简要说明引脚判别情况。

3）用万用表对晶闸管触发导通能力的检测，并简要说明测试过程。

任务2　晶闸管调光电路的安装

任务描述

晶闸管调光电路由主电路和触发电路两部分组成，其原理图如图 1-51a 所示，主电路是单相半控桥式整流电路，触发电路为单结晶体管触发电路。要求学生在对元器件进行简单判别基础上，在安全操作的前提下，按照焊接工艺的要求独立完成电路元器件的安装和电路的连接，在安装过程中理解电子元器件焊接工艺，掌握元器件的焊接安装方法，同时确保安装的元器件无损坏、电路正确无短路。此外，要了解晶闸管熟记型号构成的含义，掌握选择晶闸管的方法。

相关知识

晶闸管有许多参数，这些参数都是在规定的条件下测定的，而实际使用的环境条件往往与规定的条件不同，所以为了晶闸管能安全工作，必须合理选择，主要考虑额定平均电流 $I_{T(AV)}$ 和晶闸管额定电压 U_{Tn} 两个参数，然后根据额定值确定晶闸管的型号。

1. 晶闸管额定电流 $I_{T(AV)}$ 的确定

由于整流设备的输出端所接负载常用平均电流来表示，晶闸管额定电流的标定与其他电气设备不同，采用的是平均电流，而不是有效值，因此又称为额定通态平均电流。但是晶闸管的发热又与流过管子的有效值有关，其两者的关系为

$$I_{Tn}=1.57I_{T(AV)}$$

晶闸管在实际选择时，其额定电流的确定一般按以下原则：晶闸管的额定电流大于其所在电路中可能流过的最大电流的有效值，同时取 1.5～2 倍的余量，即

$$1.57I_{T(AV)}=I_T\geqslant(1.5\sim2)I_{Tm}$$

所以

$$I_{T(AV)}\geqslant(1.5\sim2)\frac{I_{Tm}}{1.57}$$

2. 晶闸管额定电压 U_{Tn} 的确定

在晶闸管的铭牌上，额定电压是以电压等级的形式给出的，通常标准电压等级规定为：电压在 1000V 以下，每 100V 为一级，1000～3000V，每 200V 为一级，用百位数或千位和百位数表示级数。晶闸管标准电压等级见表 1-8。

表 1-8　晶闸管标准电压等级

级　别	正反向重复峰值电压/V	级　别	正反向重复峰值电压/V	级　别	正反向重复峰值电压/V
1	100	8	800	20	2000
2	200	9	900	22	2200
3	300	10	1000	24	2400
4	400	12	1500	26	2600
5	500	14	1400	28	2800
6	600	16	1600	30	3000
7	700	18	1800		

在使用过程中，环境温度的变化、散热条件以及出现的各种过电压都会对晶闸管产生影响，因此在选择晶闸管的时候，应当使晶闸管的额定电压是实际工作时可能承受的最大电压的 2～3 倍，即

$$U_{Tn}\geqslant(2\sim3)U_{Tm}$$

3. 晶闸管的型号

根据国家的有关规定，普通晶闸管的型号及含义如下：

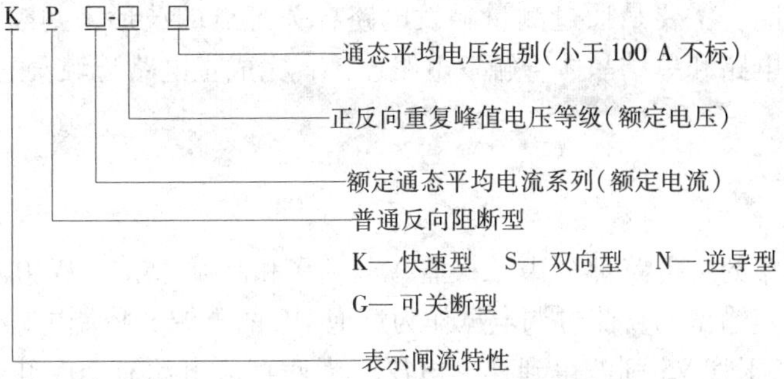

任务实施

晶闸管调光电路元器件明细表见表 1-9。焊接过程中的各项要求请读者对照项目 1 的任务 2 自行学习，完成焊接任务。

表 1-9 晶闸管调光电路元器件明细表

序 号	符 号	名 称	型号与规格	数 量
1	V1 ~ V4	二极管	1N4007	4
2	V5	稳压管	HZ20-2 （19. 5 ~ 20. 4V）	1
3	V6	单结晶闸管	BT33F	1
4	V7、V9	二极管	1N4007	2
5	V9、V10	晶闸管	MCR100-6	2
6	R1	电阻	RT、2kΩ、1W	1
7	R2	电阻	RT、4. 7kΩ、0. 125W	1
8	R3	电阻	RT、510Ω、0. 125W	1
9	R4	电阻	RT、100Ω、0. 125W	1
10	R5、R6	电阻	RT、51Ω、0. 125W	2
11	RP	电位器	WT、100KΩ、0. 25W	1
12	C	电容	CGZX、0. 15μF / 160V	1
13	HL	灯泡	12V	1

检查评议

检查评议的内容分为电路安装操作和口述元器件选择两个主要部分，检测评分表见附录表 A-2。

1）独立完成电路的安装。

2）口述晶闸管的选择方法。

任务 3 晶闸管调光电路的调试

任务描述

晶闸管调光电路通电调试可分成两个步骤：触发电路的调试和主电路的调试。首先调试单结晶体管触发电路，主要是通过测量触发电路各关键点的波形来判断电路的工作是否正常。然后，再将主电路和单结晶体管触发电路连接，完成主电路与触发电路的同步，实现调光电路的明暗调节。

相关知识

晶闸管调光电路的主电路部分由二极管 V7、V9 和晶闸管 V8、V10 构成的单相半控桥式整流电路组成，其输出的直流可调电压作为灯泡 HL 的电源。控制电路中交流电压经桥式整流、R1 限流、稳压管 V5 削波得到梯形电压。为使直流电源有 20V 电压，为使该电路有尽可能宽的移相范围，电源变压器的二次电压应选得稍高一些（24V）。当电容 C 两端电压上升到单结晶体管 V6 峰点电压 U_P 时，单结晶体管由截止变为导通，由电容 C 通过 e→b1→R4 放电，放电电流在电阻 R5、R6 上产生一组尖顶脉冲电压，输出一组触发电压，其中第一个脉冲使晶闸管 V8、V10 触发导通，后面的脉冲对晶闸管工作没有影响。随着电容的放电，当电容两端电压下降到单结晶体管谷点电压 U_V 时，单结晶体管重新截止。电容 C 不断重新充电，重复上述过程，R5、R6 上又输出一组尖顶脉冲电压，这个过程反复进行。

调节 RP 可达到改变控制信号而移相的目的，从而改变晶闸管的导通角以达到调光的目的。当 RP 的阻值增大，电容 C 充电时间常数增加，使电容电压 U_C 到单结晶体管峰点电压 U_P 的时间增加，即每半周出现第一个脉冲的时间后移，从而晶闸管触发延迟角 α 增大，主电路输出的直流电压就会下降，反之减小电位器 RP 的阻值，电容 C 充电时间常数减小，使电容电压 U_C 到单结晶体管峰点电压 U_P 的时间减小，即每半周出现第一个脉冲的时间前移，从而晶闸管触发延迟角 α 就减小，主电路输出的直流电压就增大了。

在触发晶闸管的脉冲列中只有第一个脉冲起到了触发晶闸管的作用，其余的脉冲是不起作用的。用触发电路输出的尖脉冲去触发单相桥式半控整流电路中的晶闸管 V8 和 V10，这一尖脉冲 u_g 同时加到了两只晶闸管上，但是只有其中一个受到正向电压的晶闸管才能导通，另一只晶闸管因为受到反向电压，即使有了触发脉冲，也不会导通的。因此电路完全可以正常工作，即每半个周期触发一次，使晶闸管换相。

任务实施

1. 单结晶体管触发电路的调试

1）将主电路（单相桥式半控整流电路）的 12V 交流输入电源接线断开，即主电路不送电。

2）用万用表测量变压器二次电压（24V），再测量单相桥式整流电路直流输出电压和稳压管（V5）两端直流电压，若电压为 26V、13V 左右，整流与稳压电路即为正常。

3）用示波器逐一观察单结晶体管触发电路中整流输出、梯形波、电容 C 两端锯齿波电压和电阻 R4 两端的脉冲电压是否正常，其波形在前一个项目（单结晶体管触发电路的安装与调试）中已经讲述过了，在此不再赘述，请参照相关内容自行分析。

4）改变电位器 RP 上的输入给定电压，用示波器观察电容 C 两端锯齿波电压及单结晶体管输出脉冲（电阻 R4 两端的脉冲电压）移动及其移相范围是否符合电路工作的要求。

2. 晶闸管调光电路的整体调试

1）单结晶体管触发电路调试正常后，断开 220V 交流电源，将主电路（单相桥式半控整流电路）的12V交流电源连线接上，电位器RP调至中间，合上交流电源，观察晶闸管调光电路板有无异常现象，如有异常现象，应立即断开交流电源并进行检查。正常情况下，改变电位器RP可使白炽灯从暗到亮进行调节。

2）用示波器逐一观察单结晶体管触发电路中整流输出、梯形波、电容C两端锯齿波电压、单结晶体管输出脉冲及白炽灯两端电压的波形。

3）用示波器测量灯泡两端的输出波形，通过改变电位器RP可以改变触发延迟角α，从而改变输出电压的波形，如图1-55所示。

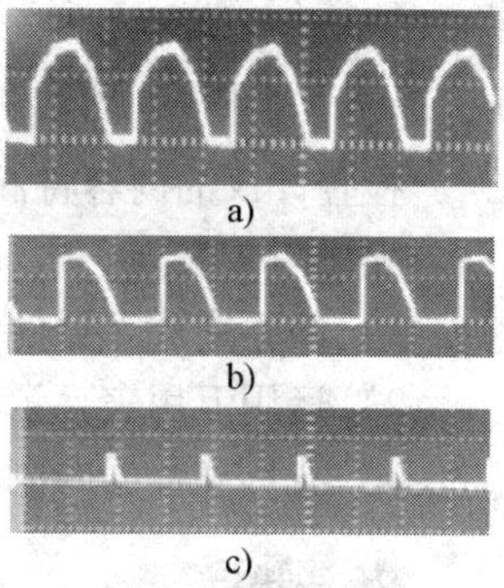

a)　b)　c)

图1-55　不同触发延迟角α时输出波形

a）$\alpha=60°$　b）$\alpha=90°$　c）$\alpha=120°$

在图1-56中绘制晶闸管调光电路各点波形图。

$\alpha=$______

1. 桥式整流后脉动电压波形

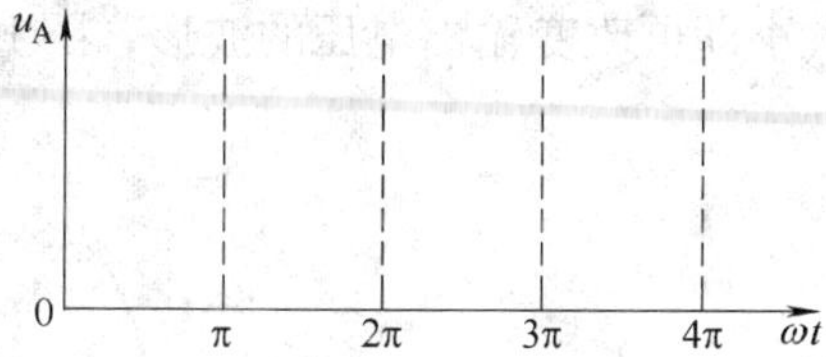

2. 同步电压波形

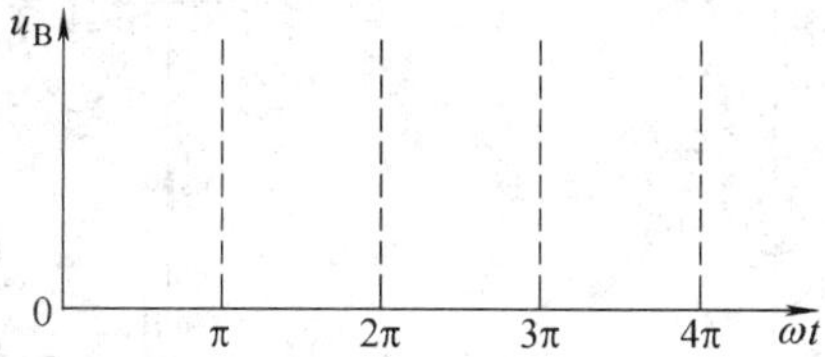

3. 电容电压波形

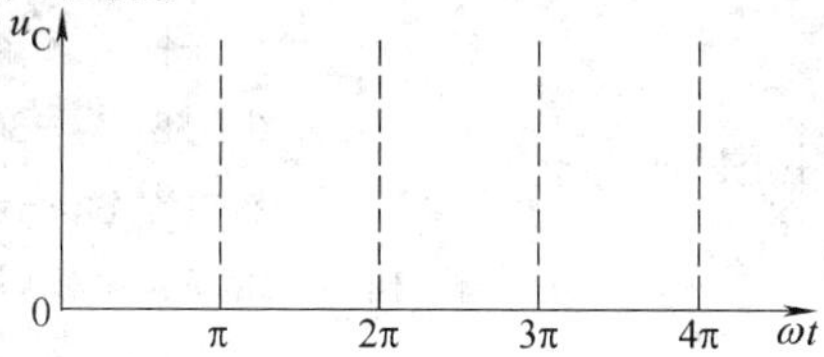

4. 输出脉冲波形

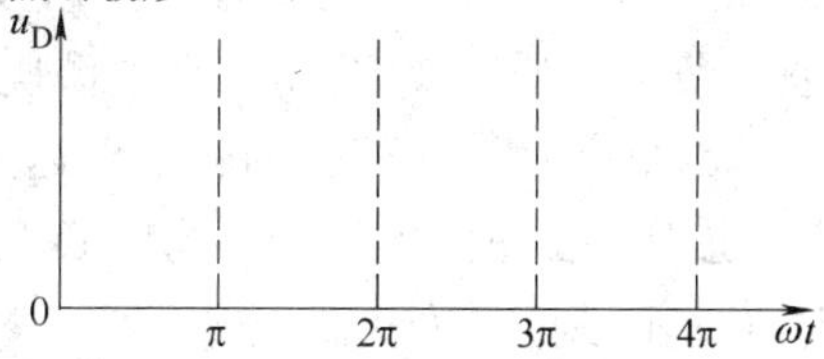

5. 输出电压波形u_d

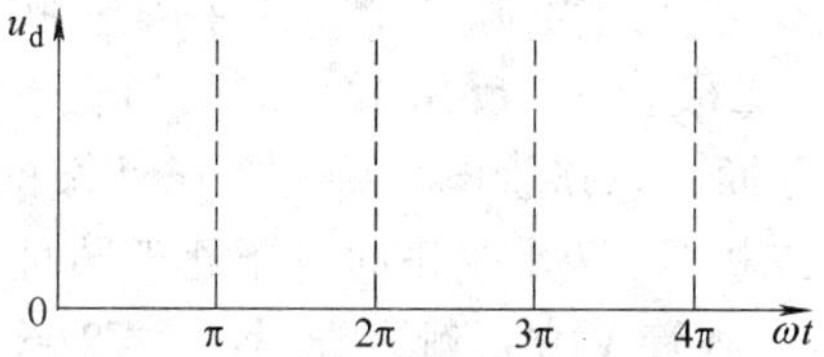

图1-56　绘制晶闸管调光电路各点波形图

检查评议

检查评议的内容将涵盖晶闸管调光电路项目的所有内容，电路的安装、调试及测量检测评分表见附录表 A-3。

1）独立完成元器件的选择和电路的安装。

2）运用万用表、示波器完成电路的调试。

3）波形和数据的测量与记录。

扩展知识

晶闸管调光电路主电路的波形分析

晶闸管调光电路的主电路是一个单相半控桥式，由两只晶闸管和两只二极管构成如图 1-57所示，该图是从图 1-51a 中分解出来的，以 $\alpha=30°$为例分析电路的波形。

改变触发延迟角 α 的大小即可改变输出电压的波形，图 1-58a 所示为 $\alpha=30°$的输出电压的理论波形。

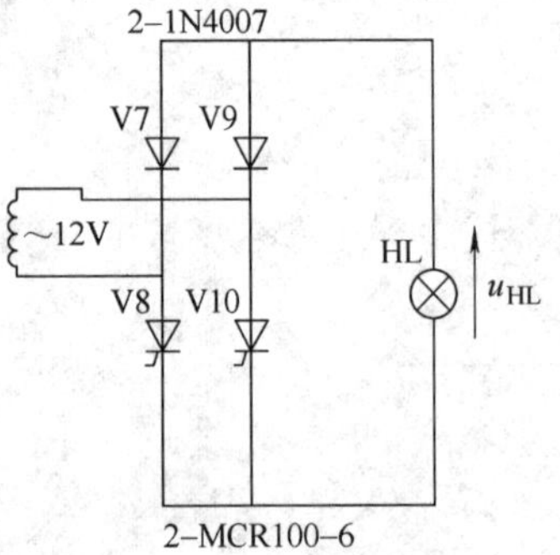

图 1-57　晶闸管调光主电路

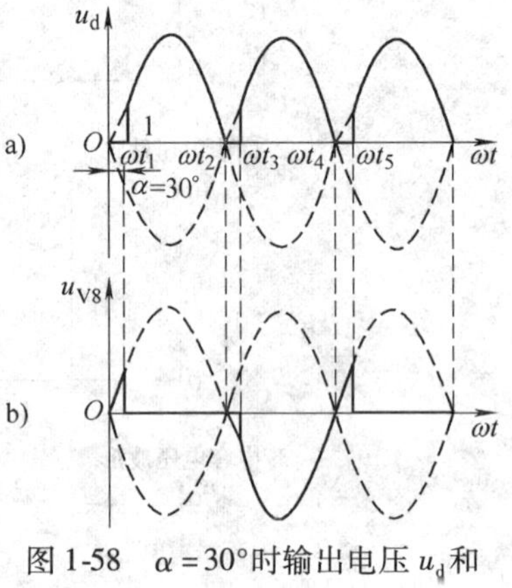

图 1-58　$\alpha=30°$时输出电压 u_d和晶闸管 V8 两端电压的理论波形

a）输出电压 u_d的理论波形　b）晶闸管 V8 两端电压的理论波形

当电源电压 u_2处于正半周时，在 $\alpha=30°$（ωt_1时刻）触发晶闸管 V8 导通，此时二极管 V9 也因承受正向电压而导通，负载电压 u_d等于 u_2，在电源电压 u_2过零时晶闸管 V8（ωt_2时刻）关断。当电源电压 u_2处于负半周时，在相同的触发延迟角 $\alpha=30°$（ωt_3时刻）触发晶闸管 V10 导通，此时二极管 V7 也因承受正向电压而导通，负载电压是与前半个周期形状相同的电压波形，直到 u_2过零时（ωt_4时刻），V10 截止。

图 1-58b 所示为 $\alpha=30°$时晶闸管 u_{V8}两端电压的理论波形。我们将一个周期内的波形分为四个部分来分析：在 $0\sim\omega t_1$期间，电源电压 u_2正半周，触发脉冲尚未加入，二极管 V9 承受正向电压处于导通状态，二极管 V7 反偏截止，晶闸管 V8 承受 u_2的全部正向电压。在 $\omega t_1\sim\omega t_2$期间，晶闸管 V8 导通，忽略管电压降，管子两端的电压近似为零。在 $\omega t_2\sim\omega t_3$期间，晶闸管 V8 关断，由于二极管 V7 承受正向电压处于导通状态，使得晶闸管 V8 两端不承受电压。在 $\omega t_3\sim\omega t_4$期间，晶闸管 V10 被触发导通后，V8 承受 u_2全部反向电压。

通过改变触发脉冲的加入时刻，可以分别得到触发延迟角 α 为 60°、90°时输出电压和管子两端的理论波形，分别如图1-59和图1-60所示，其原理请自行分析。

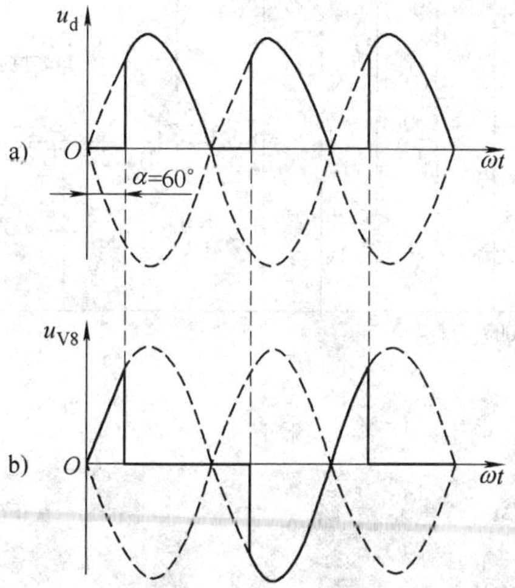

图1-59 $\alpha=60°$时输出电压u_d和晶闸管V8两端电压的理论波形

a）输出电压u_d的理论波形 b）晶闸管V8两端电压的理论波形

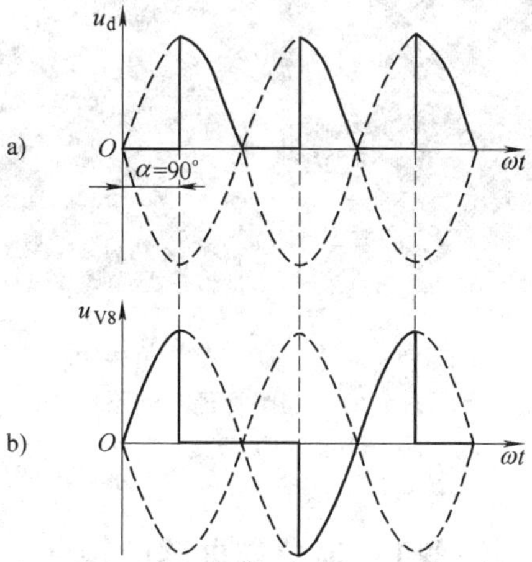

图1-60 $\alpha=90°$时输出电压u_d和晶闸管V8两端电压的理论波形

a）输出电压u_d的理论波形 b）晶闸管V8两端电压的理论波形

项目5 晶闸管延时电路的安装与调试

图1-61a所示是晶闸管延时电路的原理图，在完成如图1-61b所示的实物焊接的基础上，进行电路的测试。

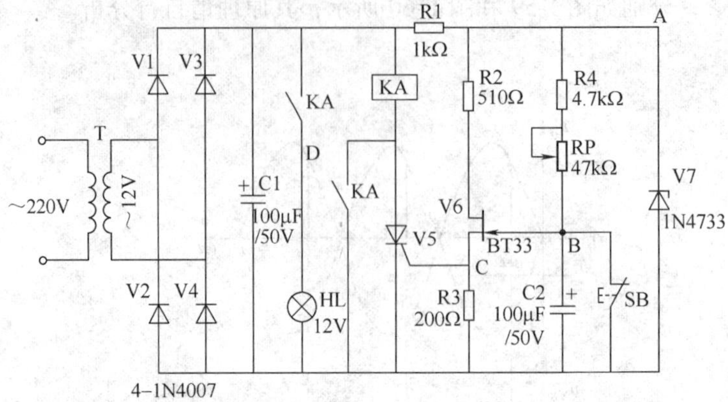

a)

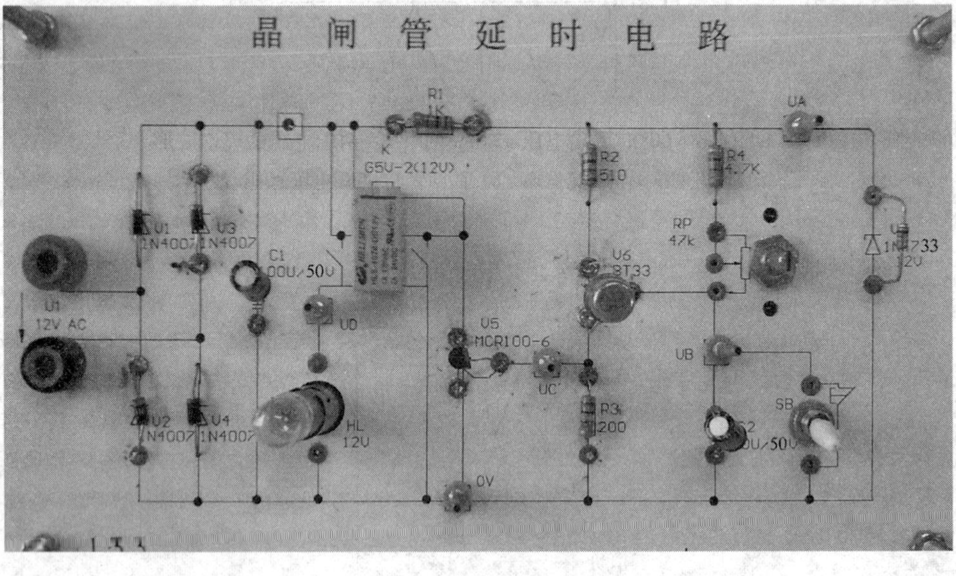

b)

图 1-61 晶闸管延时电路

a）原理图 b）焊接实物图

任务1 通信继电器的识别

任务描述

在继电器生产领域，通信继电器，特别是第三代、第四代通信继电器无疑是继电器产品制造最高水平的重要体现。当前，信息产业的迅猛发展对通信继电器提出了越来越高的技术要求，小型化、低功耗、高可靠性要求已经成为通信继电器未来发展的必然趋势。本任务的具体要求是：能够在外观上辨别继电器引脚，掌握固态继电器的常用参数。

相关知识

本任务采用的继电器型号为 HLS-4078-DC12V，额定工作电压为 AC240V/DC60V，额定工作电流为 2A。线圈电源：5～24V，外形尺寸为 20mm×9.9mm×12.2mm，触点形式为转换型。HLS-4078-DC12V 继电器图形符号与外形如图 1-62 所示，引脚排布及功能如图 1-63 所示。其相关触点参数、通用参数和线圈数据（20 ℃）分别见表 1-10、表 1-11 和表 1-12。

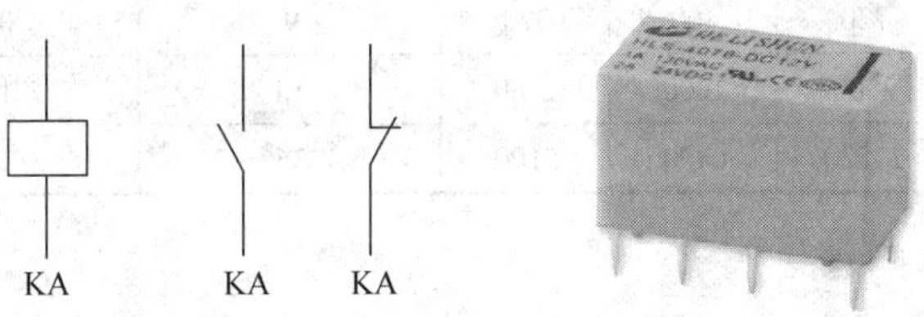

a)　　b)

图 1-62　HLS-4078-DC12V 继电器图形符号与外形

a）符号　b）外形

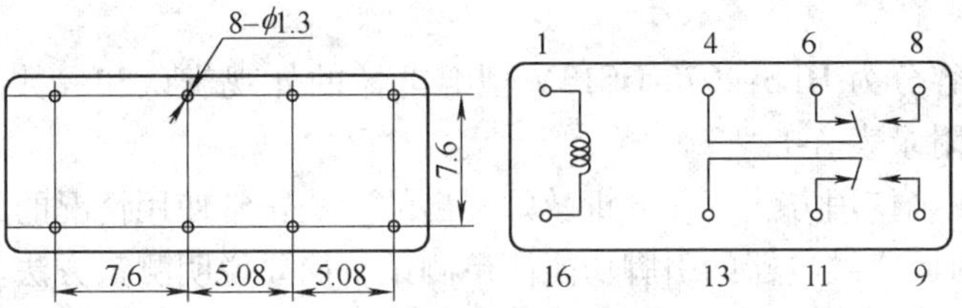

图 1-63　引脚排布及功能

表 1-10　触点参数

触 点 形 式	2C 型	触 点 形 式	2C 型
触点材料	银＋金	最大开关电源	120V · A/30W
触点容量	1A/AC120V；2A/DC24V	初始接触电阻	50mΩ 在 DC6V/1A 时最大
最大切换电压	AC240V/DC60V	平均预期电气寿命	100000h（额定负载）
最大切换电流	2A	平均预期机械寿命	10000000 次操作（无负载）

表 1-11　通用参数

绝 缘 电 阻	100MΩ 在 DC500V 最小	绝 缘 电 阻	100MΩ 在 DC500V 最小
断开触点间的绝缘强度	AC500V 50～60Hz（1min）	环境温度	－30～70℃
触点与线圈之间的绝缘强度	AC1000V 50～60Hz（1min）	耐振动	10～55Hz，1.5mm 双振幅
动作时间	最大 6ms	环境湿度	40%～85% RH
释放时间	最大 4ms		

表 1-12　线圈数据（20℃）

额定电压/V	线圈电阻（±10%）/Ω				最大操作电压/V	最小释放电压/V	最大外加电压/V
	0.15W	0.2W	0.36W	0.45W			
3	60	45	25	20	2.25	0.15	3.9
5	167	125	70	50	3.75	0.25	6.5
6	240	180	100	80	4.5	0.3	7.8
9	540	405	225	180	6.75	0.45	11.7
12	960	720	400	320	9	0.6	15.6
24	38400	2800	1600	1280	18	1.2	31.2
48	—	11520	6400	5100	36	2.4	62.4

任务实施

1）通过 HLS-4078-DC12V 型继电器的外观辨认各个引脚。

2）理解 HLS-4078-DC12V 型继电器的触点参数、通用参数和线圈数据。

检查评议

检查评议的内容分为 HLS-4078-DC12V 型继电器的外观辨认和参数的理解两个主要部分，检测评分表见附录表 A-1。

1）万用表的正确使用方法，并分析教师提出的无法正常使用情况的原因。

2）用万用表对固态继电器的引脚功能简单测试，简要说明测量方法。

任务 2　晶闸管延时电路的安装

任务描述

在完成了 HLS-4078-DC12V 型继电器的外观辨认的基础上按照电路图进行电路的焊接。要求学生在安全操作的前提下按照焊接工艺的要求独立完成电路元器件的安装和电路的连接，安装的过程中熟练掌握电子元器件焊接工艺，注意焊接过程中元器件的安全保护，正确电路连接，无短路。

相关知识

门极触发电压过低或触发电流过小，都会造成晶闸管触发困难的现象发生。一般集成电路输出的电流都较小，为保证集成电路输出能可靠触发晶闸管使其导通，可在其输出端加一级晶体管放大电路，以提供足够大的驱动电流来保证晶闸管可靠地触发导通。

在使用门极关断晶闸管时，为保证导通与关断的可靠性，最好采用强触发、强关断。为实现强触发，门极触发脉冲电流一般应为额定触发电流的 3～5 倍。

有时触发电压过高、触发电流过大，又容易引起晶闸管的误触发，使电路的抗干扰能力变差。可采用以下方法加以避免：

① 应尽量使晶闸管的门极电路远离电感元件。

② 采用屏蔽措施对门极电路进行屏蔽。

③ 在门极与阴极间并接一只0.01～0.1μF的电容，以削弱干扰脉冲的作用。

④ 在门极上加反向偏置电压。

晶闸管对触发电路的要求如下：

1. 触发信号应有足够的功率（电压与电流）

晶闸管是电流控制型器件，在门极必须注入足够的电流才能触发导通。触发电路提供的触发电压与电流必须大于产品参数提供的门极触发电压与触发电流值，但不得超过规定的门极最大允许峰值电压与峰值电流。由于触发信号是脉冲形式，只要触发功率不超过规定值，触发电压、电流的幅值短时间内可大大超过铭牌规定值。

2. 对触发信号的波形要求

脉冲应有一定宽度以保证在触发期间阳极电流能达到擎住电流而维持导通，触发脉冲的前沿尽可能陡，为了快速而可靠地触发大功率晶闸管，常在脉冲的前沿叠加一个强触发脉冲如图1-64所示。普通晶闸管的导通时间约为6μs，故触发脉冲的宽度至少应有6μs以上。对于电感性负载，由于电感会抑制电流上升，因而触发脉冲的宽度应更大一些，通常为0.5～1ms。

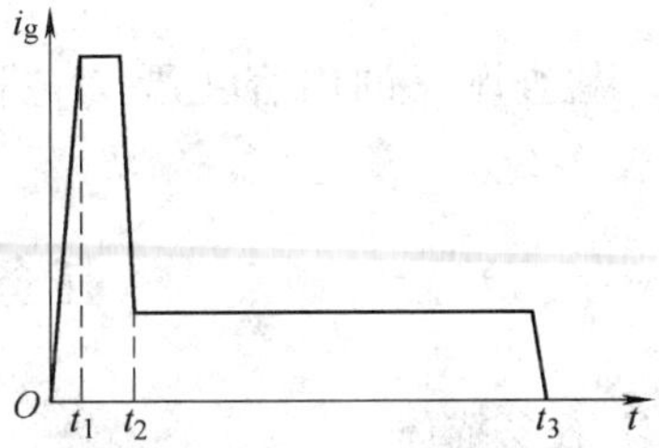

图1-64 强触发脉冲示意图

3. 触发脉冲的同步及移相范围

为使晶闸管在每个周期都在相同的触发延迟角 α 触发导通，这就要求触发脉冲的频率与阳极电压的频率一致，且触发脉冲的前沿与阳极电压应保持固定的相位关系，这叫做触发脉冲与阳极电压同步。不同的电路或者相同的电路在不同负载、不同用途时，要求 α 的变化范围（移相范围）即触发脉冲前沿与阳极电压的相位变化范围不同，所用触发电路的脉冲移相范围必须能满足实际的需要。

4. 防止干扰与误触发

晶闸管的误导通往往是由于干扰信号进入门极电路而引起的，因此需要对触发电路进行屏蔽、隔离等抗干扰措施。

任务实施

晶闸管延时电路元器件明细表见表1-13，焊接过程中的各项要求请读者对照项目1的任务2自行学习，完成焊接任务。

表1-13 晶闸管延时电路元器件明细表

序号	符号	名称	型号与规格	数量
1	V1～V4	二极管	1N4001	4
2	V5	晶闸管	MCR100-6	1
3	V6	单结晶体管	BT33C	1
4	V7	稳压管	1N4733	1
5	R1	电阻	1kΩ、0.25W	1
6	R2	电阻	510Ω、0.25W	1

（续）

序　号	符　号	名　称	型号与规格	数　量
7	R3	电阻	200Ω、0.25W	1
8	R4	电阻	4.7kΩ、0.25W	1
9	RP	电位器	56kΩ、0.25W	1
10	C1 ~ C2	电容器	100μF/50V	2
11	KA	继电器	JRX-13/700	1
12	HL	灯泡	12V	1
13	SB	开关		1

检查评议

检查评议的内容主要为电路安装操作，电路的安装、调试及测量检测评分表见附录表 A-3。

任务3　晶闸管延时电路的调试

任务描述

在完成电路安装的基础上对电路进行调试，本任务的调试分为触发电路的调试和主电路的调试。晶闸管延时电路的触发电路是由单结晶体管构成的。主电路则是利用晶闸管的闸流特性进行工作的。其工作任务主要有测量触发电路各点波形（U_A、U_B、U_C 测试点）确保触发电路连接正确，工作正常。测试主电路 U_D 点的波形验证主电路的工作是否正常，实现小灯泡延时点亮的功能。

相关知识

晶闸管延时电路由 4 只整流二极管 V1 ~ V4 组成桥式整流电路，将交流电转变为直流电，电容 C1 在电路中起滤波作用。电路经过 V7 稳压之后通过 R4、RP 对 C2 充电，当 C2 两端电压上升到单结晶体管 V6 峰点电压 U_P 时，单结晶体管由截止变为导通，由电容 C2 通过单结晶体管的 e、b1 和电阻 R3 放电，放电电流在电阻 R3 上产生一组尖顶脉冲电压，由 R3 输出一组触发脉冲，其中第一个脉冲使晶闸管 V5 触发导通。随着 C2 的放电，电容两端电压下降到单结晶体管 V6 谷点电压 U_v 时，单结晶体管重新截止。电容 C2 不断重新充电，重复上述过程，R3 上又输出一组尖顶脉冲电压，这个过程反复进行。电容每一次连续充放电的起点，就是电源电压过零点，这样保证了输出脉冲电压频率和电源频率的同步。改变 RP 的大小，可以改变 C2 的充电时间常数，从而改变脉冲出现的时间，因此达到延时的目的。例如增大 RP 的阻值，也就是使电容 C2 充电时间常数增加，使电容电压 U_C 到单结晶体管峰点电压 U_P 的时间增加，即每半周出现第一个脉冲的时间后移，从而电路延时时间增加。反之减小电位器 RP 的阻值，也就是使电容 C2 充电时间常数减小，使电容电压 U_C 到单结晶体管峰点电压 U_P 的时间减小，即每半周出现第一个脉冲的时间前移，从而电路延时时间减小。其实，触发晶闸管的脉冲就是脉冲系列中的第一个脉冲，其余的脉冲是不起作用的。

脉冲出现后去触发晶闸管 V5 的门极，使 V5 导通，直流继电器 KA 线圈得电，KA 动合触点闭合，灯泡 HL 通电发光。

任务实施

1）在印制电路板的电源接线柱上接入 AC12V 电压，各测试点如图 1-65 所示。

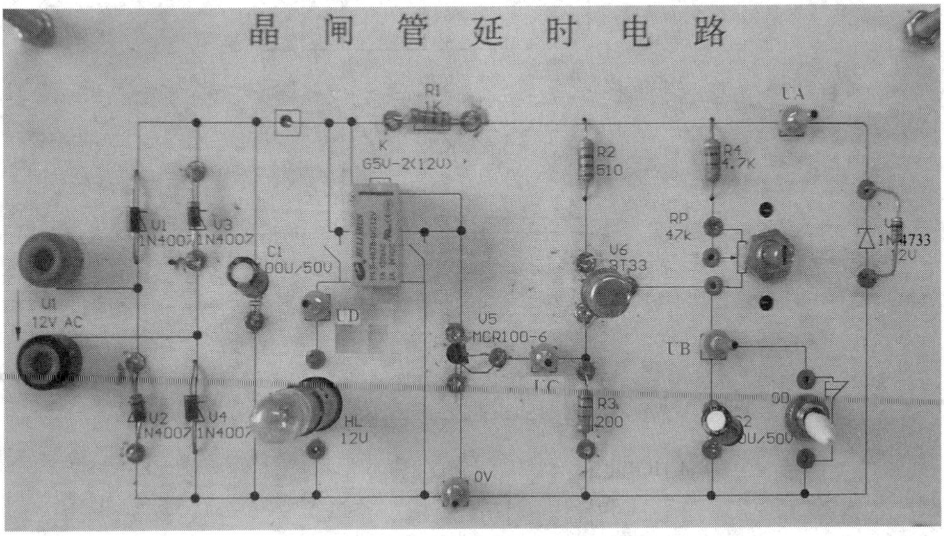

图 1-65　晶闸管延时电路调试测试点

2）万用表测量稳压管 V7 两端的电压（u_A 点直流电压），若数值约为 5.1V，说明整流、稳压电路工作正常。

3）按下按钮 SB（一直按着，直到灯泡亮了以后），过一段延时时间后，小灯泡亮了（这段延时时间的长短可通过电位器 RP 来进行调节），说明电路工作正常。

4）如果要让灯熄灭，必须断电。如果要改变延时时间的长短，必须先断电，把电位器 RP 重新调节后，再按按钮 SB，灯泡发亮的延时时间即发生了变化。这样可实现电路的功能。

5）示波器测量 u_A、u_B、u_C、u_D 各点的波形，如图 1-66 所示。

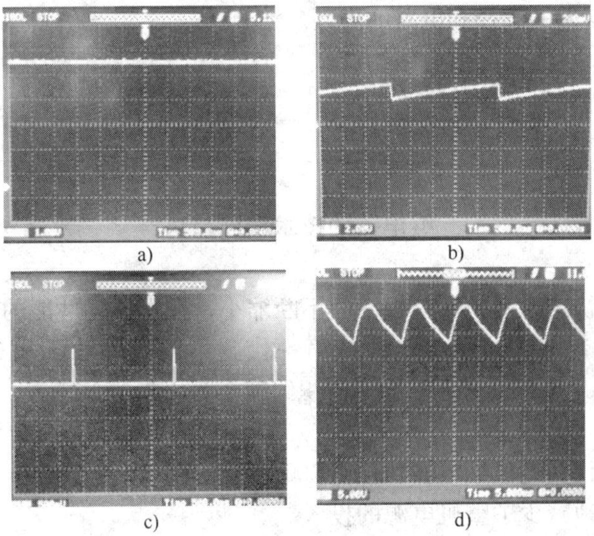

a)　b)　c)　d)

图 1-66　各点波形对应关系

6）图 1-67 中画出晶闸管延时电路各点波形图。

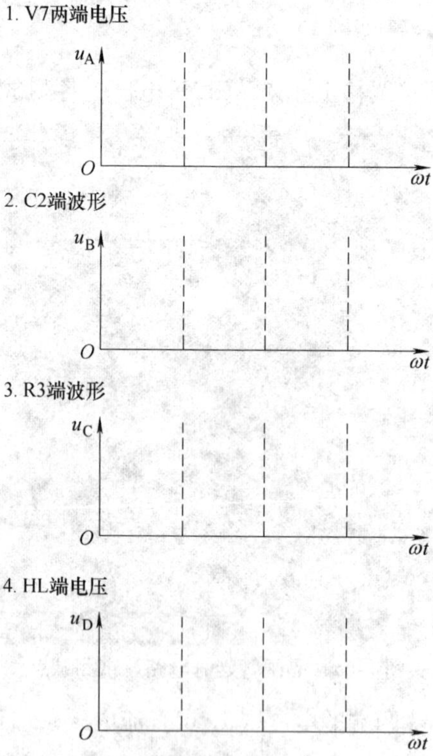

图 1-67　晶闸管延时电路各点波形图

检查评议

检查评议的内容将涵盖晶闸管延时电路项目的所有内容，电路的安装、调试及测量检测评分表见附录表 A-3。

1）独立完成元器件的选择和电路的安装。

2）运用万用表、示波器完成电路的调试。

3）波形和数据的测量与记录。

扩展知识

继电器的技术发展趋势

1. 小型化

随着通信设备的快速发展，安装板空间不断缩小，在不损害性能的前提下，小型化成为每个厂商面临的必然趋势。通信继电器从第一代到第四代尺寸已从 20. 0mm × 10. 0mm × 10. 0mm 降至 10. 0mm × 6. 5mm × 5. 0mm，体积约缩小为原来的 16%。

2. 低功耗

从第二代到第四代，通信继电器功耗由 200mW 降至 100mW，减小了 50%；并且具有节能和记忆功能，有效地减少了整机电源的投入。

3. 更高的可靠性及安全要求

目前针对第四代通信继电器制定的国际标准 IEC61811-55 对浪涌耐压、绝缘耐压及防护浪涌的绝缘间距以及输入与输出之间的隔离均提出了更加苛刻的要求。良好的继电参数一致性、高可靠性使整机运行无误。

4. 磁系统效率将进一步优化

永磁体材料将快速发展，通过掺加成分来改善磁材料性能。硬磁和软磁将组合应用以产生高持久性和高矫顽力的材料。

有些高端通信继电器的设计为降低继电器的体积已经不用永磁体，出现了扁平线圈系统，还有的采用静电驱动方式。

5. 产品结构将进一步优化

第三、四代通信继电器的结构形式与第一、二代截然不同，采用含高能永磁体的双线圈对称平衡翘板式磁路结构，触点点焊在带料上后整体注塑，精度要求更高，极灵敏，用料要求也较高。

项目6 晶体管稳压电路的安装与调试

图 1-68a 所示是晶体管稳压电路的原理图，在完成如图 1-68b 所示的实物焊接的基础上，进行电路的测试。

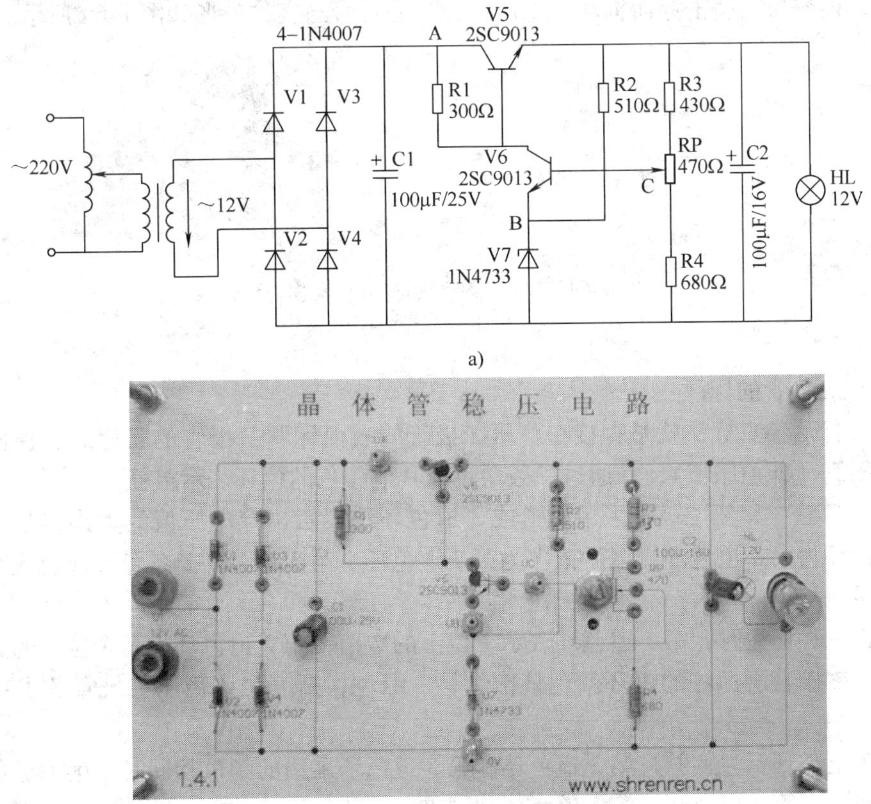

a)

b)

图 1-68　晶体管稳压电路

a）原理图　b）焊接实物图

任务1　稳压二极管的识别与检测

任务描述

稳压二极管也是一种晶体二极管，它是利用PN结的击穿区具有稳定电压的特性来工作的。稳压管在稳压设备和一些电子电路中获得广泛的应用。通过本任务的实施要求学生能够在外观上判别稳压二极管。掌握稳压二极管的检测方法，能够对稳压二极管进行简单的测试。了解稳压二极管的标注方法和掌握稳压二极管的常用参数。

相关知识

1. 稳压二极管的外形及特性

稳压二极管又叫做齐纳二极管，它是一种采用合金法或扩散法制造的硅平面接触型二极管，它的结构与整流二极管相同，具有一般二极管的单向导电特性，即加正向电压时二极管导通，有较大的正向电流流过二极管。当加反向电压时，只有很小的反向电流流过二极管。当反向电压大到一定程度时，反向电流会突然增大，这时二极管便进入了击穿区，其内阻很小，反向电流在很大范围内变化时，二极管两端的反向电压能保持不变，相当于一个恒压源，这种现象称为齐纳效应。一般二极管是不允许使用在击穿区的，因为当反向电流大到一定数值后，很容易彻底击穿而损坏。稳压二极管的符号与实物外形如图1-69所示。

a)　　b)

图1-69　稳压二极管的符号与实物外形

a）符号　b）实物外形

2. 稳压二极管的标注

（1）直标法　直标法就是直接在稳压二极管的表面标明二极管的名称或者稳压二极管的击穿电压值（即稳压值），并通过一条白色或其他颜色的色环表示极性。

（2）色环法　稳压二极管采用2道或3道色环法表示击穿电压值的大小，紧靠阴极引脚一端的色环为第1道色环，以后依次为第2道色环、第3道色环。各色环颜色代表的数值与色环电阻一样。

用2道色环标注时，第1道色环表示十位上的数值，第2道色环表示个位上的数值，例如，若稳压二极管所标注的色环颜色依次为棕、绿色，则表明该稳压二极管的击穿电压值为15V。

采用3道色环标注，并且第2道色环和第3道色环采用的颜色相同时，第1道色环表示个位上的数值，第2道色环、第3道色环共同表示十分位上的数值，即小数点后面第一位的数值。例如，若稳压二极管所标注的色环節颜色依次为绿、棕、棕，则表明该稳压二极管的击穿电压值为5.1V。

用3道色环标注，并且第2道色环和第3道色环采用的颜色不同时，第1道色环表十位上的数值，第2道色环表示个位上的数值，第3色环表示十分位上的数值，即小数后面第一位的数值。例如，若稳压二极管所标注的色环颜色依次为棕、红、蓝，则表明该稳压二极管的稳压值为12.6V。

3. 稳压二极管的主要参数

（1）稳定电压 U_Z　稳压二极管在起稳压作用的范围内，其两端的反向电压值称为稳定电压（稳压值）。

（2）反向测试电流 I_Z　测试反向参数时，给定的反向电流。

（3）最大工作电流 I_{ZM}　是指稳压二极管在长期工作时，允许通过的最大反向电流值。在使用稳压二极管时，不允许超过最大工作电流。

（4）动态电阻 R_Z　在测试电流下，稳压二极管两端电压的变化量与通过稳压二极管的电流变化量之比。动态电阻反映了稳压二极管的稳压特性，动态电阻越小，其稳压性能越好。

（5）电压温度系数 C_{TV}　在测试电流下，稳定电压的相对变化与环境温度的绝对变化的比值。一般稳定电压低于6V的稳压二极管，其电压温度系数是负的，高于6V的则为正。

（6）最大耗散功率 P_{CM}　在给定的使用条件下，稳压二极管允许承受的最大功率。稳压二极管在反向击穿区工作时，只要不超过最大耗散功率和最大工作电流，它是不会被烧坏的。

（7）最高结温 T_{JM}　稳压二极管在工作状态下，PN结的最高温度。

本任务选用的是1N系列单向稳压二极管，其主要特性参数见表1-14。

表1-14　稳压二极管主要特性参数

型　号	最大耗散功率/W	额定稳定电压/V	动态电阻/Ω	最大工作电流/mA	反向漏电流/μA	测试电流/mA	电压温度系数（×10）
1N4733	1	5.1	7	178	<10	50	1.5
1N4740	1	10	<7	91	<5	25	6

任务实施

稳压二极管常见的故障现象是开路、击穿和稳压值不稳定。稳压二极管的测量也可以用数字式万用表和指针式万用表进行测量。当怀疑稳压二极管击穿或开路时，可采用在路测量法进行判断。而检测稳压二极管的稳压值时应采用指针式万用表的电阻挡测量或采用稳压电源结合万用表测量的方法。稳压二极管稳压值的检测步骤如下：

1）将万用表置于 $R\times10k$ 挡，并将表针调零。

2）用红表笔接稳压二极管的阳极，黑表笔接稳压二极管的阴极，当表针摆到一定位置时，从万用表的直流10V挡的刻度上读出其稳定数据。

3）用估测的数值10V减去刻度上的数值，再乘以1.5即可得稳压二极管的稳压值。

结果： 可以通过上述办法检测出稳压二极管的稳压值，若被测稳压二极管的稳压值高于万用表 $R\times10k$ 挡电池电压值（9V或15V），则被测的稳压二极管不能被反向击穿导通，也就无法测出该稳压二极管的反向电阻阻值。

检查评议

检查评议的内容分为万用表的正确使用和稳压二极管的判别检测两个主要部分，检测评分表见附录表 A-1。

1）万用表的正确使用方法，并分析教师提出的无法正常使用情况的原因。

2）用万用表对稳压二极管的稳压值简单测试，简要说明测量方法。

任务 2　晶体管稳压电路的安装

任务描述

晶体管稳压电路的原理图如图 1-68a 所示，要求学生在对元器件进行简单判别的基础上，在安全操作的前提下，按照焊接工艺的要求独立完成电路元器件的安装和电路的连接，在安装过程中理解电子元器件焊接工艺，掌握元器件的焊接安装方法，同时确保安装的元器件无损坏、电路正确无短路。

相关知识

1. 串联型稳压电路

晶体管稳压电路的实质就是串联型稳压电路，能够获得较好的稳压效果。串联型稳压电路原理图如图 1-70 所示。图中 R1 既是稳压管 VS 的限流电阻，又是调整管 V1 的基极偏置电阻，它和稳压管 VS 组成基本稳压电路，向调整管基极提供一个稳定的直流电压 U_Z，叫基准电压、当负载 RL 开路时，由电阻 R2 也提供给调整管一个直流通路。由于晶体管的 U_{CE}会随基极电流 I_B 改变而改变，所以只要调整 I_B 就可以控制 U_{CE}的变化，达到稳压的目的。

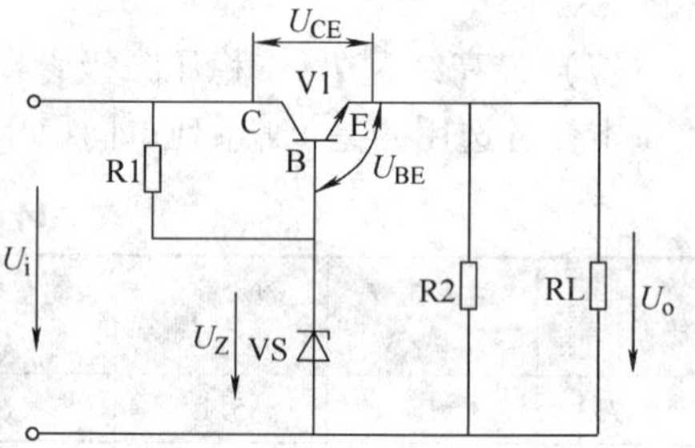

图 1-70　串联型稳压电路原理图

负载电阻 RL 不变，电源电压升高引起输入电压 U_i 增大，导致稳压电路输出电压 U_o 增大。其稳压过程如图 1-71 所示。反之，电源电压下降，其稳压过程相反。

输入电压 U_i 不变，负载电阻 RL 减小引起负载电流 I_L 增大，其稳压过程如图 1-72 所示。反之，负载电阻增加，其稳压过程相反。

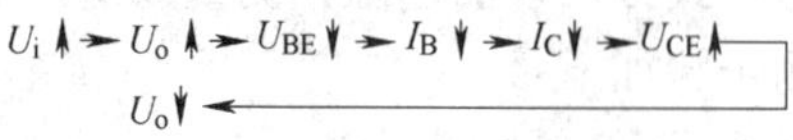

图 1-71　电源电压升高的调整过程

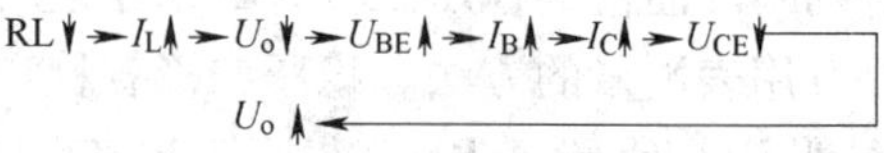

图 1-72　负载电阻 RL 减小的调整过程

2. 带直流负反馈放大电路的串联型稳压电路

带直流负反馈放大电路的串联型稳压电路如图 1-73 所示。它的工作原理是：如果输入电压 U_i 增大，或负载电阻 RL 增大，输出电压 U_o 也增大，通过取样电路将这个变化加在 V2 管的基极上使 U_{B2}增大。由于 U_Z 是一个恒定值，所以 U_{BE2} 增大。导致 I_{B2} 和 I_{C2} 增大，电阻 R1 上电压降增大，使调整管基极电压减小，基极电流减小，管电压降 U_{CE1} 增大，从而使输出电压保持不变。

上述稳压过程，如图1-74所示。

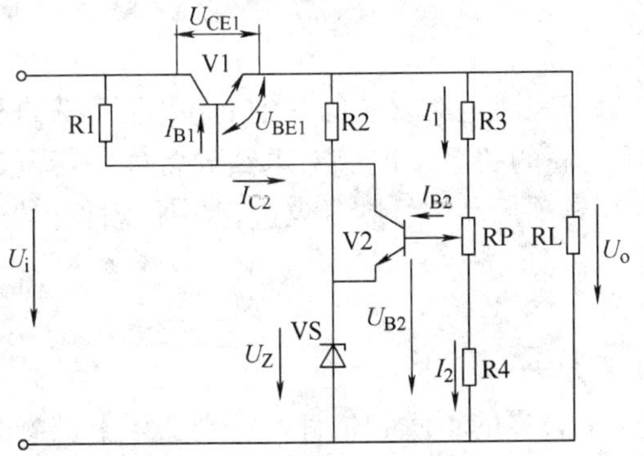

图1-73　直流负反馈放大电路的稳压电路

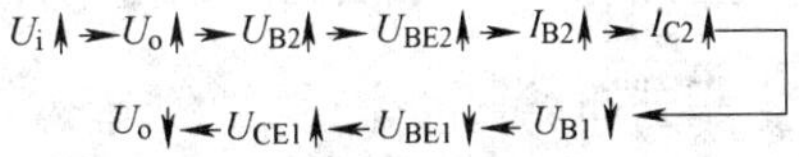

图1-74　输入增大时的稳压过程

输出电压的计算公式为

$$U_o = \frac{R_3 + R_4}{R_4}(U_{BE2} + U_Z)$$

任务实施

晶体管串联型稳压电路元器件明细表见表1-15，焊接过程中的各项要求请读者对照项目1的任务2自行学习，完成焊接任务。

表1-15　晶体管串联型稳压电路元器件明细表

序　号	符　号	名　称	型号与规格	数　量
1	V1～V4	二极管	1N4007	4
2	V5、V6	晶体管	9013	2
3	V7	稳压管	1N4733	1
4	RP	电位器	WT、470Ω、0.25W	1
5	R1	电阻	RT、300Ω、0.125W	1
6	R2	电阻	RT、510Ω、0.125W	1
7	R3	电阻	RT、430Ω、0.125W	1
8	R4	电阻	RT、650Ω、0.125W	1
9	C1	电容	100μF/25V	1
10	C2	电容	100μF/16V	1
11	HL	灯	24V或12V	1

检查评议

检查评议的内容分为电路安装操作和口述元器件选择两个主要部分，检测评分表见附录表A-2。

1）独立完成电路的安装。

2）口述稳压二极管工作原理。

任务3　晶体管稳压电路的调试

任务描述

本任务有两个要求：首先，要求学生能够在完成电路安装的基础上利用万用表进行晶体管稳压电路调试，确定输入电压与输出电压之间的关系，能够对电路异常处进行调整；其次，掌握晶体管图示仪的正常使用方法，并能够采用晶体管图示仪进行晶体管性能的测试。

相关知识

晶体管图示仪测量晶体管前注意事项如下：

1）要对被测晶体管的主要直流参数有一个大概的了解和估计，特别要了解被测晶体管集电极的最大允许耗散功率 P_{CM}、最大允许电流 I_{CM} 和击穿电压 BU_{CEO}、BU_{CBO}、BU_{EBO}。

2）选择好扫描和阶梯信号的极性，以适应不同管型和测试项目的需要。

3）根据所测参数或被测晶体管允许的集电极电压，选择合适的扫描电压范围，一般情况下，应先将峰值电压调零，更改扫描电压范围时，也应先将峰值电压调零。选择一定的功耗电阻，测试反向特性时，功耗电阻要选大一些，同时将 X、Y 偏转开关置于合适挡位。测试时扫描电压应从零逐渐调节到需要的值。

4）对被测管进行必要的估算，以选择合适的阶梯电流或阶梯电压，一般先取小一点的阶梯电流或阶梯电压，然后再根据需要逐步加大。测试时不应超过被测管的集电极最大允许功耗。

5）在进行 I_{CM} 的测试时，一般采用单簇为宜，以免损坏被测晶体管。

6）在进行 I_C 或 I_{CM} 的测试中，应根据集电极电压的实际情况，不应超过仪器规定的最大电流，见表 1-16。

表 1-16　最大电流对照

电压范围/V	0~10	0~50	0~100	0~500
允许最大电流/A	5	1	0.5	0.1

进行高压测试时，应特别注意安全，电压应从零逐渐调节到需要值，测试完毕后，应立即将峰值电压调到零。

晶体管图示仪测量晶体管步骤如下：

1）按下电源开关，指示灯亮，预热 15min 后才开始进行测试。

2）调节辉度、聚焦及辅助聚焦，使光点清晰。

3）将峰值电压旋钮调零，峰值电压范围、极性、功耗电阻等开关置于测试所需位置。

4）对 X、Y 轴放大器进行 10°校准。先将光点移到屏幕左下角，然后按下显示开关的校准按键，此时光点应同时向上和向右移动 10 格到达屏幕的右上角。

5）调节阶梯调零。

6）选择需要的基极阶梯信号，将极性、串联电阻置于合适挡位，调节级/簇旋钮，使阶梯信号为 10 级/簇，阶梯信号按钮置于重复位置。

7）插上被测晶体管，缓慢地增大峰值电压，荧光屏上就显示出待测曲线。

晶体管图示仪测量3DG6晶体管的测试操作步骤如下：

1）晶体管 h_{FE} 和 β 的测量。将光点移到荧光屏的左下角作为坐标零点，仪器的有关旋钮置于以下位置：

① 峰值电压范围0～10V。

② 极性+。

③ 功耗电阻250Ω。

④ X轴集电极电压1V/度。

⑤ Y轴集电极电流1mA/度。

⑥ 阶梯信号重复。

⑦ 阶梯极性+。

⑧ 阶梯选择10μA/度。

2）逐渐加大峰值电压直到在显示屏上看到一簇特性曲线，如图1-75所示。读出X轴集电极电压 $U_{CE}=5V$ 时最上面的一条曲线的（每条曲线为10μA，最下面一条 $I_B=0$ 不计在内）I_B 值和 I_C 值。则

$$h_{FE}=\frac{I_C}{I_B}=\frac{8.5mA}{0.1mA}=85$$

若把"X轴选择开关放在基极电流位置，就可得到图1-76所示的电流放大特性曲线。即

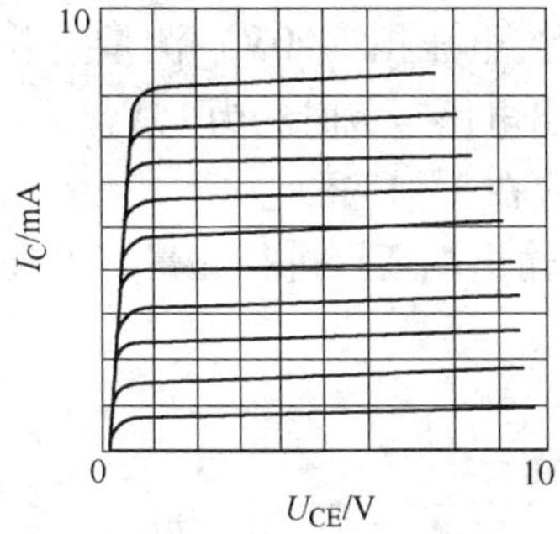

图1-75 晶体管输出特性曲线

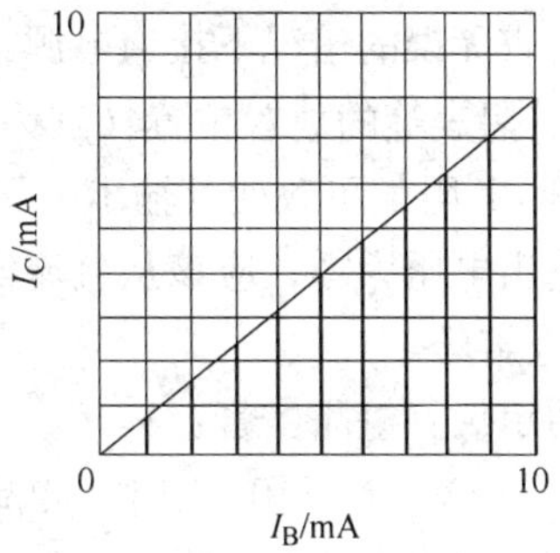

图1-76 电流放大特性曲线

$$\beta=\frac{\Delta I_C}{\Delta I_B}=\frac{8mA}{0.1mA}=80$$

3）当测量PNP型晶体管的 h_{FE} 和 β 时，只需改变扫描电压极性、阶梯信号极性，并把光点移至荧光屏右上角，然后按上面的方法就可进行测量。

4）晶体管击穿电压的测试。测试时仪器部件的位置详见表1-17。

表1-17 3DG6晶体管击穿电压测试时仪器部件的位置

部件	位置	部件	位置
峰值电压范围	0～100V	级/簇	置于1
极性	+	阶梯选择	0.1mA
X轴集电极电压	10V/度	功耗限制电阻	1～5kΩ
Y轴集电极电流	20μA/度		

① 首先将被测晶体管按表 1-19 所提供的参数做好测试前的准备工作，然后逐步调高峰值电压。

② 测量 BU_{CEO}时，被测晶体管按图 1-77 的接法，Y 轴 $I_C = 0.2mA$ 时，X 轴的偏移量为 BU_{CEO}，测试曲线如图 1-78 所示。从图中可读出：

$$BU_{CBO} = 120V(I_C = 100\mu A) \quad BU_{CEO} = 35V(I_C = 200\mu A)$$

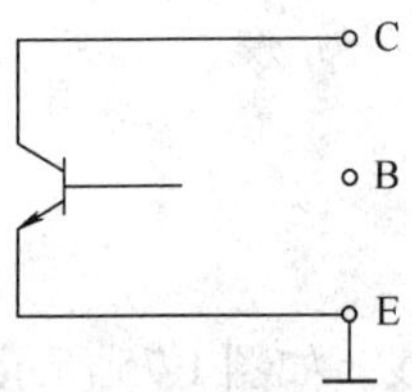

图 1-77　被测管接线图

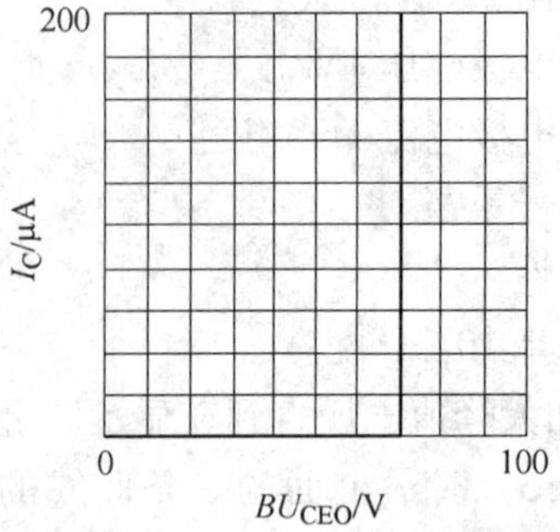

图 1-78　反向击穿电压曲线

任务实施

1）在检查无误的情况下接通电源，用万用表直流电压挡（20V）测量空载电压。测量时，注意红、黑表笔的放置位置（红为“+”），输出电压空载时约为 15V。

2）调整 RP 阻值可改变其输出电压，调整范围应在 8～13V。

3）若输出电压为零，应该从直流输入端到直流输出端逐点进行测量，检查焊点或连接线，然后检查熔丝。

4）用图示仪测量晶体管：

① 当 $u_{CE} = 6V$、$I_C = 10mA$ 时，测晶体管 β 值______________。

② 当 $I_{CEO} = 0.2mA$ 时，测晶体管 U_{CEO}______________________。

5）用数字式万用表实测电路电压：

① 当输出直流电压调到____V 时，测 A 点电压____________。

② 当输出直流电压调到____V 时，测 B 点电压____________。

③ 当输出直流电压调到____V 时，测 C 点电压____________。

④ 当输入电压为 12V 时，测输出电压的调节范围__________。

⑤ 当输入电压变化（±10%）输出负载不变时，测输出电压________。

检查评议

检查评议的内容将涵盖晶体管稳压电路项目的所有内容，电路的安装、调试及测量检测评分表见附录表 A-3。

1）独立完成元器件的选择和电路的安装。

2）运用万用表、示波器完成电路的调试。

3）波形和数据的测量与记录。

扩展知识

晶体管特性图示仪各部分具体功能

晶体管特性图示仪可用来显示晶体管的各种特性曲线，并可测量晶体管的各种参数。XJ4810 型晶体管特性图示仪面板结构如图 1-79 所示。其各部分的名称和作用如下：

1——峰值电压范围。分 0 ~ 10V/5A、0 ~ 50V/1A、0 ~ 100V/0.5A、0 ~ 500V/0.1A 四挡。当由低挡改换高挡，观察晶体管的特性时，须将峰值电压控制旋钮调到 0，换挡后再按需要的电压逐渐增加，否则容易击穿晶体管。AC 挡的设置是专为二极管或其他元器件的测试，提供双向扫描用的，以便同时显示器件正反向的特性曲线。

2——集电极电源极性按钮。可转换集电极电压正负极性，在 NPN 型、PNP 型晶体管的测试时，极性可按面板指示的极性选择。

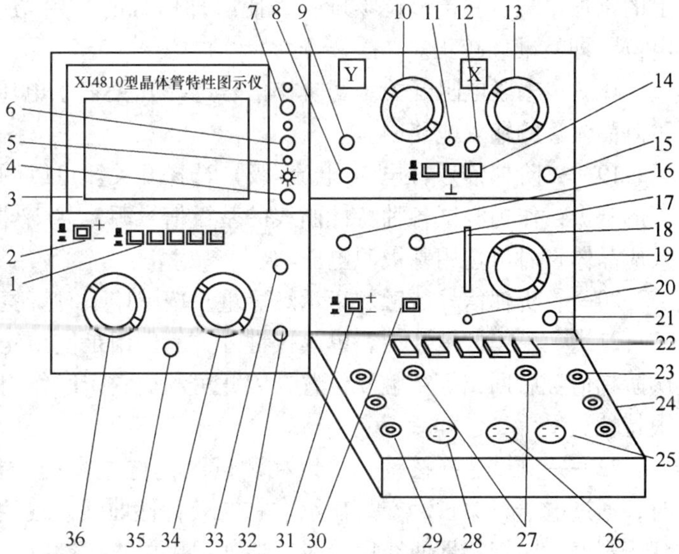

图 1-79 XJ4810 型晶体管特性图示仪面板结构

3——显示屏。用来显示晶体管的特性曲线，在示波管屏幕外装有刻度片。

4——电源开关及辉度调节。旋钮拉出，接通仪器电源，旋转旋钮可改变示波管光点亮度。

5——电源指示灯。接通电源时灯亮。

6——聚焦旋钮。调节该旋钮可使光点清晰。

7——辅助聚焦旋钮。与聚焦旋钮配合使用，使光点清晰。

8——垂直位移及电流/度倍率开关。调节扫描线在垂直方向的位移。旋钮拉出时放大器的增益扩大 10 倍，电流/度各挡的 I_C 标称值 ×0.1，同时指示灯亮。

9——Y 轴增益。用于校正 Y 轴增益。

10——Y 轴选择（电流/度）开关。具有 22 挡四种偏转作用的开关。可以进行集电极电流、基极电压、基极电流和外接的不同转换。

11——电流/度 ×0.1 倍率指示灯。灯亮仪器表示进入电流/度 ×0.1 倍工作状态。

12——X 轴增益。用于校正 X 轴增益。

13——X 轴选择（电压/度）开关。可以进行集电极电压、基极电流、基极电压和外接四种功能的转换，共 17 挡。

14——显示开关。分转换、接地、校准三挡，其作用如下：

（1）转换 使图像在Ⅰ、Ⅲ象限内相互转换，便于 NPN 型晶体管转测 PNP 型晶体管时简化测试操作。

（2）接地 放大器输入接地，表示输入为零的基准点。

（3）校准　按下校准键，光点在X、Y轴方向移动的距离刚好为10°，以达到10°校正目的。

15——X轴位移。调节扫描线在水平方向的位移。

16——级/簇调节旋钮。可在0～10的范围内连续调节阶梯信号的级数。

17——调零旋钮。未测试前，应先调整阶梯信号起始级，零电平的位置。当荧光屏上已经观察到基极阶梯信号后，按下测试台上选择按键的“零电压”按钮，观察光点在荧光屏上的位置，复位后调节调零旋钮，使阶梯信号的起始光点仍在该处，这样阶梯信号的“零电位”即被准确校正。

18——串联电阻开关。当阶梯信号选择开关置于电压/级的位置时，串联电阻将串联在被测晶体管的输入电路中。

19——阶梯信号（电压-电流/级）选择开关。可以调节每级的电流大小，流入被测晶体管的基极，作为测试各种特性曲线的基极信号源，共22挡。一般选用基极电流/级，测试场效应晶体管时可选用基极源电压/级。

20——阶梯信号待触发指示灯。重复按键按下时灯亮，阶梯信号已进入待触发状态。

21——单簇按键开关。单簇按键开关的作用是使预先调整好的电压-电流/级，在出现一次阶梯信号后回到等待触发位置，因此可利用它瞬间作用的特性来观察被测晶体管的各种极限特性。

22——测试选择按键。可以在测试时任选左右两个被测晶体管的特性，当置“二簇”时，通过电子开关自动交替显示左右二簇特性曲线。使用时“级/簇”应置于适当位置，以利于观察。二簇特性曲线比较时，请勿误用单簇按键以及零电压、零电流按键。被测晶体管未测之前，应先调整阶梯信号的起始级在零电平的位置。按下“零电流”键时，被测半导体管的基极处于开路状态，就能测量I_{CEO}特性。

23、29——左右测试插座插孔。插上专用插座，可测试F1、F2型管座的功率晶体管。

24——测试台。

25、28——左右晶体管测试插座。

26——晶体管测试插座。

27——二极管反向漏电流专用插孔（接地端）。

30——重复/关按键。弹出为重复，阶梯信号重复出现，作正常测试。按下为关，阶梯信号处于待触发状态。

31——极性按键。极性的选择取决于被测晶体管的特性。

32——辅助电容平衡。是针对集电极变压器二次绕组对地电容的不对称，而再次进行电容平衡的调节。

33——电容平衡。由于集电极电流输出端对地的各种杂散电容的存在，将形成电容性电流，因而在电流取样电阻上产生电压降，造成测量误差，为了减小电容性电流，测试前应调节电容平衡，使容性电流减至最小状态。

34——功耗限制电阻。它串联在被测晶体管的集电极电路上，以限制功耗，可作为被测晶体管集电极的负载电阻。

35——熔丝，1.5A。

36——峰值电压。峰值电压控制旋钮可以在0～10V、0～50V、0～100或0～500V之间连续变化，面板上的标称值作近似值使用，精确值应从X轴偏转灵敏度读出。

37——二簇位移旋钮。在二簇显示时，可改变右簇曲线的位移，方便于配对晶体管各种参数的比较。该旋钮位于仪器右侧板上，如图 1-80 所示。

38——Y 轴选择开关置于外接时，Y 轴信号由此输入。

39——X 轴选择开关置于外接时，X 轴信号由此输入。

40、41——1V、0.5V 校准信号由此输出。

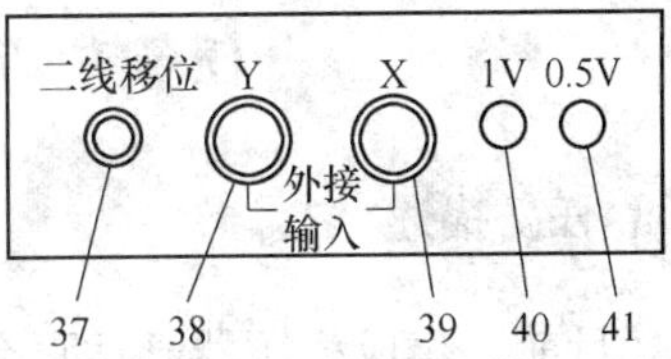

图 1-80 二簇位移旋钮

项目 7 78/79 系列正负稳压电源电路的安装与调试

图 1-81a 所示是 78/79 系列正负稳压电源电路的原理图，在完成如图 1-81b 所示的实物焊接的基础上，进行电路的测试。

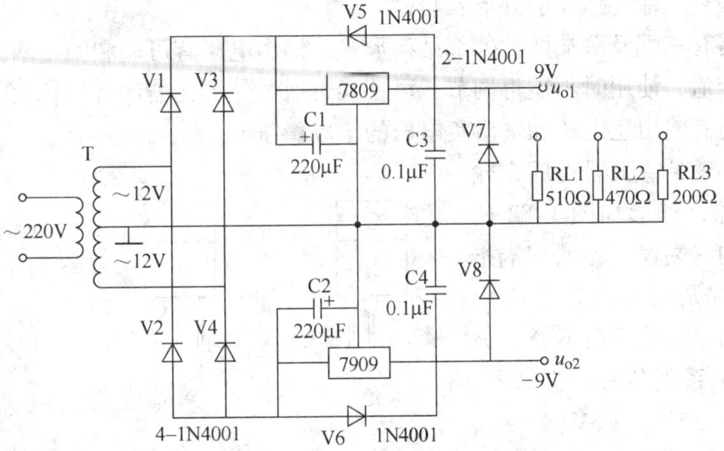

a)

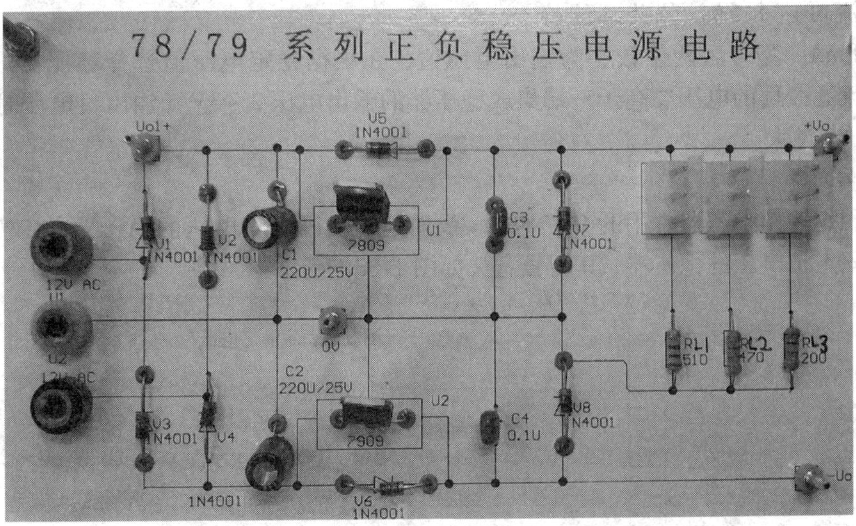

b)

图 1-81 78/79 系列正负稳压电源电路

a）原理图 b）焊接实物图

任务1　78/79系列三端稳压器的识别与检测

任务描述

目前，集成稳压器已达百余种，并且成为模拟集成电路的一个重要分支。它具有输出电流大、输出电压高、体积小、安装调试方便、可靠性高等优点，在电子电路中应用十分广泛。通过本任务的实施能够识别W78××系列、W79××系列三端稳压器的外形。了解W78××系列、W79××系列三端稳压器的标注及参数。掌握W78××系列、W79××系列三端稳压器的应用。

相关知识

1. 78/79系列三端稳压器的外形及特性

集成稳压器有三端及多端两种外部结构形式。输出电压有可调和固定两种形式：固定式输出电压为标准值，使用时不能再调节；可调式可通过外接元器件，在较大范围内调节输出电压。此外，还有输出正电压和输出负电压的集成稳压器。

78/79系列三端稳压器是固定输出的三端稳压器，外形如图1-82所示。固定输出的三端稳压器的三端指输入端、输出端及公共端三个引出端。固定输出的三端稳压器W78××系列和W79××系列各有七个品种，输出电压分别为±5V、±6V、±9V、±12V、±15V、±18V、±24V。最大输出电流可达1.5A。公共端的静态电流为8mA。型号后两位数字为输出电压值。在根据稳定电压值选择稳压器的型号时，要求经整流滤波后的电压要高于三端集成稳压器的输出电压2~3V（输出负电压时要低2~3V），但不宜过大。

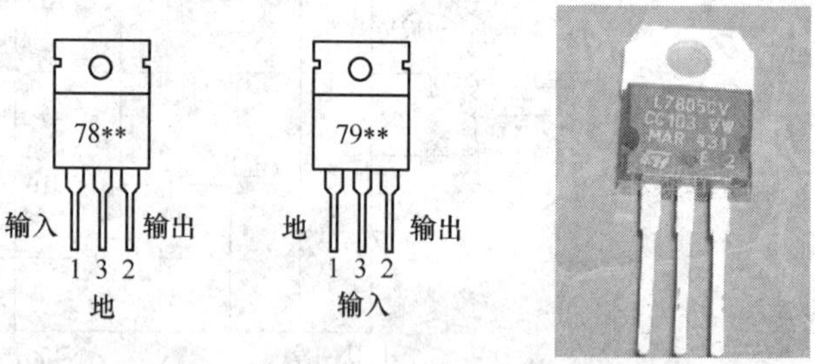

图1-82　78/79系列三端稳压器外形

2. 型号

三端固定输出稳压器常用的CW78××系列是输出固定正电压的稳压器，CW79××系列是输出固定负电压的稳压器，其型号意义如图1-83所示。

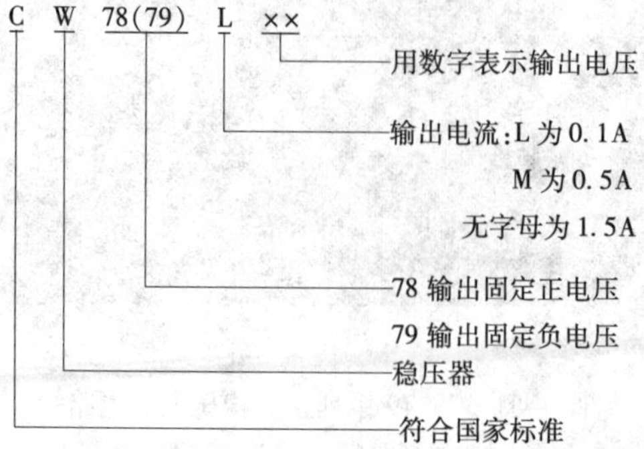

图1-83　型号含义

3. 参数

(1) 最大输入电压 U_{imax} 指稳压器输入端允许输入的最大电压。

(2) 最小输入输出压差 $(U_i - U_o)_{min}$ U_i 表示输入电压，U_o 表示输出电压，此参数表示能保证稳压器正常工作所要求的输入电压与输出电压的最小差值。

(3) 输出电压范围 指稳压器参数符合指标要求时的输出电压范围。

(4) 最大输出电流 I_{LM} 指稳压器能够输出的最大电流值，使用中不允许超出此值。

4. 基本三端稳压器的接法

W78××系列三端稳压器的基本接法如图1-84所示。1端输入电压，2端输出就是固定的稳定电压，3端接地。输入端和输出端的电容C1和C2是为了防止电路产生自激振荡并消除输出的高频噪声，一般取0.1～1μF。

W79××系列三端稳压器的基本接法如图1-85所示。3端输入电压，2端输出就是固定的稳定电压，1端接地。

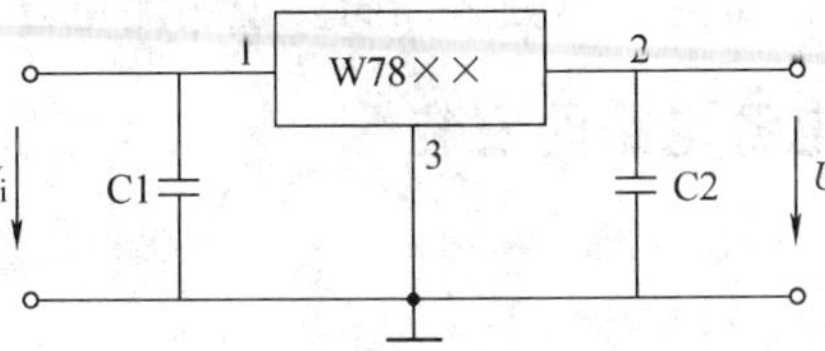

图1-84 W78××系列三端稳压器的基本接法

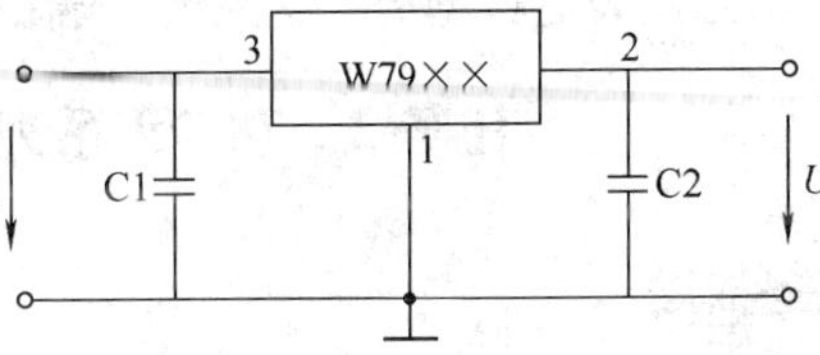

图1-85 W79××系列三端稳压器的基本接法

想一想

在图1-81a所示的78/79系列正负稳压电源电路中，为什么要在78/79系列三端稳压器的输入和输出端之间安装一个二极管。

任务实施

1. 78系列三端稳压器的检测

(1) 测量各引脚之间的电阻值 用万用表电阻 $R\times1k$ 挡测测量78系列三端稳压器各引脚之间的电阻值，可以根据测量的结果粗略判断出被测稳压器的好坏。

用万用表的黑表笔接稳压器的接地端，红表笔依次接触另外两引脚，如果稳压器内部已击穿损坏，则某两引脚之间的正、反向电阻值均很小或接近0Ω。如果稳压器已开路损坏，则测得某两引脚之间的正、反向电阻值均为无穷大。若测得稳压器的阻值不稳定，随温度的变化而改变，则说明该稳压器的热稳定性能不良。

(2) 测量稳压值 即使测量稳压器的电阻值正常，也不能确定该稳压器就是完好的，还应进一步测量其稳压值是否正常。测量时，可在稳压器的电压输入端与接地端之间加上一个比被测稳压器的标称输出电压高3V以上（例如，被测稳压器是7809，加的直流电压就为12V）的直流电压（正极接输入端），但不能超过其最大输入电压。若测得稳压器输出端与接地端之间的电压值输出稳定，且在稳压器标称稳压值的±5%范围内，则说明该稳压器性能良好。

2. 79系列三端稳压器的检测

(1) 测量各引脚之间的电阻值 与78系列稳压器的检测方法相似，用万用表 $R\times1k$ 挡测量 79 系列稳压器各引脚之间的电阻值，若测得结果与正常值相差较大，则说明该稳压器性能不良。

（2）测量稳压值　测量 79 系列稳压器的稳压值，与测量 78 系列稳压器稳压值的方法相同，也是在被测稳压器的电压输入端与接地端之间加上一个比被测稳压器的标称电压低 3V 以下（例如，被测稳压器是 7909，加的直流电压应为 −12V）的直流电压（负极接输入端），此电压应但不允许超过稳压器的最大输入电压。若测得稳压器输出端与接地端之间的电压值输出稳定，且在稳压器标称稳压值的 ±5% 范围内，则说明该稳压器完好。

检查评议

检查评议的内容分为万用表的正确使用和 78/79 系列三端稳压器的判别检测两个主要部分，检测评分表见附录表 A-1。

1）万用表的正确使用方法，并分析教师提出的无法正常使用情况的原因。

2）用万用表对典型 78/79 系列三端稳压器电路的稳压值简单测试，简要说明测量方法。

任务 2　78/79 系列正负稳压电源电路的安装

任务描述

在阅读电路原理图的基础上完成电路的焊接，焊接过程中注意 78/79 系列正负稳压电源电路焊接工艺和安全操作的要求，防止元器件过热损坏。

相关知识

三端稳压器虽然应用电路简单，外围元器件很少，但若使用不当，同样会出现稳压器被击穿或稳压效果不良的现象，所以在使用中必须注意以下几个问题：

1）要防止产生自激振荡。三端稳压器内部电路放大级数多，开环增益高，工作于闭环深度负反馈状态，若不采取适当补偿移相措施，则在分布电容、电感的作用下，电路可能产生高频寄生振荡，从而影响稳压器的正常工作，可以通过加装防止自激振荡的防振电容来解决。

2）要防止稳压器损坏。虽然三端稳压器内部电路有过电流、过热及调整管安全工作区等保护功能，但在使用中应注意以下几个问题以防稳压器损坏：

① 防止输入端对地短路。

② 防止输入端和输出端接反。

③ 防止输入端滤波电路断路。

④ 防止输出端与其他高电压电路连接。

⑤ 稳压器接地端不得开路。

3）当集成稳压器输出端加装防自激电容时，万一输入端发生短路时，该电容的放电电流将使稳压器内的调整管损坏。为防止这种现象发生，可在输出、输入端之间接一大电流二极管。

4）在使用可调式稳压器时，为减小输出电压纹波，应在稳压器调整端与地之间接入一个 10μF 电容。

5）为了提高稳压性能，应注意电路的连接布局。一般稳压电路不要离滤波电路太远，另外，输入线、输出线和地线应分开布设，采用较粗的导线且要焊牢。

6）三端稳压器是一个功率器件，它的最大功耗取决于内部调整管的最大结温。因此，要保证稳压器能够在额定输出电流下正常工作，就必须为稳压器采取适当的散热措施。稳压器的散热能力越强，它所承受的功率也就越大。

7）选用三端稳压器时，首先要考虑的是输出电压是否要求可以调整。若不需调整输出电压，则可选用输出固定电压的稳压器。若要调整输出电压，则应选用可调式稳压器。稳压器的类型选定后，就要进行参数的选择，其中最重要的参数就是需要输出的最大电流值，这样大致便可确定出集成电路的型号。然后再审查一下所选稳压器的其他参数能否满足使用的要求。

任务实施

78/79 系列正负稳压电源电路元器件明细表见表 1-18，焊接过程中的各项要求请读者对照项目 1 的任务 2 自行学习，完成焊接任务。

表 1-18　78/79 系列正负稳压电源电路元器件明细表

序　号	符　号	名　称	型号与规格	数　量
1	V1 ~ V8	二极管	1N4001	8
2	7809	固定三端稳压器	CW7809	1
3	7909	固定三端稳压器	CW7909	1
4	RL1	电阻	RT、510Ω、0.125W	1
5	RL2	电阻	RT、470Ω、0.125W	1
6	RL3	电阻	RT、200Ω、0.125W	1
7	C1、C2	电容	220μF	2
8	C3、C4	电容	0.1μF	2

检查评议

检查评议的内容分为电路安装操作和三端稳压器主要参数的复习两个主要部分，安装检测评分表见附录表 A-2。

1）独立完成电路的安装。

2）简述三端稳压器主要参数。

任务3　78/79 系列正负稳压电源电路的调试

任务描述

在完成安装的基础上运用示波器和万用表进行电路的测试，要求有以下两个方面：灵活运用示波器对单相全波整流电路的输出端和稳压输出端进行电路波形的测量；运用万用表对输入输出电压进行测量，完成电路外特性的绘制。

相关知识

图 1-81a 为 7809、7909 作为输出固定电压的典型电路，正常工作时，输入交流电压 220V，变压器为具有中心抽头的输出两路交流 12V 电压，上半部分采用 V1、V3 构成单相全波整流电路，经电容 C1 滤波，给 7809 供电，经 7809 稳压，输出 +9V 的电压，二极管 V5、V7 为保护管，当输入端短路时，给负载提供一个放电通路，防止损坏 7809。下半部分采用 V2、V4 构成单相全波整流电路，经电容 C2 滤波，给 7909 供电，经 7909 稳压，输出 −9V 的电压，二极管 V6、V8 为保护管，当输入端短路时，给负载提供一个放电通路，防止损坏 7809。

任务实施

1）用示波器测试由 V1、V3 构成单相全波整流电路的输出是否正确。

2）用示波器测试 7809 稳压器输出端的波形 u_{o1}，记录在图 1-86 中，标明幅值。

3）用示波器测试由 V2、V4 构成单相全波整流电路的输出是否正确。

4）用示波器测试 7909 稳压器输出端的波形 u_{o2}，记录在图 1-86 中，标明幅值。

5）用万用表分别测量当负载为空载、510Ω、470Ω 和 200Ω 时对应的输出电压和输出电流的大小，记录在表 1-19 中，然后根据表中记录的数据在图 1-87 中画出外特性曲线。

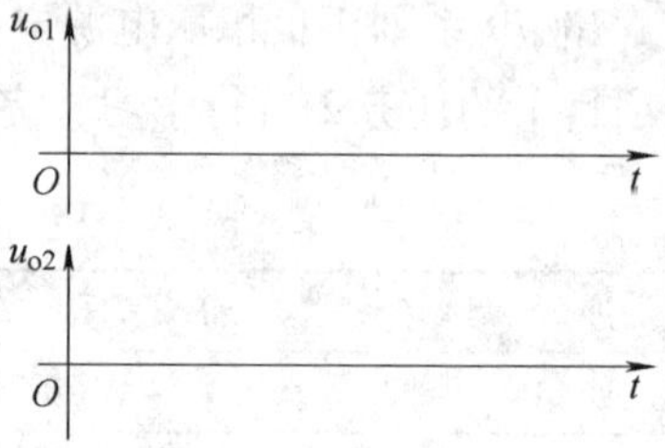

图 1-86 记录输出电压 u_{o1} 及 u_{o2} 的波形图

表 1-19 输出电压和输出电流测量数据

R_L/Ω	∞（空载）	510	470	200
I_{o1}/mA				
u_{o1}/V	5			

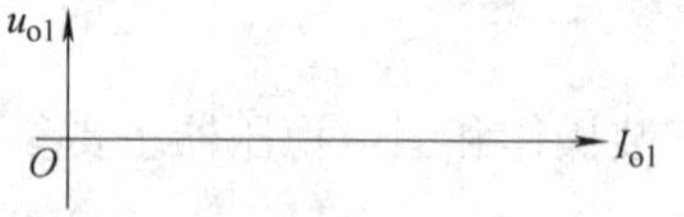

图 1-87 外特性曲线

检查评议

检查评议的内容将涵盖 78/79 系列正负稳压电源电路项目的所有内容，电路的安装、调试及测量评分表见附录表 A-3。

1）独立完成元器件的选择和电路的安装。

2）运用万用表、示波器完成电路的调试。

3）波形和数据的测量与记录。

扩展知识

如果需要的输出电压高于型号中的固定电压值，可采用图1-88所示的电路。

图中的输出端接有电阻 R_1 和 R_2 组成分压电路，设三端稳压电路W78××的稳压值为 U_W，从集成电路3端流出的静态电流 I_Q，当 $I_{R1} \gg I_Q$ 时（一般取 $I_{R1} > 5I_Q$），则 $I_Q R_2$ 可以忽略，输出电压 U_o 为

$$U_o = \left(1 + \frac{R_2}{R_1}\right) U_W$$

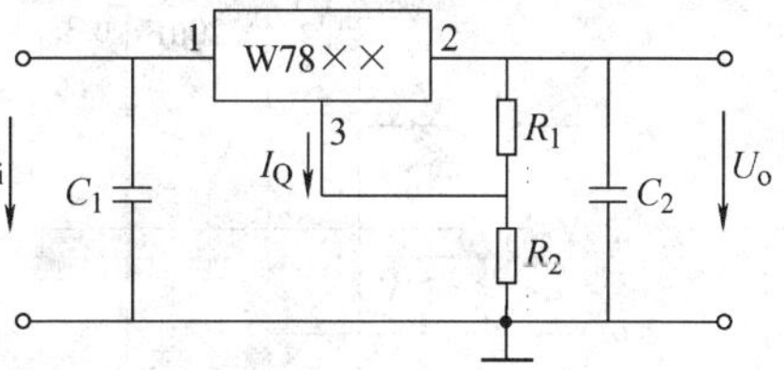

图1-88　提高输出电压的稳压电路

由此可见，只要选择合适的 $\frac{R_2}{R_1}$，即可将输出电压提高到所需数值。该电路的缺点是随输入电压变化，I_Q 也发生变化，当 R_2 较大时，影响稳压精度。

为了消除 I_Q 的大小对输出电路的影响，在图1-89所示电路中，R_1、R_2 和比较放大器A来调节输出电压，输出电压的大小为

$$U_o = \left(1 + \frac{R_2}{R_1}\right) \frac{R_3}{R_3 + R_4} U_W$$

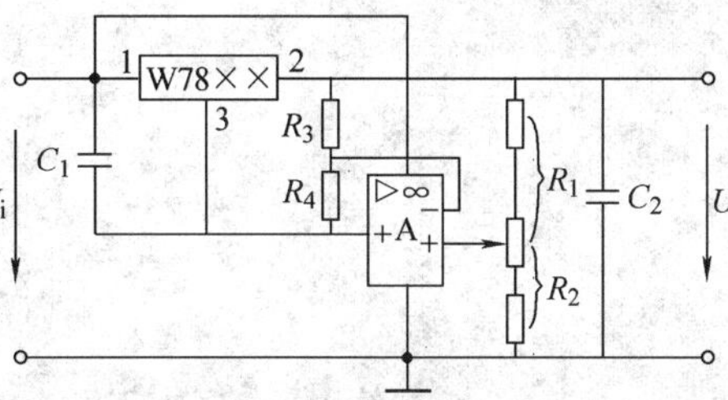

图1-89　消除 I_Q 影响提高输出电压的稳压电路

图1-90所示为实际中常采用的提高输出电压的电路，此电路用稳压管代替图1-88中的电阻 R_2，其输出电压为

$$U_o = U_W + U_Z$$

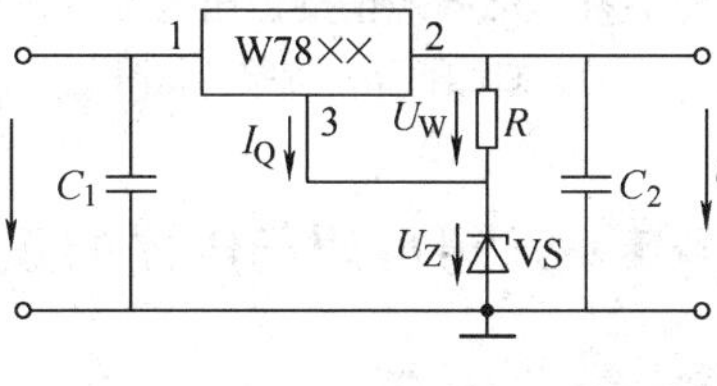

图1-90　常采用的提高输出电压的电路

项目8　可调式正负稳压电源电路的安装与调试

图1-91a所示是可调式正负稳压电源电路的原理图，在完成如图1-91b所示的实物焊接

的基础上，进行电路的测试。

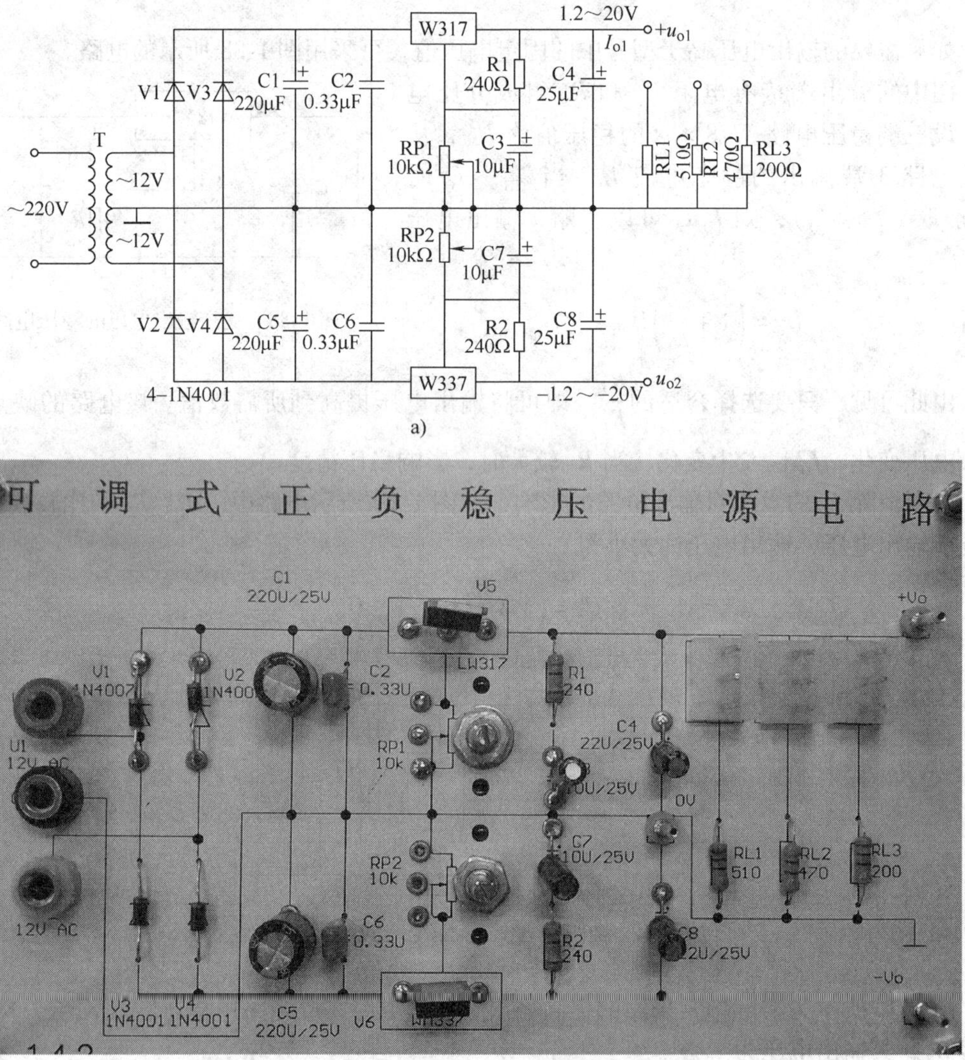

a)　b)

图 1-91　可调式正负稳压电源电路

a）原理图　b）焊接实物图

任务 1　三端可调稳压器的识别

任务描述

三端可调稳压器（W317、W337）是利用 PN 结的击穿区具有稳定电压的特性来工作的。三端可调稳压器（W317、W337）在稳压设备和一些电子电路中获得广泛的应用。本任务要求学生可以识别三端可调稳压器（W317、W337）的外形。理解三端可调稳压器（W317、W337）的标注及参数。掌握三端可调稳压器（W317、W337）的典型应用方法。

相关知识

自从W78××和W79××系列三端固定电压式集成稳压器问世以后，使电源的设计和制作工作极大简化，但是W78××和W79××系列稳压器的输出电压是固定的，当整机所需的电源电压种类较多时，需备用多个品种，尤其是当设备需要非标准输出电压值时，W78/79系列实现起来就更麻烦了。人们研制成功了输出电压可连续调整的三端稳压器，它保持了三端稳压器的简单方便，又能实现任意输出电压值，因此可以将它作为一种通用化、标准化的稳压器产品用在各种场合。由于它的上述优点，人们称之为第二代三端稳压器，其符号与外形如图1-92所示。它的型号是正稳压器W317（W117）和负稳压器W337（W137），一种悬浮式串联调整稳压器。它们外接两只电阻，改变其中一只电阻值，就可得到所需的输出电压，把它的三个接线端分别称为输入端、输出端和调整端。

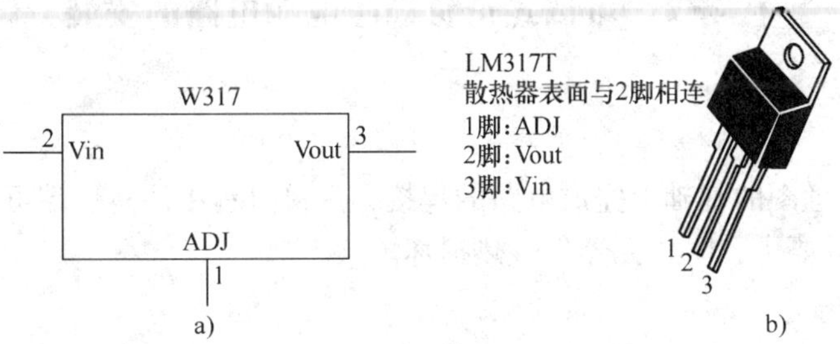

图1-92 三端可调稳压器W337符号与外形

a）符号 b）外形

图1-93所示的电路是W317系列三端正稳压器的典型应用电路。该电路是通过改变外加的由电阻R_1和R_2组成的分压器的分压比来改变输出电压的。输出电压与外加分压器中的电阻R_1和R_2之间的关系为

$$U_o = 1.25\left(1 + \frac{R_2}{R_1}\right) + I_{ADJ}R_2$$

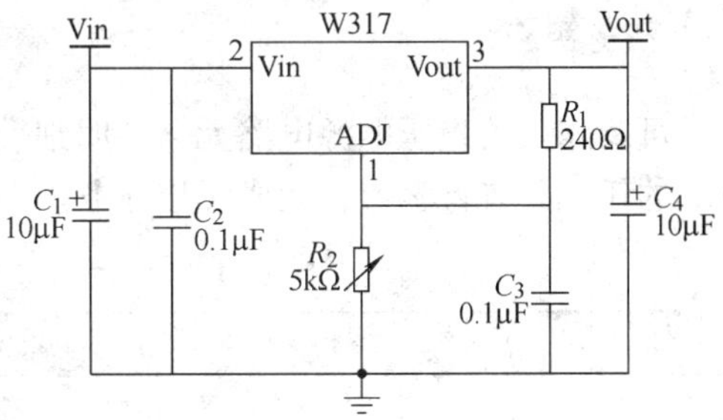

图1-93 W317系列三端正稳压器的典型应用电路

W317的特性参数如下：

输出电压可调范围：1.2～37V。

输出负载电流：最大1.5A。

输入与输出工作压差$\Delta U = U_i - U_o$：3～40V。

任务实施

三端可调稳压器（W317、W337）的测试方法与78/79系列三端稳压器的检测相似，也可以采用测量各引脚之间的电阻值和测量稳压值的方法进行测试。三端可调稳压器（W317、W337）的参数见表1-20。

表 1-20　三端可调稳压器（W317、W337）的参数

型　　号	电压调整率 /(%/V)	负载调整率 /mV	结点端电流 /μA	基准电压 /V	最小负载电流/mA	纹波抑制比 /dB	限制电流/A
W317	0.01	5	50	1.25	3.5	65	2.2
W337	0.01	15	65	−1.25	2.5	60	2.2

检查评议

检查评议的内容分为万用表的正确使用和三端可调稳压器（W317、W337）的参数两个主要部分，检测评分表见附录表 A-1。

1）熟练掌握万用表的正确使用方法，并分析教师提出的无法正常使用情况的原因。

2）三端可调稳压器（W317、W337）的引脚识别。

3）说明三端可调稳压器（W317、W337）的特性参数。

任务 2　可调式正负稳压电源电路的安装

任务描述

在阅读电路原理图的基础上完成电路的焊接，焊接过程中注意三端可调稳压器（W317、W337）安全操作的要求，防止元器件过热损坏。

相关知识

三端可调稳压器（W317、W337）在使用的注意事项上与 78/79 系列三端稳压器基本一致，请读者参照项目 7 自行分析。

任务实施

可调式正负稳压电源电路元器件明细表见表 1-21，焊接过程中的各项要求请读者对照项目 1 的任务 2 自行学习，完成焊接任务。

表 1-21　可调式正负稳压电源电路元器件明细表

序　　号	符　　号	名　　称	型号与规格	数　　量
1	V1 ~ V4	二极管	1N4001	4
2	W317	三端可调稳压器	W317	1
3	W337	三端可调稳压器	W337	1
4	RP1	电位器	WT、100kΩ、0.125W	1
5	RP2	电位器	RT、100kΩ、0.125W	1
6	R1	电阻	RT、240Ω、0.125W	1
7	R2	电阻	RT、240Ω、0.125W	1
8	R4	电阻	RT、650Ω、0.125W	1
9	C1、C5	电容	220μF /25V	2

（续）

序号	符号	名称	型号与规格	数量
10	C2、C6	电容	0.33μF	2
11	C4、C8	电容	25μF/25V	2
12	RL1	电阻	RT、510Ω、0.125W	1
13	RL2	电阻	RT、470Ω、0.125W	1
14	RL3	电阻	RT、200Ω、0.125W	1

检查评议

独立完成可调式正负稳压电源电路电路的安装，并能够进行检查，安装检测评分表见附录表 A-2。

任务3　可调式正负稳压电源电路的调试

任务描述

在完成安装的基础上运用示波器和万用表进行电路的测试，要求有以下两个方面：灵活运用示波器对单相全波整流电路的输出端和稳压输出端进行电路波形的测量；运用万用表对输入输出电压进行测量，完成电路外特性的绘制。

相关知识

图 1-91a 所示 W317、W337 作为输出电压可调的典型电路，正常工作时，输入交流电压 220V，变压器为具有中心抽头的输出两路交流 12V 电压，上半部分采用 V1、V3 构成单相全波整流电路，经电容 C1 滤波，给 W317 供电，经 W317 稳压，调整电位器 RP1 输出 1.2～20V 可调的电压。下半部分采用 V2、V4 构成单相全波整流电路，经电容 C2 滤波，给 W337 供电，经 W337 稳压，调整电位器 RP2 输出 −1.2～−20V 可调的电压。

任务实施

1）用示波器测试由 V1、V3 构成单相全波整流电路的输出是否正确。

2）关闭电位器 RP1、RP2，用示波器测试稳压器输出端的波形 u_{o1}，记录在图 1-94 中，标明幅值。

3）用示波器测试由 V2、V4 构成单相全波整流电路的输出是否正确。

4）关闭电位器 RP1、RP2，用示波器测试稳压器输出端的波形 u_{o2}，记录在图 1-94 中，标明幅值。

5）测量输出电压的调节范围：

调节 RP1，u_{o1} = ________________。

调节 RP2，u_{o2} = ________________ 。

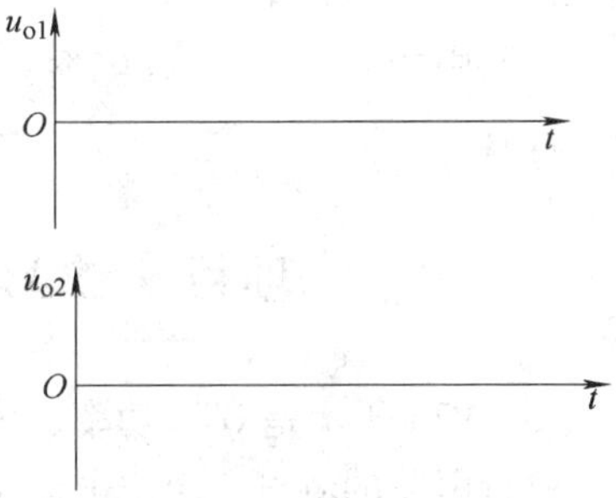

图 1-94　记录电压 u_{o1} 及 u_{o2} 的输出波形图

6）用万用表分别测量当负载为空载、510Ω、470Ω

和200Ω时对应的输出电压和输出电流的大小，记录在表1-22中，然后根据表中记录的数据在图1-95中画出外特性曲线。

表1-22　输出电压和输出电流测量

R_L/Ω	∞（空载）	510	470	200
I_{o1}/mA				
u_{o1}/V	5			

检查评议的内容将涵盖可调式正负稳压电源电路项目的所有内容，电路的安装、调试及测量检测评分表见附录表A-3。

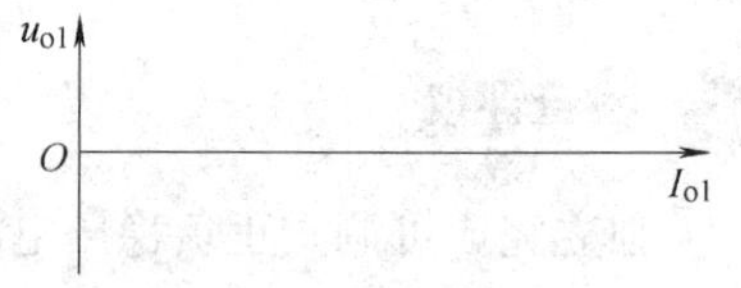

图1-95　外特性曲线

1）独立完成元器件的选择和电路的安装。

2）运用万用表、示波器完成电路的调试。

3）波形和数据的测量与记录。

扩展知识

三端可调式稳压器基本应用电路的参数选择

三端可调式稳压器基本应用电路的原理图如图1-96所示。图中CW317的输出电压的调节范围为1.2～32V，也就是说最小值输出电压为1.2V，则

$$U_{min}=U_{R1}=\frac{R_1}{R_1+R_2}U_o=1.2V$$

$$\therefore U_o=1.2\left(1+\frac{R_2}{R_1}\right)$$

R_1、R_2的选择：保证负载开路时，输出电流不小于5mA，则

$$R_{1max}=\frac{U_{\mathrm{YY}}}{5mA}=\frac{1.2V}{0.005A}=240\Omega$$

R_2的选择应满足

$$U_{omax}=1.2\left(1+\frac{R_{2max}}{240}\right)=37V$$

求出$R_{2max}=6.8k\Omega$。

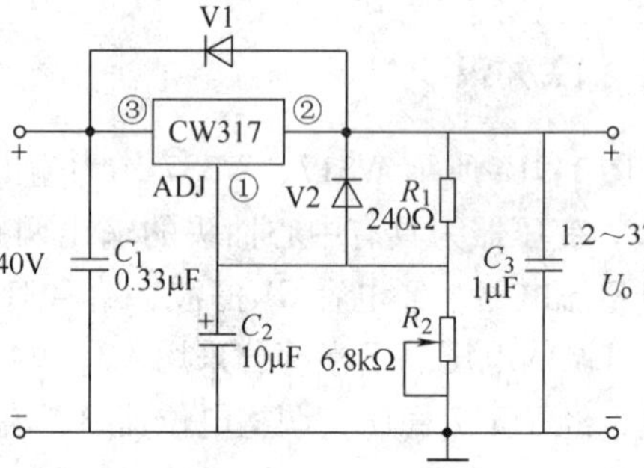

图1-96　三端可调式稳压器基本应用电路的原理图

电路中的C_1是抗干扰电容。C_2是防自激电容。C_3和C_2是防阻尼振荡。V1、V2是保护二极管。

项目9　OTL功率放大电路的安装与调试

图1-97a所示是OTL功率放大电路的原理图，在完成如图1-97b所示的实物焊接的基础上，进行电路的测试。由于电路中并没有出现新的电子元器件，因此对元器件检测的内容不再单独设置任务。

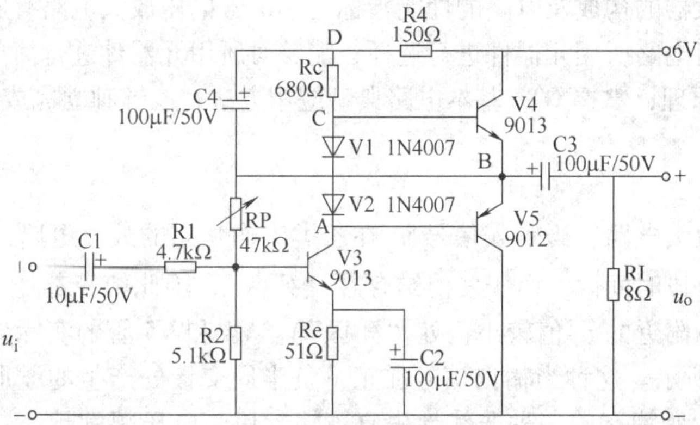

a)

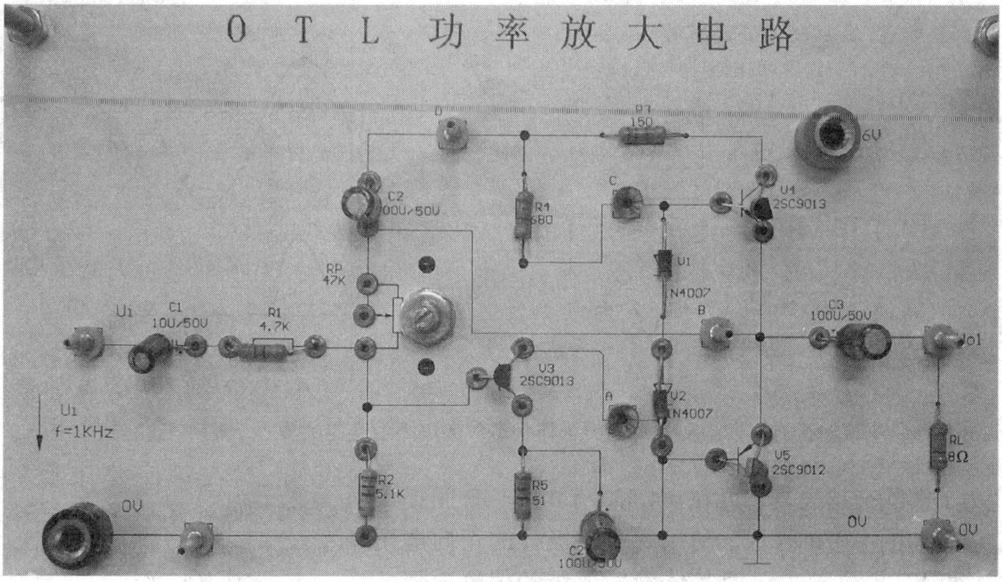

b)

图 1-97 OTL 功率放大电路

a）原理图 b）焊接实物图

任务1 OTL功率放大电路的安装

任务描述

功率放大器的功能是给负载提供足够大的信号功率，并能高效率地实现能量的转换。它广泛应用于通信系统和各种电子设备中。功率放大器与电压放大器从能量转换的角度来看，是完全相一致的，它们都是在晶体管的控制作用下，按输入信号的变化规律将直流电源的电压、电流和功率转换成相应变化的交流电压、电流和功率传送给负载。但电压放大器是在不失真的前提下要求电压放大器有足够大的输出电压，主要是对微弱的小信号电压进行放大，要求有较高的电压增益。而功率放大器则是对经过电压放大后的大信号进行放大，要求它在允许的失真度条件下为负载提供足够大的功率和尽可能高的效率，放大器几乎工作在极限值状态。因此，功率放大器的构成及电路的性能指标与小信号电压放大电路有所不同。本任务的具体要求是：能够对电路所用元器件进行选择；能够对所用元器件进行简单的判别；了解 OTL 基本电路的工作原理；掌握 OTL 基本电路典型应用方法；能够独立完成电路的安装。

相关知识

乙类工作状态的放大电路，当输入信号 u_i 在乙类工作状态的放大电路，当输入信号 u_i 在正、负半周过零的一段时间内，由于发射结存在“死区”，因此两管都处于截止状态（u_i 正、负交替时，在零值附近的 u_i 值较小仍处“死区”）。V4 和 V5 管的实际导通时间均小于半个周期，如图 1-98 所示。这种当输出信号在正、负半周交接处产生的波形失真，称为交越失真，这是乙类放大所特有的一种非线性失真。输入信号电压幅度越小，交越失真就越严重。

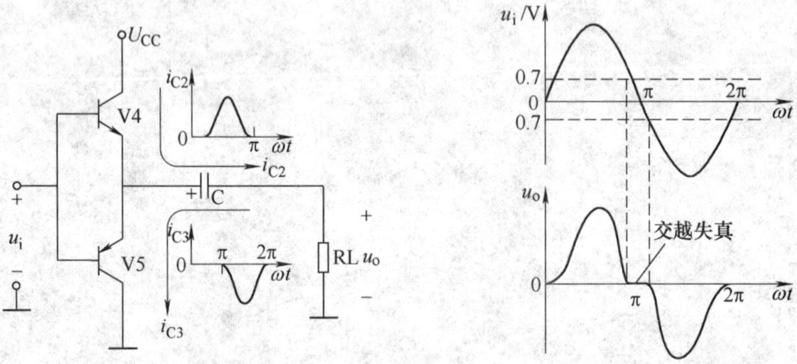

图 1-98　乙类工作状态放大电路的交越失真

为了消除交越失真，可在 V4 和 V5 的 B、E 间接入两个二极管如图 1-97a 所示，利用两个二极管的正向电压降为 V4 和 V5 提供稍大于两晶体管发射结的偏置电压，这样，在输入信号的作用下，两管均能在大于半个周期内导通，使其工作在甲乙类工作状态，则可在两管波形合成时抵消每管在静态工作点附近的失真部分，在负载 RL 上输出不失真的正弦波形，如图 1-99 所示。

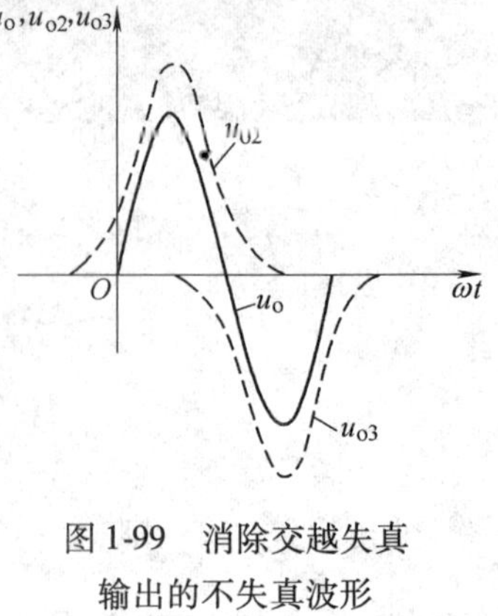

图 1-99　消除交越失真输出的不失真波形

任务实施

OTL 功率放大电路元器件明细表见表 1-23，焊接过程中的各项要求请读者对照项目 1 的任务 2 自行学习，完成焊接任务。

表 1-23　OTL 功率放大电路元器件明细表

序　号	符　号	名　称	型号与规格	数　量
1	V1 ~ V2	二极管	1N4007	2
2	V3 ~ V4	晶体管	9013	2

（续）

序　号	符　号	名　称	型号与规格	数　量
3	V5	晶体管	9012	1
4	C1～C4	电容	100μF/50V	4
5	R1	电阻	RT、4.7kΩ、0.125W	1
6	R2	电阻	RT、5.1kΩ、0.125W	1
7	Re	电阻	RT、51Ω、0.125W	1
8	Rc	电阻	RT、680Ω、0.125W	1
9	RL	电阻	RT、8Ω、0.5W	1
10	RP	电位器	WT、47kΩ、0.25W	1

检查评议

检查评议的内容分为万用表的正确使用、元器件的判别检测和电路的安装三个主要部分，安装检测评分表见附录表A-2。

1）万用表的正确使用方法，并分析教师提出的无法正常使用情况的原因。

2）用万用表对元器件简单测试，简要说明测量方法。

3）独立完成电路安装。

任务2　OTL功率放大电路的调试

任务描述

按照电路原理完成电路的调试，调试过程中注意仪器仪表的正确使用。

相关知识

OTL基本电路通常由两个对称的异型管构成，因此又称为互补对称电路，图1-100为单电源OTL互补对称功率放大电路。电路中V3是推动级（电压放大，也叫激励级），其中R1、R2是V3的基极偏置电阻，Re为V3发射极电阻，Rc为V3集电极负载电阻，它们共同构成V3的稳定静态工作点。V4、V5组成互补对称功率放大电路的输出级，且V4、V5工作在乙类状态。C2为输出耦合电容。功率放大器采用射极输出器，提高了输入电阻和带负载的能力。

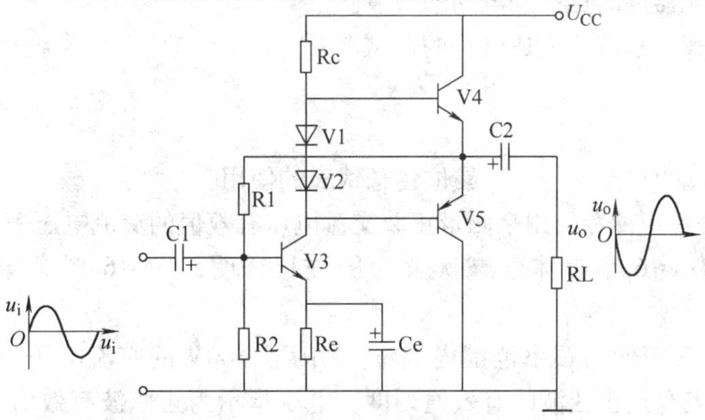

图1-100　单电源OTL互补对称功率放大电路

任务实施

(1) 静态工作点的调整　调节 RP 电位器测量图 1-97b 中 B 点的直流电压，使 $U_B=\frac{1}{2}U_{CC}$。

(2) 动态测试　在放大器的输入端输入 1kHz 的正弦信号，逐渐提高输入正统电压的幅值，使输出达最大值，但失真尽可能小，测量并读出此时输入及输出电压的效值，并计算出最大的输出功率 P_{OM}，记录在表 1-24 中。

表 1-24　测量数据

U_i	U_o	R_L	$P_{OM}=\frac{U_o^2}{R_L}$

(3) 记录输出波形

1) 将图 1-97b 中所示的 A 点和 C 点短路，测量 V1、V2 无正向偏压时的 u_o，并在图 1-101a 中绘制波形。

2) 将测量 V1、V2 正向偏压时的 u_o，即图 1-97b 中所示的 A 点和 C 点开路，并在图 1-101b中绘制波形。

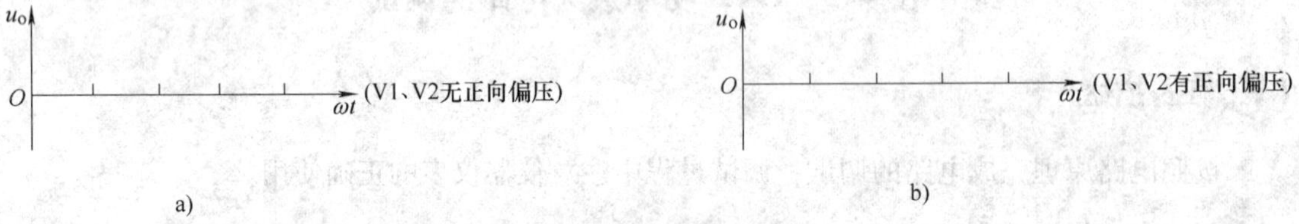

图 1-101　绘制输出波形

检查评议

检查评议的内容将涵盖 OTL 功率放大电路项目的所有内容，电路的安装、调试及测量检测评分表见附录表 A-3。

1) 独立完成元器件的选择和电路的安装。

2) 运用万用表、示波器完成电路的调试。

知识拓展

晶体管毫伏表的使用

晶体管毫伏表是一种专门用来测量正弦交流电压有效值的交流电压表。由于其品牌和种类很多，此处以 DA-16 型晶体管毫伏表为例进行说明，DA-16 型晶体管毫伏表外观如图 1-102所示。

它可在 20Hz ~ 1MHz 的频率范围内测量 100μV ~ 300V 的交流电压。输入阻抗：1MΩ，精度：≤ ±3%，表盘按正弦波的有效值刻度，电压指示为正弦波有效值，它具有较宽的频

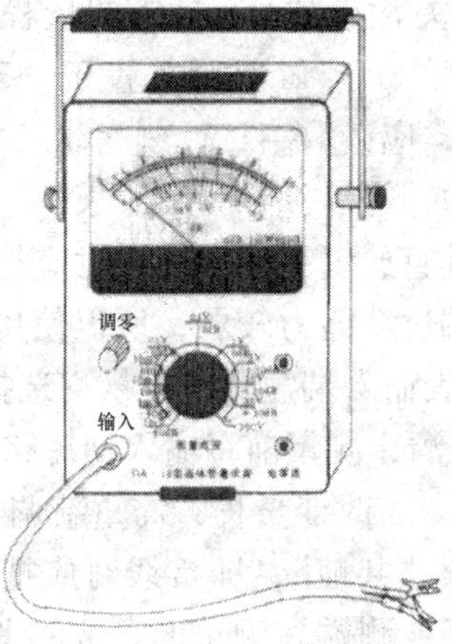

图 1-102　DA-16 型晶体管毫伏表外观

输入阻抗高、测量电压范围广、灵敏度高、结构简单、体积小、重量轻、大镜面表头指示和读数清晰等特点。

DA-16 型晶体管毫伏表面板示意图如图 1-103 所示。其各部分功能如下：

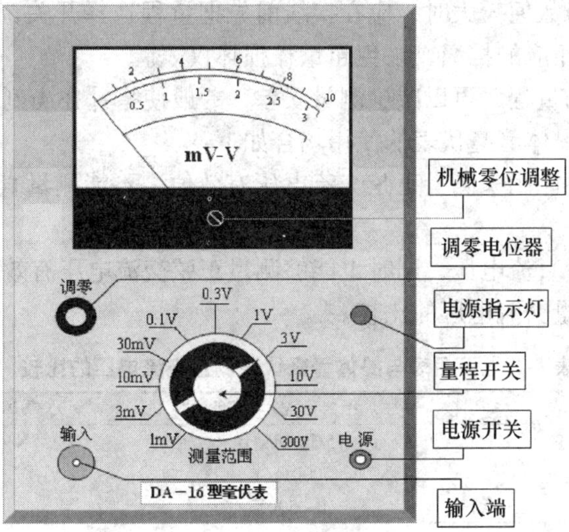

图 1-103　DA-16 型晶体管毫伏表面板示意图

（1）机械零位调整　未接通电源，调整电表的机械零点。(一般不需要经常调整)。

（2）调零电位器　接通电源，将输入线（红、黑测试夹）短接，待电表指针摆动数次至稳定后，校正调零旋钮，以使指针置于零位。需要逐挡调零。

（3）量程开关　共分 1mV，3mV、10mV、30mV、100mV、300mV、1V、3V、10V、30V、300V 十一挡。量程开关所指示的电压挡为该量程最大的测量电压。为减少测量误差，应将量程开关放在合适的量程，以使指针偏转的角度尽量大。如果测量前，无法确定被测电压的大小，量程开关应由高量程挡逐渐过渡到低量程挡，以免损坏设备。

（4）数值读取　一般指针式表盘毫伏表有三行刻度线，其中第一行和第二行刻度线指示被测电压的有效值，当量程开关置于“1”打头的量程位置时（如1mV、10mV、0.1V、1V、10V），应该读取第一行刻度线，当量程开关置于“3”打头的量程位置时（如3mV、30mV、0.3V、3V、30V、300V），应读取第二行刻度线。

晶体管毫伏表使用注意事项如下：

1）测量精度以毫伏表表面垂直放置为准，使用时应将仪表垂直放置。

2）由于晶体管毫伏表输入端过载能力较弱，所以使用时要防止毫伏表过载。一般在未通电使用前或暂不测试时，将仪表输入端短路或将量程选择开关旋到3V以上挡级。

3）接通交流220V，50Hz电源，测量前将输入端短路，待表针摆动稳定时，选择量程，旋转“调零”旋钮，使指针指零。若改变量程，需重新调零。

4）使用仪表与被测电路必须“共地”，即接线时应把仪表的地线（黑端）接被测电路公共地线，把信号端（红端）接被测端。测量时，先接地线，后接信号线，测量结束后，先拆信号线，后拆地线。

5）由于仪表的灵敏度较高，凡测量毫伏级的低电压时，应尽量避免输入端开路。必须在输入端接线连好后，再把量程选择开关置于相应的毫伏挡级，测量结束后需改变接线时，必须首先把量程选择开关旋到3V以上量程挡级，然后再把输入端接线与被测电路断开，以免仪表在低量程挡，由于外界干扰过载造成打表针损坏仪表的现象。

6）若被测电压本身数值较大时，应在接线前先把量程选择开关调到相应的挡级或高一些的挡级，测量时调到相应的挡级，以免超量程损坏仪表。

7）注意选择合适的量程，可以减少测量误差，一般使指针在满刻度1/3以上。

示波器、万用表、晶体管毫伏表的使用场合如下：

1）晶体管毫伏表只能用来测量正弦交流电压有效值，不能测量直流电压和非正弦量交流电压的有效值。

2）万用表能够测量直流电压，同时也能够测量正弦交流电压有效值。表1-25给出了万用表与晶体管毫伏表测量交流电压的比较。

表1-25　万用表与晶体管毫伏表测量交流电压的比较

测量交流电压指标	万用表（MF-30型）	晶体管毫伏表（DA-16型）
频率范围	45Hz ~ 1kHz	20Hz ~ 1MHz
交流输入阻抗	5000Ω/V	1MΩ
交流电压范围	1 ~ 500V	100mV ~ 300V

3）一般通用示波器无法直接测量正弦交流电压的有效值，只能通过测量正弦交流电压的峰值或峰-峰值，再计算出其有效值。如果波形聚焦不好，还会造成读数误差，并且示波器本身的测量精度也没有晶体管毫伏表高。因此，一般示波器用做定性观察被测信号的波形，在波形不失真的状态，再用晶体管毫伏表进行定量测试。

一旦波形失真，用毫伏表测量的结果便毫无意义。在测量单管放大器电压放大倍数，需用晶体管毫伏表定量测试正弦交流电压有效值时，不要忘记使用示波器监视被测电压的波形，一旦波形失真，需要调整放大器的参数。在观察到波形不失真的情况下，方可使用毫伏表进行定量测试，既用到毫伏表，必用示波器。

将晶体管毫伏表测量的输出电压与输入电压之比称为放大器的放大倍数，并通过双踪示波器观测输入输出的相位关系。

项目10 集成功率放大电路的安装与调试

图1-104a所示是集成功率放大电路的原理图，在完成如图1-104b所示的实物焊接的基础上，进行电路的测试。

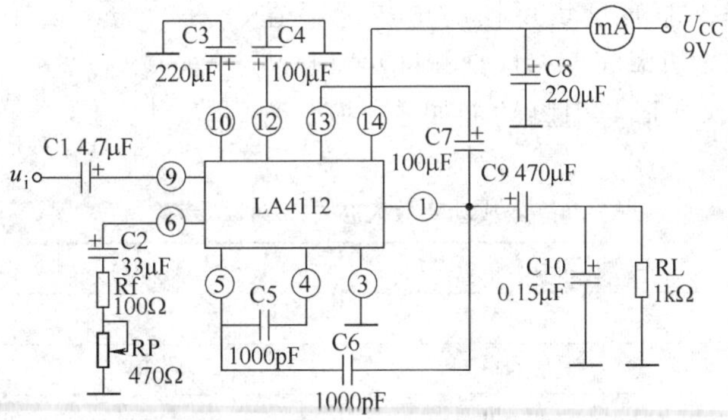

a)

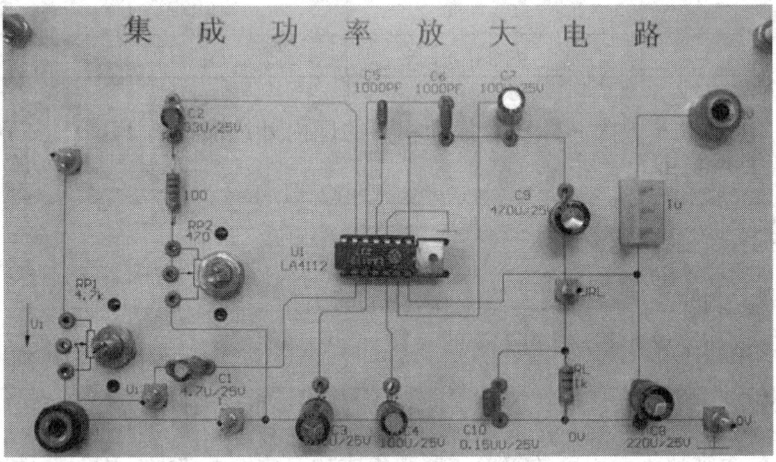

b)

图1-104 集成功率放大电路

a）原理图 b）焊接实物图

任务1 集成功率放大芯片LA4112的识别与检测

任务描述

集成功率放大芯片LA4112也是利用PN结的击穿区具有稳定电压的特性来工作的。集成功率放大芯片LA4112在稳压设备和一些电子电路中获得广泛的应用。本任务的具体要求：能够对集成功率放大芯片LA4112的引脚进行简单的判别；了解集成功率放大芯片LA4112三端稳压器的标注方法；掌握集成功率放大芯片LA4112三端稳压器的常用参数。

相关知识

集成功率放大器由集成功放模块和一些外部阻容元件构成。它具有电路简单、性能优越、工作可靠、调试方便等优点，已经成为在音频领域中应用十分广泛的功率放大器。集成功放 LA4112 芯片的内部电路是由前置级、推动级和功率级等部分构成，此外还包括了一些特殊功能电路如消除噪声、短路保护等，具有电压增益较高的优点，在芯片不加负反馈时，电压增益达 70 ~ 80dB，加典型负反馈时电压增益在 40dB 以上。LA4112 集成功率放大芯片是一种塑料封装 14 脚的双列直插器件，外形与引脚功能如图 1-105 所示，参数见表 1-26。

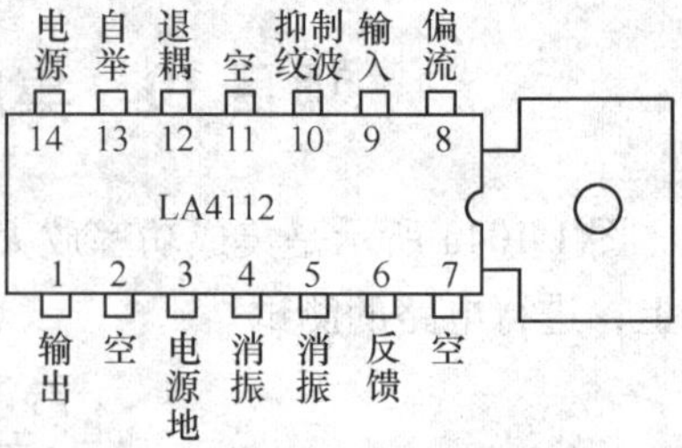

图 1-105　集成功率放大芯片 LA4112 外形与引脚功能

表 1-26　集成功率放大芯片 LA4112 参数

参　　数	符号与单位	测 试 条 件	典　型　值
工作电压	U_{CC}/V		9
静态电流	I_{CC}/mA	$U_{CC}=9V$	15
开环电压增益	A_{vo}/dB		70
输出功率	P_o/W	$R_L=4\Omega$　$f=1kHz$	1.7
输入阻抗	R_f/kΩ		20

与 LA4112 集成功率放大芯片技术指标相同的国内外产品还有 FD403、FY4112、D4112 等，可以互相替代使用。

任务实施

1）从外观上判断集成功率放大芯片 LA4112 的引脚。

2）了解集成功率放大芯片 LA4112 的参数。

检查评议

检查评议的内容分为万用表的正确使用和集成功率放大电路的外围元器件判别检测两个主要部分，检测评分表见附录表 A-1。

1）万用表的正确使用方法，并分析教师提出的无法正常使用情况的原因。

2）用万用表对集成功率放大芯片 LA4112 的稳压值简单测试，简要说明测量方法。

任务 2　集成功率放大电路的安装

任务描述

在完成元器件选择的基础上完成电路的安装，安装过程中注意焊接工艺的要求和安全操作，确保设备和人员的安全。

相关知识

经过前几个项目的实施，读者一定对电子焊接的工艺要求有了一定的了解，也掌握了一定的焊接方法和焊接技巧，现在来谈谈有关电烙铁的维护问题。电烙铁在使用一段时间以后就会出现一些故障，最常见的是短路和开路两种故障。

当电烙铁发生短路故障时，电烙铁不仅不能正常发热，而且由于短路电流过大还会引起交流电源熔断器熔断、断路器跳闸等事故。此时用万用表测量电烙铁的电阻，电阻值趋于零，找到短路点排除即可。

当出现电源供电正常而电烙铁不发热的现象时，就要考虑电烙铁开路故障。用万用表电阻 20kΩ 挡测量电烙铁的阻值，显示电阻值为超量程（无穷大）。当出现电烙铁开路故障后，将电烙铁拆开，用万用表电阻挡测量电源线接线柱两端的电阻值，如果测量的阻值无穷大说明烙铁芯已损坏，必须进行更换。如果测得烙铁芯电阻值正常，则要重点检查接头处，或更换电源线。

任务实施

集成功率放大电路元器件明细表见表 1-27，焊接过程中的各项要求请读者对照项目 1 的任务 2 自行学习，完成焊接任务。

表 1-27　集成功率放大电路元器件明细表

序　号	符　号	名　称	型号与规格	数　量
1	C1	电容	4.7μF	1
2	C2	电容	33μF	1
3	C3	电容	220μF	1
4	C4	电容	100μF	1
5	C5	电容	1000pF	1
6	C6	电容	1000pF	1
7	C7	电容	100μF	1
8	C8	电容	220μF	1
9	C9	电容	470μF	1
10	C10	电容	0.15μF	1
11	RP	电位器	RT、470Ω、0.125W	1
12	Rf	电阻	RT、100Ω、0.125W	1
13	RL	电阻	RT、1kΩ、0.125W	1

检查评议

独立完成可调式正负稳压电源电路电路的安装，并能够进行检查，安装检查评分见附录表 A-2。

任务 3　集成功率放大电路的调试

任务描述

按照电路原理图完成电路的调试，调试过程中注意仪器仪表的正确使用。

相关知识

集成功率放大芯片 LA4112 的内部电路结构如图 1-106 所示，由三级电压放大，一级功率放大以及偏置、恒流、反馈、退耦电路组成。

（1）电压放大级　第一级选用由 V1 和 V2 组成的差动放大器，这种直接耦合的放大器零漂较小，第二级的 V3 完成直接耦合电路中的电平移动，V4 是 V3 的恒流源负载，以获得较大的增益。第三级由 V6 等组成，此级增益最高，为防止出现自激振荡，需在该管的 B、C 极之间外接消振电容。

（2）功率放大级　由 V8 ~ V13 等组成复合互补推挽电路。为提高输出级增益和正向输出幅度，需外接“自举”电容。

（3）偏置电路　为建立各级合适的静态工作点而设立。

除上述主要部分外，为了使电路工作正常，还需要和外部元器件一起构成反馈电路来稳定和控制增益。同时，还设有退耦电路来消除各级间的不良影响。

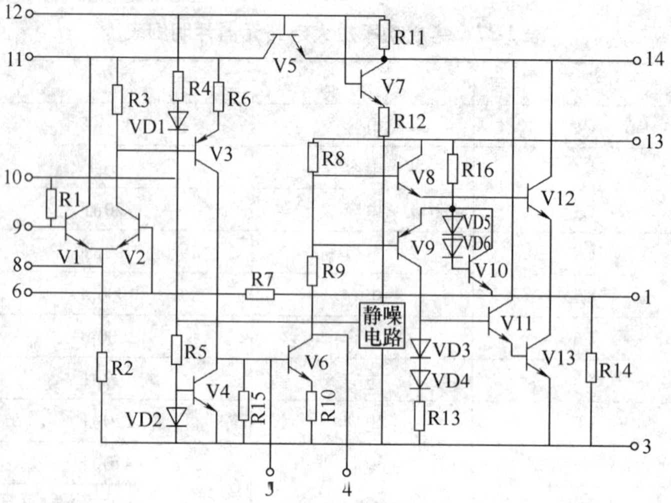

图 1-106　LA4112 内部电路结构

在集成功率放大器电路中，如图 1-104a 所示，该电路中各电容和电阻的作用简要说明如下：

C1、C9：输入、输出耦合电容，隔直作用。

C2 和 Rr：反馈元件，决定电路的闭环增益。

C3、C4、C8：滤波、退耦电容。

C5、C6、C10：消振电容、消除寄生振荡。

C7：自举电容，若无此电容，将出现输出波形半边被消波的现象。

任务实施

（1）静态调试　将输入信号旋钮旋至零，接通 9V 直流电源，测量静态总电流及集成电路各引脚对地电压，记录表 1-28 中。

表1-28 静态总电流及集成电路各引脚对地电压

I/mA	V1	V4	V5	V6	V9	V10	V12	V13

（2）动态测试 将电位器RP关闭，输入端u_i输入1kHz交流信号，用示波器观察输出电压u_o并在图1-107中画出波形。

逐步增大输入信号的幅度，直至输出电压幅度最大，而无明显失真时为止，调出最大不失真电压，用晶体管毫伏表分别测出，这时：

$U_i =$ ________

$U_o =$ ________

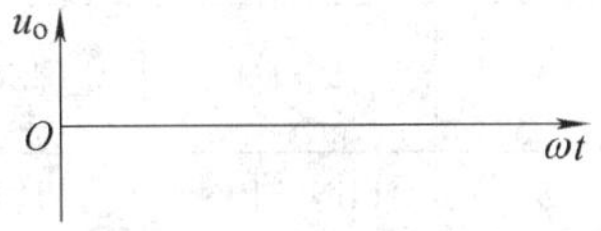

图1-107 记录输出电压波形

（3）调节电位器RP的阻值 可改变负反馈的深度，观察输出电压的波形有何变化。

检查评议

检查评议的内容将涵盖集成功率放大电路项目的所有内容，电路的安装、调试及测量检测评分表见附录表A-3。

1）独立完成元器件的选择和电路的安装。

2）运用万用表、示波器完成电路的调试。

3）波形和数据的测量与记录。

知识拓展

函数信号发生器的应用

函数信号发生器用来输出正弦波、三角波、方波和占空比可调的矩形波信号，其频率和信号幅度均可进行连续的调节，通常作为调试的信号源使用。函数信号发生器的品牌和种类很多，此处以GFG-8016型函数信号发生器为例进行介绍。

GFG-8016型函数信号发生器能提供方波、三角波、正弦波、斜波、脉冲等波形，另有电压控制频率输入端（VCF）可连续调整的直流补偿（DC Offset）和TTL/CMOS脉波输出和计频器。计频器除了用来显示内部频率外，也可提供外部测试。

GFG－8016型函数信号发生器面板如图1-108所示，功能见表1-29。

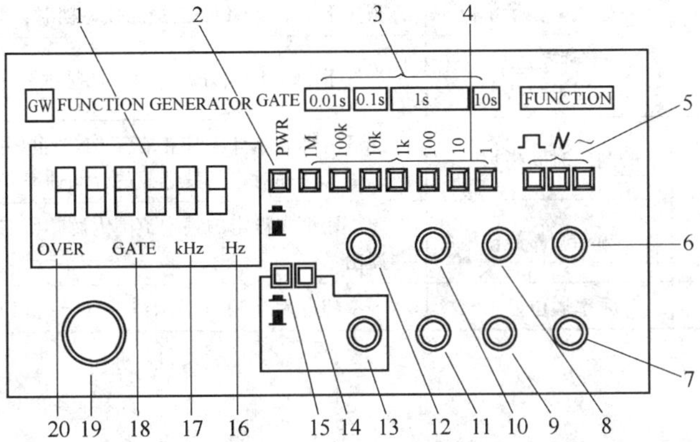

图1-108 GFG-8016型函数信号发生器面板

表 1-29 GFG-8016 型函数信号发生器面板功能

号码	面板标示	名称	功能
1	数字 LED	计频显示用的 LED	显示内部产生的频率及外测时的频率，由六个红色 LED 显示
2	PWR	电源开关	按下开关，机器开始工作，计频器的数字同时显示
3	0.01～10s (GATE)	计频器的 GATE TIME 选择	按下对应的 GATE TIME，决定计频速率及频率的分辨率
4	1～1M	频率选择范围	按下时选择信号发生器输出的频率范围，并由计频器显示频率的数值
5	FUNCTION	波形输出选择	按下三只按键的任何一个，就输出相对应的信号波形
6	AMPL －20dB	振幅输出调节旋钮及－20dB 开关	1）调整输出振幅的大小，顺时针旋转时振幅增大，逆时针旋转时振幅减小 2）将此开关拉起，则输出振幅衰减 20dB
7	OUTPUT 50Ω	信号输出端	所有信号都由此端输出，其输出阻抗为 50Ω
8	TTL CMOS	TTL 及 CMOS 输出选择	1）旋钮不拉起为固定的 TTL 信号输出 2）旋钮拉起则为可变电平的 CMOS 输出，输出电压为 5～15V
9	OUTPUT TTL/CMOS	TTL 及 CMOS 输出端	由此 BNC 输出端可输出固定的 TTL 电平及可变电平的 CMOS 方波或脉冲
10	OFFSET ADJ	直流偏置旋钮	拉起旋钮可设定任何波形的直流工作点，顺时针方向为正工作点，逆时针方向为负工作点，旋钮按下，则直流设定为零电位
11	INPUT VCF	VCF 输入端	外加电压控制频率输入端，最大输入电压为 DC15V
12	DUTY INV	波形对称旋钮及反相开关	1）调节此旋钮可改变波形的对称性，转至 CAL 位置则为对称性波形输出 2）将此开关拉起，则为反相输出
13	INPUT COUNTER	外测频率输入	外测频率由此 BNC 输入，最高输入频率为 10MHz，输入信号的最大值为 AC150V，输入阻抗为 1MΩ
14	EXT INT	内/外测频率选择开关	当此按键开关按下时，供外部计频用，不按下时则为内部计频用
15	1/10 1/1	外测频率输入衰减开关	当外测信号过大时，将此开关按下，输入信号将衰减 10 倍，以确保机器性能稳定
16	Hz	赫兹频率指示单位	当按下 1、10、100 三挡的任一挡时，此 LED 亮
17	kHz	千赫兹频率指示单位	当按下 1k、10k、100k、1M 四挡的任一挡时，此 LED 亮
18	GATE	闸门时间指示	此灯闪烁表示计频器正在工作。当按下 GATE 0.01～10s 按键时，闪烁速率对应于其选择的计频速率
19	MULT	频率调整旋钮	此旋钮可在设定的频率范围内调整所需的频率，频率可由计频器读出
20	OVER	频率溢位显示	频率超过六个 LED 显示范围时，此 LED 亮，通常作外测频率用

单元 2　电气控制电路的安装与调试

2

知识目标

1）认识常用低压电器的外形、型号及符号。能口述掌握常用低压电器的性能、工作原理及使用方法。

2）理解常用低压电器的参数。

3）能够读懂电气控制电路的原理图，理解电气控制电路的工作原理。

4）掌握安装调试电气控制电路的方法。

技能目标

1）会熟练使用常用电工工具，如万用表。

2）会识别、选择、使用常用低压电器；会调整低压断路器、时间继电器等的参数。

3）能够对常用低压电器进行简单的维护。

4）能安装、调试相关的电气控制系统。

电力拖动控制电路安装、接线要求

认真、仔细、正确地接线是电气控制系统能否正常运行的保证，规范的接线能提高排除故障时的效率，同时也能养成良好的工作习惯。

1）严格遵守安全用电操作，防止自由、随意操作。

2）以“正确”、“整齐”、“快速”顺序考虑问题的主次。

3）要对照电路图进行接线，主电路、控制电路分段进行。

4）接线顺序：自上而下，从左往右（逐路逐条进行）。

5）接线工艺：横平竖直，分布均匀，接线可靠。

6）低压电器接线时要注意进线端和出线端不能搞错。

7）电路安装完毕，必须进行检查测试。

电力拖动控制电路安装、接线准备

1）穿好工作服、电工鞋，佩戴好学生证或工位证。

2）安全教育。

3）与安装、调试项目相一致的继电器-接触器控制电路实训板。

4）三相电动机一台。

5）连接导线、电工常用工具、万用表。

项目1　认识低压电器

凡是根据外界特定信号或要求，能够接通或断开电路，实现对电路进行切换、控制、保护、检测和调节的电气设备均称为电器。根据工作电压的高低，电器可分为高压电器和低压电器。把工作在交流1000V及以下、直流1200V及以下电路中的电器称为低压电器。低压电器种类繁多，本项目将针对低压断路器、熔断器、交流接触器、中间继电器、时间继电器、热继电器、按钮和行程开关进行学习。

项目操作准备：

1）工具：尖嘴钳、螺钉旋具、活扳手、镊子。

2）仪器：万用表。

3）学生的安全用品穿戴整齐。

4）待测低压电器若干：低压断路器、熔断器、交流接触器、中间继电器、时间继电器、继电器、按钮和行程开关。

任务1　认识低压断路器和熔断器

任务描述

低压断路器和熔断器在企业生产和家庭生活中有着非常广泛的应用，几乎所有的低压电路都离不开这两个器件，正确识别低压断路器和熔断器是正确使用的前提，能判断、检测其好坏是系统正常运行的保证，本任务的具体要求为：辨别低压断路器、熔断器的外形；熟悉低压断路器、熔断器的型号和参数；熟记低压断路器、熔断器的符号；掌握低压断路器、熔断器的好坏判断；掌握低压断路器、熔断器的选择方法。

相关知识

1. 认识低压断路器

低压断路器是低压配电系统中主要的保护器件之一，也是功能最完善的保护器件，其主要作用是作为短路、过载、漏电、欠电压和失电压保护。

1）低压断路器的外形如图2-1a所示，低压断路器的符号如图2-1b所示，低压断路器型号如图2-2所示。低压断路器的内部结构如图2-3所示。

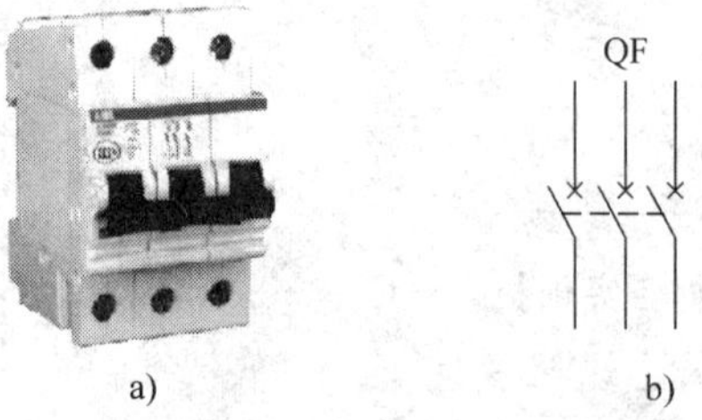

图2-1　低压断路器的外形及符号
a）外形　b）符号

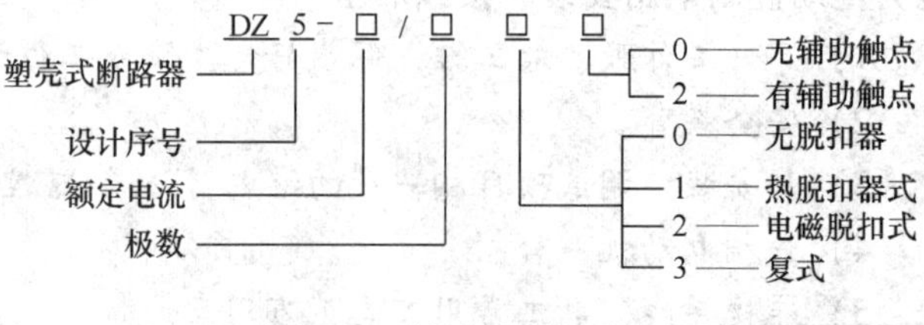

图2-2　低压断路器型号

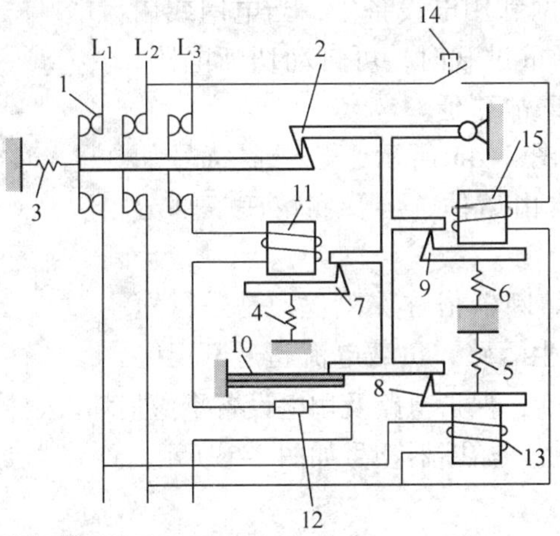

图 2-3　低压断路器的内部结构

1—触点　2—搭钩　3、4、5、6—弹簧　7、8、9—衔铁　10—双金属片　11—过电流脱扣线圈　12—加热电阻丝　13—失电压脱扣线圈　14—按钮　15—分励线圈

2）低压断路器的技术参数见表 2-1。

表 2-1　低压断路器的技术参数

<table>
<tr><th>型　号</th><th>额定电压/V</th><th>主触点额定电流/A</th><th>极数</th><th>脱扣器形式</th><th>脱扣器额定电流/A</th><th>电磁脱扣器瞬时动作整定值</th></tr>
<tr><td>DZ5—20/330
DZ5—20/230</td><td>AC380
DC220</td><td>20</td><td>3
2</td><td>复式</td><td rowspan="3">0.15（0.10～0.15）
0.20（0.15～0.20）
0.30（0.20～0.30）
0.45（0.30～0.45）
0.65（0.45～0.65）
1（0.65～1）
1.5（1～1.5）
2（1.5～2）
3（2～3）
4.5（3～4.5）
6.5（4.5～6.5）
10（6.5～10）
15（10～15）
20（15～20）</td><td rowspan="3">为电磁脱扣器额定电流的 8～12 倍（出厂时整定为 10 倍）</td></tr>
<tr><td>DZ5—20/320
DZ5—20/220</td><td>AC380
DC220</td><td>20</td><td>3
2</td><td>电磁式</td></tr>
<tr><td>DZ5—20/320
DZ5—20/220</td><td>AC380
DC220</td><td>20</td><td>3
2</td><td>热脱扣器式</td></tr>
</table>

注：在脱扣器额定电流中，括号内的数值为正定电流调节范围。

3）低压断路器的选择。

① 在选择低压断路器时，一定要使电路的正常工作电压和负载电流大于低压断路器的额定电压和额定电流。

② 所控制电动机的额定电流或负载额定电流与热脱扣器的整定电流应相等。

③ 过电流脱扣器的瞬时脱扣整定电流应大于负载电路正常工作时的峰值电流。

④ 低压断路器用于控制电动机时，电磁脱扣器的瞬时脱扣整定电流为电动机起动电流

的1.7倍。

2. 认识熔断器

熔断器广泛应用于电网和用电设备中，当电网或用电设备发生短路故障或严重过载时，可自动切断电路，避免电器设备损坏，防止事故蔓延。

1）熔断器的外形如图2-4a所示，熔断器符号如图2-4b所示。熔断器主要由熔体、熔管和熔座三部分组成。

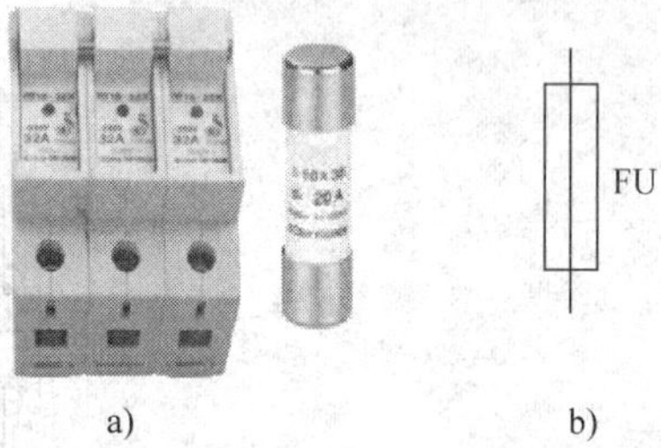

图2-4　熔断器的外形及符号
a）外形　b）符号

2）熔断器的特性。熔断器俗称保险丝，是进行短路保护的器件。当电路发生短路，负载电流超过额定电流许多倍时，熔体立即熔断，保护电路及用电设备不遭损坏。熔体的熔断时间随着电流的增大而缩小，具有反时限特性。熔断器型号如图2-5所示。

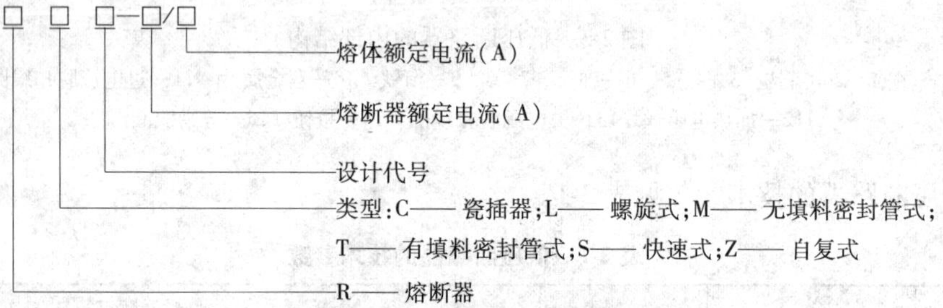

图2-5　熔断器型号

3）常见低压熔断器的主要技术参数见表2-2。

表2-2　常见低压熔断器的主要技术参数

类　别	型号	额定电压/V	额定电流/A	熔体额定电流等级/A	极限分断能力/kA	功率因数
瓷插式熔断器	RC1A	380	5	2、5	0.25	0.8
			10 15	2、4、6、10 6、10、15	0.5	
			30	20、25、30	1.5	0.7
			60 100 200	40、50、60 80、100 120、150、200	3	0.6
螺旋式熔断器	RL1	500	15 60	2、4、6、10、15 20、25、30、40、50、60	2 3.5	≥0.3
			100 200	60、80、100 100、125、150、200	20 50	
	RL2	500	25 60 100	2、4、6、10、15、20、25 25、35、50、60 80、100	1 2 3.5	

（续）

类别	型号	额定电压/V	额定电流/A	熔体额定电流等级/A	极限分断能力/kA	功率因数
无填料密封管式熔断器	RM10	380	15	6、10、15	1.2	0.8
			60	15、20、25、35、45、60	3.5	0.7
			100 200 350	60、80、100 100、125、160、200 200、225、260、300、350	10	0.35
			600	350、430、500、600	12	0.35
有填料密封管式熔断器	RT0	AC 380 DC 440	100 200 400 600	30、40、50、60、100 120、150、200、250 300、350、400、450 500、550、600	AC 50 DC 25	>0.3
有填料密封管式圆筒帽形熔断器	RT18	380	32 63	2、4、6、8、10、12、16、20、25、32 2、4、6、8、10、16、20、25、32、40、50、63	100	0.1～0.2
快速熔断器	RLS2	500	30	16、20、25、30	50	0.1～0.2
			63	35、(45)、50、63		
			100	(75)、80、(90)、100		

4）熔体额定电流的选择。作为照明、电炉等负载的短路保护，熔体的额定电流 I_{RN} 等于或稍大于电路的工作电流 I_W，即 $I_{RN} \geqslant I_W$。

作为一台电动机的短路保护时，考虑到起动电流的影响，通常按熔体额定电流 I_{RN} 为电动机额定电流 I_N 的 1.5～2.5 倍选择。在电动机需要频繁起动或起动时间较长的情况下，应当按照 3～3.5 倍选择。

保护多台电动机时，可按下式选择：

$$I_{RN} \geqslant (1.5 \sim 2.5) I_{Nmax} + \sum I_N$$

式中，I_{Nmax} 为容量最大的一台电动机的额定电流；$\sum I_N$ 为其余电动机额定电流之和。

需要说明的是，熔断器额定电压应大于或等于电路额定电压；熔断器的额定电流必须大于或等于所装熔体的额定电流。

任务实施

1）观察低压断路器和熔断器的型号，口述该型号的低压断路器和熔断器的相关参数，并填写附录表 B-1。

2）用万用表判断熔断器熔体的好坏。

3）拆开断路器的外壳，对照图 2-3 辨别判断各部分机构。

4）考核内容包括实际操作的内容和口述内容，器件的识别和检测评分表见附录表 B-2。

任务 2 认识交流接触器和中间继电器

任务描述

交流接触器、中间继电器是在企业生产控制电路中有着广泛应用的低压电器，正确识别交流接触器和中间继电器是正确使用的前提，能确保其性能完好是控制系统正常运行的保证，本任务的具体要求：辨别接触器、中间继电器的外形；熟悉接触器、中间继电器的型号；熟记接触器、中间继电器的符号；接触器、中间继电器的好坏判断；理解接触器、中间继电器的工作原理。

相关知识

1. 交流接触器

交流接触器的主要作用是对大电流或负载进行自动控制，在机床电气自动控制中，用它来接通或断开正常工作状态下的主电路和控制电路，它的作用和刀开关类似，还具有低电压释放保护、控制容量大、远距离控制等优点，在自动控制系统中应用非常广泛。

1）接触器是一种自动的电磁式开关。触点的通断不是由手来控制，而是电动操作。交流接触器的外形如图 2-6a 所示，符号如图 2-6b 所示。交流接触器主要由电磁系统、触点系统和灭弧装置等部分组成。以 CJ10-20 型交流接触器为例，其内部结构如图 2-7 所示。交流接触器型号如图 2-8 所示。

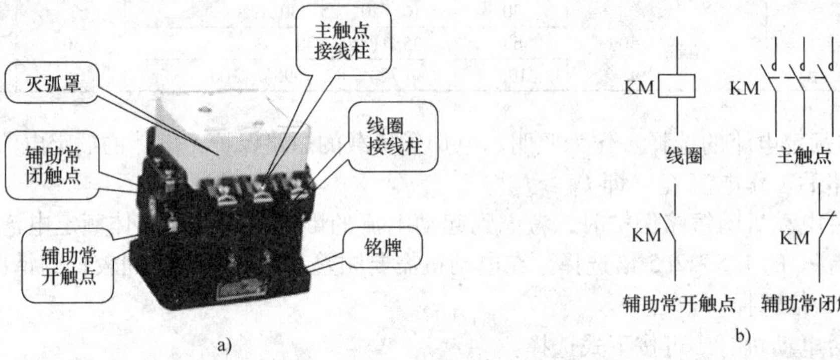

图 2-6　交流接触器的外形和符号
a）外形　b）符号

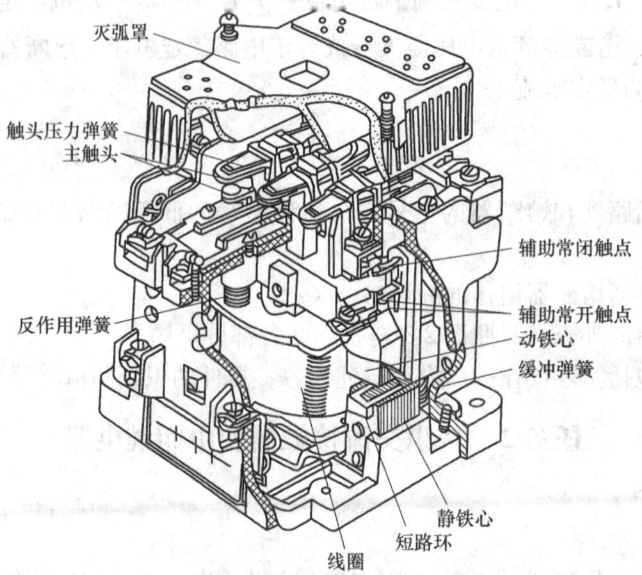

图 2-7　交流接触器内部结构

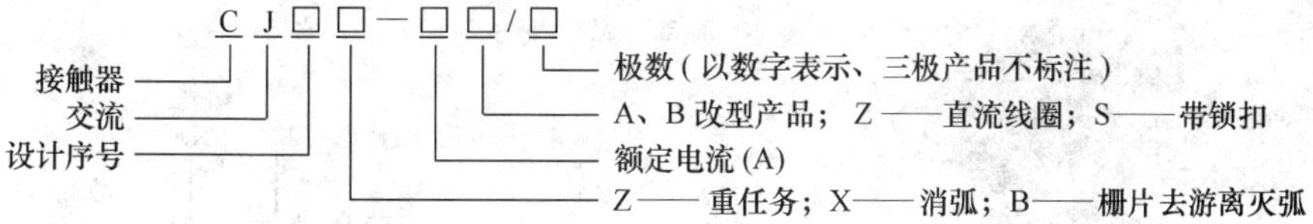

图2-8　交流接触器型号

2）交流接触器的主要技术参数和工作原理。交流接触器种类很多，有CJ0、B、3TB等系列，其中B系列是引进国外新技术后的产品，其设计结构合理，性价比高，零部件通用性好，使用维修方便，得到广泛应用。交流接触器的参数（以B系列为例）见表2-3。

表2-3　交流接触器的参数

约定发热电流/A		16	20	25　40　45	52	60	110	140	170　230	300　410
额定绝缘电压/V		660								
额定电压380V	额定电流/A	8.5	11.5	15.5　22　30	37	44	65	85	105　170	245　370
	额定功率/kW	4	5.5	7.5　11　15	18.5	22	33	45	55　90	132　200
辅助触点代号				CA7			CA9		CA11	
约定发热电流/A				10						
额定绝缘电压/V				660						
AC-15	额定绝缘电压/V			220、380、500				220、380、500		
	额定绝缘电流/A			4、3、2				6、4、2		
DC-13	额定工作电压/V			110、220						
	额定工作电流/A			1.5、0.5						
配用辅助触点的接触器号				B9～B30			B37～B85		B105～B370	

交流接触器的工作原理如图2-9所示。当接触器的线圈通电后，产生的磁场将铁心磁化，使铁心产生足够大的电磁吸力，克服反作用弹簧的弹力，将衔铁吸合，使三对常开主触点闭合，接通主电路，同时辅助常闭触点先断开，辅助常开触点再闭合。一旦接触器线圈失电各触点恢复线圈未通电时的状态。

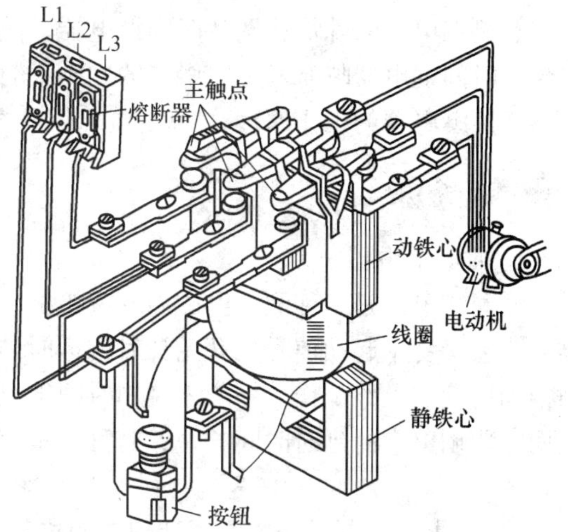

图2-9　交流接触器的工作原理

2. 中间继电器

中间继电器是将一个输入信号变成一个或多个输出信号的继电器。中间继电器与接触器的区别：接触器有主、辅触点之分，中间继电器只有辅助触点，而且辅助触点数量较多，其常开、常闭可有不同组合。中间继电器的外形如图2-10所示，中间继电器的符号如图2-11所示，中间继电器与接触器的技术参数项目类似。

图 2-10　中间继电器的外形

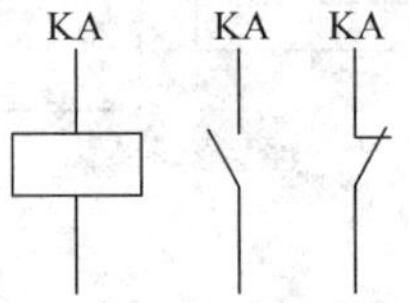

图 2-11　中间继电器的符号

想一想

1. 你能从外形上区别交流接触器和中间继电器吗？
2. 中间继电器能否控制主电路？

任务实施

1）观察交流接触器和中间继电器的型号，口述铭牌标注的相关参数，并填写附录表 B-1。

2）用万用表判断的交流接触器和中间继电器线圈的好坏。

3）拆开交流接触器的外壳，对照图 2-7 辨别各部分机构，然后进行交流接触器的拆装。

4）考核内容包括实际操作的内容和口述内容，器件的识别和检测评分表见附录表 B-2。

任务 3　认识时间继电器和热继电器

任务描述

时间继电器和热继电器也是控制电路中的常用器件，本任务的具体要求是：辨别时间继电器、热继电器的外形；熟悉时间继电器、热继电器的型号；熟记时间继电器、热继电器的符号；时间继电器瞬时、延时触点的判别；时间继电器、热继电器的好坏判断；理解时间继电器、热继电器的工作原理。

相关知识

1. 时间继电器

时间继电器是一种利用电磁原理或机械动作原理实现触点延时接通或断开的自动控制器件，当它接受了起动信号后开始计时，计时结束后它的工作触点进行断开或闭合的动作，从而推动后续的电路工作。一般来说，时间继电器的延时性能在设计的范围内是可以调节的，从而方便调整它的延时时间长短，其种类很多，常用的有电磁式、空气阻尼式、电动式和晶体管式等。

1）在电气控制系统中为了达到自动控制的目的经常会用到时间继电器，时间继电器有通电延时型和断电延时型两种，时间继电器从得到输入信号起，经过一段时间延时后才会动作，时间继电器的外形如图 2-12 所示，型号如图 2-13 所示。

图 2-12　时间继电器的外形

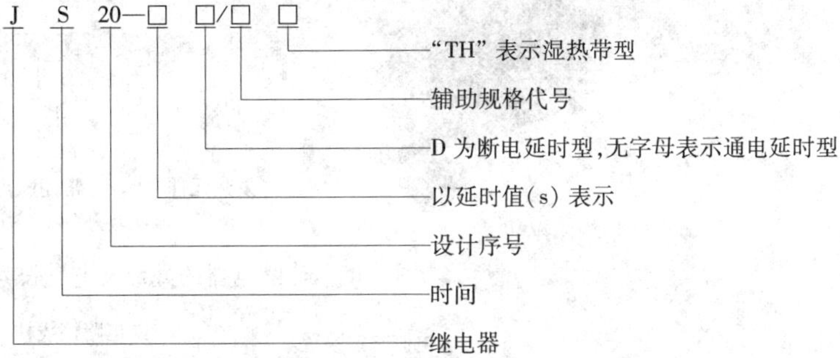

图 2-13　时间继电器的型号

2）时间继电器的参数（以 JS7-A 系列为例）见表 2-4，时间继电器的电气符号如图 2-14 所示。

表 2-4　JS7-A 系列时间继电器的参数

型　号	瞬时动作触点数量		有延时的触点数量				触点额定电压/V	触点额定电流/A	线圈电压/V	延时范围/s	额定操作频率/(次/h)
			通电延时		断电延时						
	常开	常闭	常开	常闭	常开	常闭					
JS7-1A	—	—	1	1	—	—	380	5	24 36 110 127 220 380 420	0.4～60 及 0.4～180	600
JS7-2A	1	1	1	1	—	—					
JS7-3A	—	—	—	—	1	1					
JS7-4A	1	1	—	—	1	1					

a)　　　　b)

图 2-14　时间继电器的电气符号

a）通电型时间继电器（KT）　b）断电型时间继电器（KT）

2. 热继电器

热继电器的工作原理是过载电流通过热元件后，使双金属片加热弯曲去推动动作机构来带动触点动作，从而将电动机控制电路断开实现电动机断电停车，起到过载保护的作用。鉴于双金属片受热弯曲过程中，热量的传递需要较长的时间，因此，热继电器不能用作短路保护，而只能用作过载保护。热继电器的外形如图 2-15a 所示，电气符号如图 2-15b 所示，其内部结构如图 2-16 所示，热继电器的型号如图 2-17 所示，热继电器的主要技术参数见表 2-5。

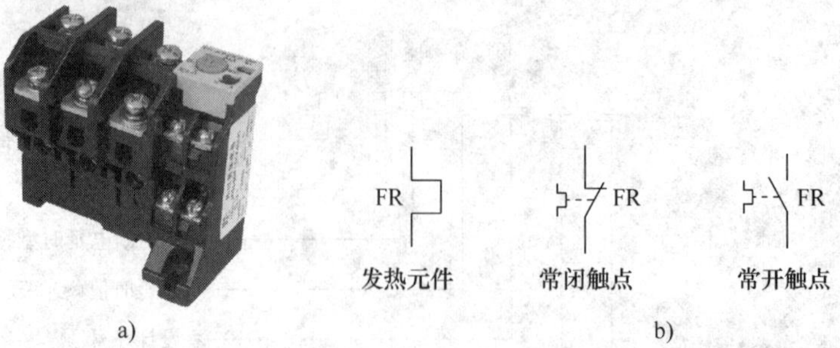

图 2-15　热继电器的外形及电气符号

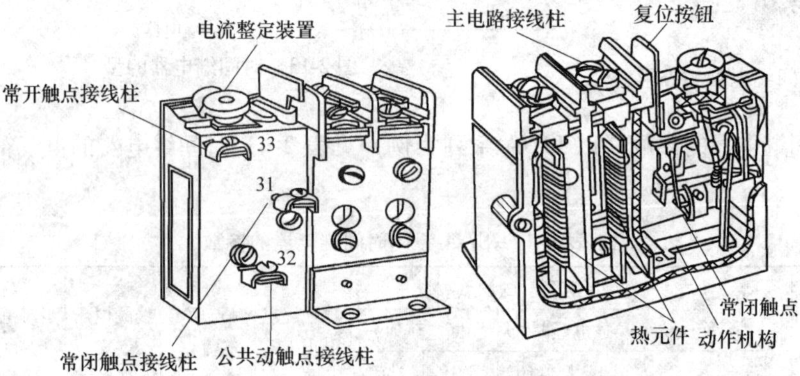

图 2-16　热继电器的内部结构

JR　20—□　□/□

- 派生代号“TH”表示热带产品
- 特征代号
- 额定电流值
- 设计序号
- 热过载继电器

图 2-17　热继电器的型号

表 2-5　热继电器的主要技术参数

热继电器型号	热继电器额定电流/A	热元件		热继电器型号	热继电器额定电流/A	热元件	
		热元件额定电流/A	电流调节范围/A			热元件额定电流/A	电流调节范围/A
JR36-20	20	2.4	1.5~2.4	JR36-32	32	32	20~32
		3.5	2.2~3.5	JR36-63	63	22	14~32
		5	3.2~5			32	20~32
		7.2	4.5~7.2			45	28~45
		11	6.8~11			63	40~63
		16	10~16	JR36-160	160	63	40~63
		22	14~22			85	53~85
JR36-32	32	16	10~16			120	75~120
		22	14~22			160	100~160

热继电器主要用于保护电动机的过载，因此选用时必须了解电动机的情况，如工作环境、起动电流、负载性质、工作制和允许过载能力等。选择时原则上应使热继电器的安秒特性尽可能接近甚至重合电动机的过载特性，或者在电动机的过载特性之下，同时在电动机短时过载和起动的瞬间，热继电器应不受影响（不动作）。

1）当热继电器用于保护长期工作制或间断长期工作制的电动机时，一般按电动机的额定电流来选用。例如，热继电器的整定值可等于 0.95 ~ 1.05 倍的电动机的额定电流，或者取热继电器整定电流的中值等于电动机的额定电流，然后进行调整。

2）当热继电器用于保护反复短时工作制的电动机时，热继电器仅有一定范围的适应性。如果短时间内操作次数很多，就要选用带速饱和电流互感器的热继电器。

3）对于正反转和通断频繁的特殊工作制电动机，不宜采用热继电器作为过载保护装置，而应使用埋入电动机绕组的温度继电器或热敏电阻来保护。

任务实施

1）观察时间继电器和热继电器的型号，口述该器件上铭牌标注的相关参数，并填写附录表 B-1 中。

2）用万用表判断交流接触器和中间继电器线圈的好坏和触点的通断情况。

3）拆开热继电器的外壳，对照图 2-16 辨别各部分机构，然后进行热继电器的拆装。

4）考核内容包括实际操作的内容和口述内容，检查评分见附录表 B-2。

任务4　认识按钮和行程开关

任务描述

按钮和行程开关也是控制电路中的常用器件，它们主要用来接通和分断控制电路，以发布命令，故也称为“主令电器”。本任务要求是：辨别按钮和行程开关的外形；熟悉按钮和行程开关的型号；熟记按钮和行程开关的符号；按钮和行程开关的好坏判断；理解按钮和行程开关的工作原理。

相关知识

1. 按钮

按钮通常用作短时接通或断开小电流控制的电路，用于控制电路中发出起动或停止等指令，通过接触器、继电器等控制器件接通或断开主电路。按钮的图形符号如图 2-18 所示。

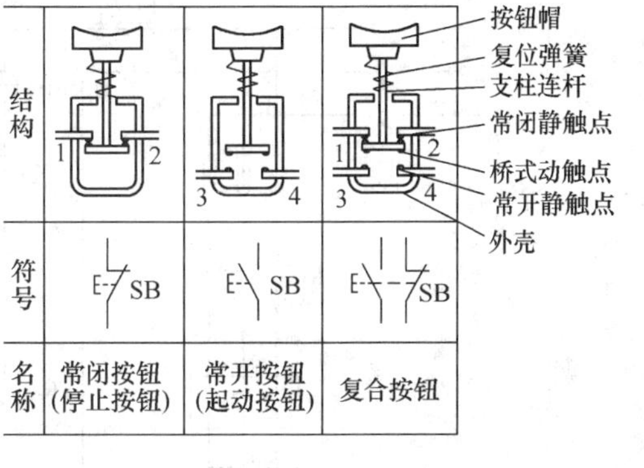

图 2-18　按钮的图形符号

2. 行程开关

行程开关又称为限位开关[⊖]，是根据运动部件位置而切换电路的自动控制器件。动作

⊖ 严格来讲，行程开关和限位开关并不完全一样。

时，由挡块与行程开关的部件相碰撞，使触点接通或断开控制运动部件的运动方向、行程大小或位置保护。行程开关的工作原理与按钮相同。行程开关的外形如图 2-19 所示，其电气符号如图 2-20 所示。

图 2-19　行程开关的外形

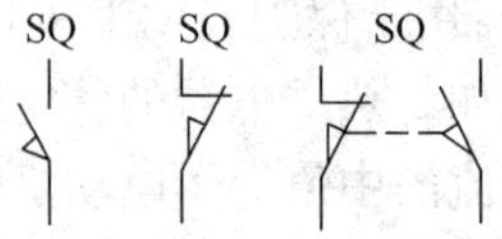

图 2-20　行程开关的电气符号

任务实施

1）观察按钮和行程开关，能口述器件功能。

2）用万用表判断按钮和行程开关触点的通断情况。

3）熟练拆装按钮和行程开关。由于按钮和行程开关结构简单，使用方便将不再针对这两个器件进行单独考核。

检查评议

本次测验将对以上四个任务的完成情况进行检查，检查的器件包括低压断路器、熔断器、交流接触器、中间继电器、时间继电器、热继电器、按钮和行程开关，检查评议的内容分为万用表的正确使用、器件铭牌数据的识读和器件的拆装三个主要部分，检查评分见附录表 B-2。

项目 2　液压控制机床滑台运动及机床滑台工作电气控制电路

图 2-21 所示是液压控制机床滑台运动及机床滑台工作电气控制电路原理图，在完成实物接线的基础上，进行电路的调试，并回答相应的问题。

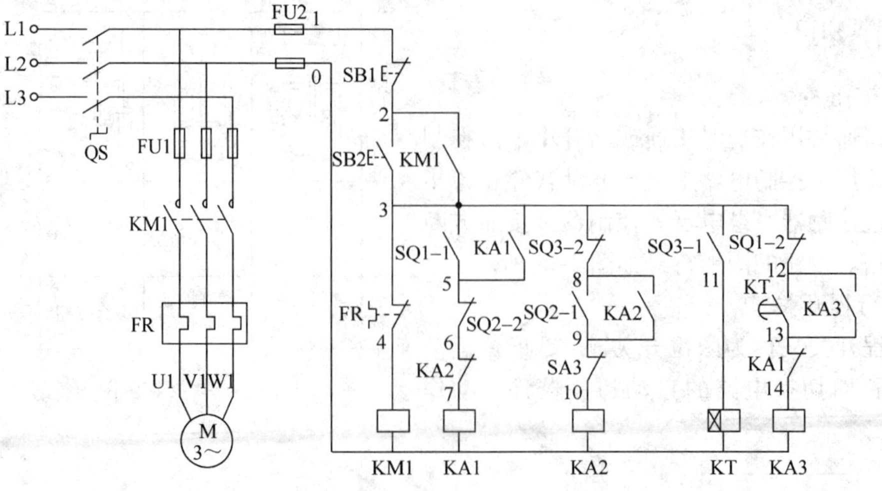

图 2-21　液压控制机床滑台运动及机床滑台工作电气控制电路原理图

任务描述

本任务的具体要求是：辨别所用到的低压电器的外形；明确低压电器接线柱的含义；按工艺要求、接线规律，依据液压控制机床滑台运动及机床滑台工作电气控制电路原理图进行规范接线；对整个接线进行总体检查；用万用表进行安全检测和调试，使电路按照控制要求正常运行。

相关知识

液压控制机床滑台运动及机床滑台的加工过程示意图如图 2-22 所示。

控制原理：机床滑台在原位（限位开关 SQ1 接通）并加以按下起动按钮 SB2，KM1 线圈通电，主触点闭合，电动机 M 旋转，此时由于限位开关 SQ1 接通，故继电器 KA1 线圈通电，KA1 常开触点闭合自锁控制机床滑台快进。快进时电路通电部分如图 2-23实线部分所示。

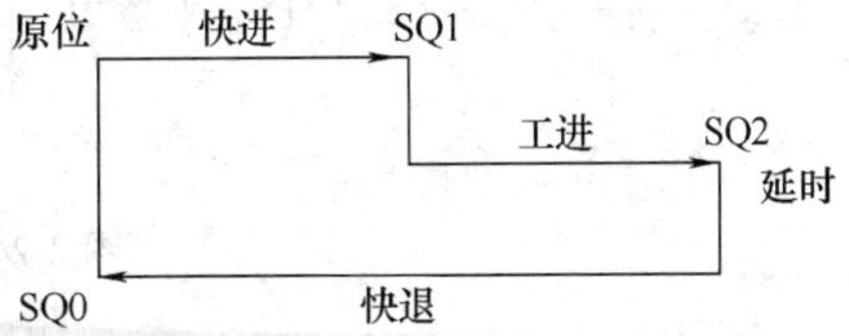

图 2-22　机床滑台加工过程示意图

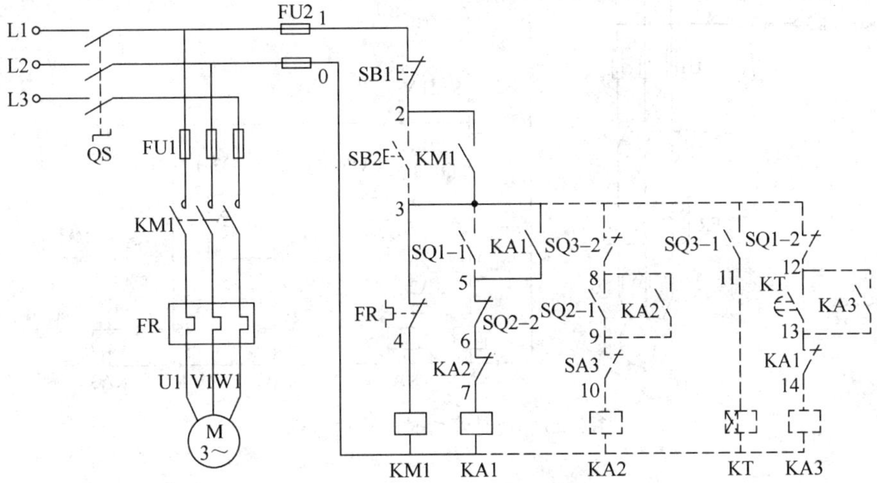

图 2-23　快进时电路通电部分

当机械滑台快进碰到限位开关 SQ2 后，SQ2 -2 断开切断继电器 KA1 停止快进，SQ2 -1 接通使继电器 KA2 线圈得电，KA2 常开触点闭合自锁，机床滑台由快进转为工进。工进时电路通电部分如图 2-24 实线部分所示。

机床滑台碰到限位开关 SQ3 后，SQ3 -2 断开切断继电器 KA2 停止工进，SQ3 -1 接通使时间继电器 KT 线圈得电，机床滑台停止工进开始延时。延时停留时电路通电部分如图 2-25实线部分所示。

时间继电器延时 2s 后，其延时闭合常开触点接通继电器 KA3 线圈，KA3 常开触点闭合自锁，机床滑台快退，同时 KA3 常闭触点断开，与 KA2 实现互锁，保证快退碰到 SQ2 时不会切换到工进。机床滑台离开限位 SQ3 后，SQ3 -1 断开使时间继电器 KT 线圈失电断开，同时 SQ3 -2 接通为工进做好准备。快退时电路通电部分如图 2-26 实线部分所示。

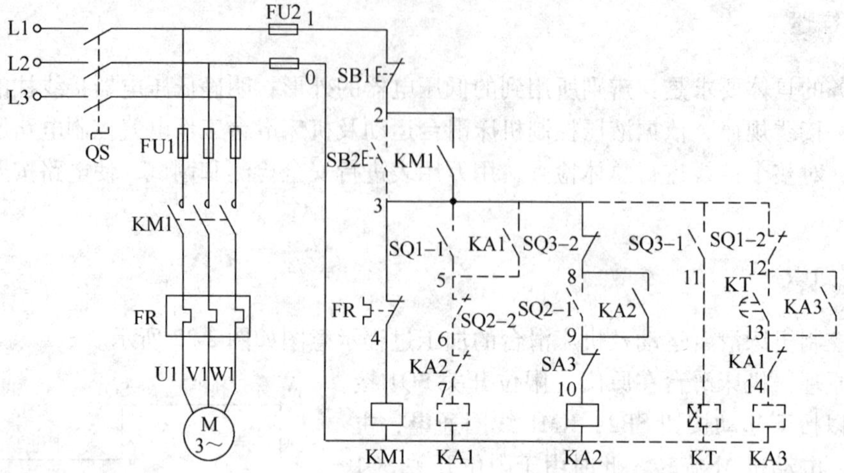

图 2-24　工进时电路通电部分

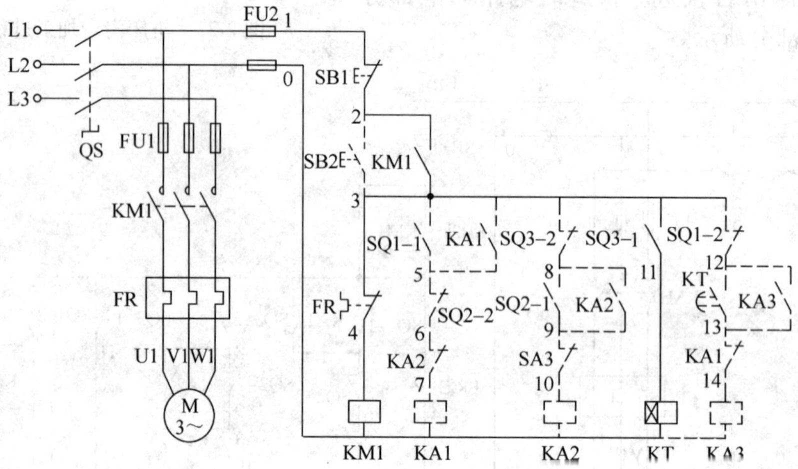

图 2-25　延时停留时电路通电部分

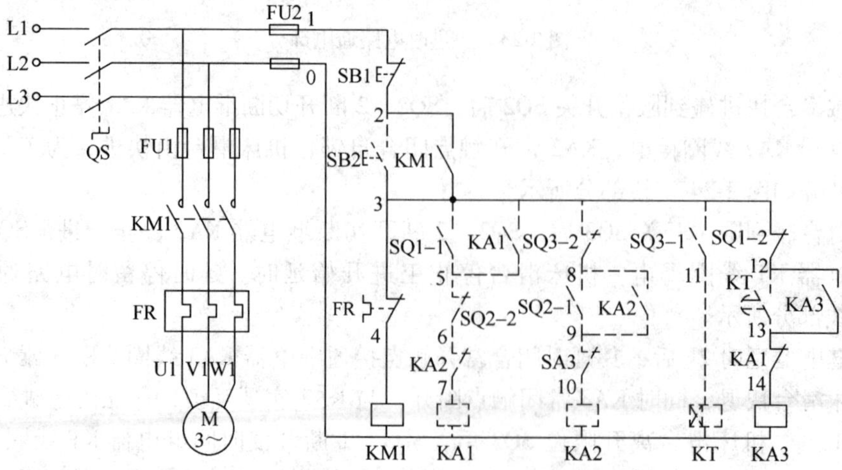

图 2-26　快退时电路通电部分

当快退时，压下 SQ1，则继电器 KA1 线圈通电，KA1 常闭触点断开使 KA3 线圈失电停止快退，KA1 常开触点闭合自锁控制机床滑台快进，进入再循环，任何处按下 SB1 停止。

任务实施

1. 电路的安装

1）按液压滑台控制电路原理图要求，在实训板上选择所需元器件。

2）找出每个元器件的不同部件（如线圈、主触点、常开常闭触点、延时触点等），并用万用表电阻挡检测各部件的好坏（对于接触器、继电器可压下顶端凸块来判断各触点的好坏）。

3）熟悉工作原理，并观察原理图上线号的特点。根据给定的设备，按原理图的要求在实训板上完成接线。

4）接线完成后，先检查电源进线是否正确，再检查有无漏线或多余的线头，然后用万用表检查熔断器出线端、电源进线端有无短路故障现象，用万用表测量 1 号线与 0 号线之间电阻应为∞，按下 SB2 时电阻应为 1.6kΩ 左右。

5）若无故障现象，可进行通电演示。切记：应待老师允许后方可通电试车，不允许自行通电。

教你一招：接线要有规律，才能避免错误

1）按图样编号来接线（可自行编号），一个号码接完后再接另一个号码。

2）接线柱按照上进下出、左进右出的规则，从左到右、从上到下进行，即图样元器件符号上面的进线接实际元器件的上端，元器件符号下面的出现接实际元器件的下端，图样上只用一对元器件符号时，习惯上接在元器件左边的接线柱上，如果同时出现两个相同的元器件符号，则图样上左边的符号接元器件的左边，图样上右边的符号接元器件右边。

3）硬线只能用在固定安装的不动部件之间，其余场合应采用软线，电源 U、V、W 三相分别用黄、绿、红三色，中心线用黑色，PE 用双色线，并用不同颜色导线来区分主电路与控制电路，便于检查排故。

2. 电路的调试

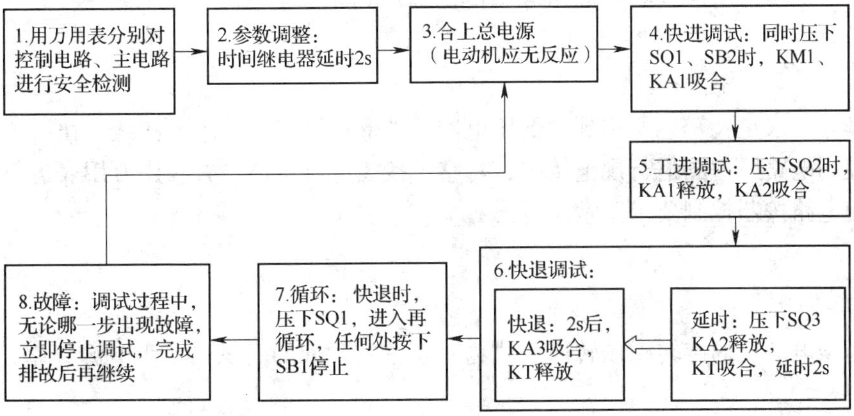

想一想

1）如果限位开关 SQ1-1 常开触点接线断开，这种接法对电路有何影响？

2）如果电路只能起动滑台快进，不能工进，试分析产生该故障的接线方面的可能原因。

3）液压泵电动机若不能工作，滑台是否能继续运行，为什么？

检查评议

1）用万用表对低压电器的好坏进行简单测试，如果发现器件不合格，简要说明情况。

2）液压控制机床滑台运动及机床滑台工作电气控制电路的安装与调试，检查评分见附录表 B-3。

项目 3　双速电动机自动控制电路

图 2-27 所示是双速电动机自动控制电路原理图，在完成实物接线的基础上，进行电路的调试，并回答相应的问题。

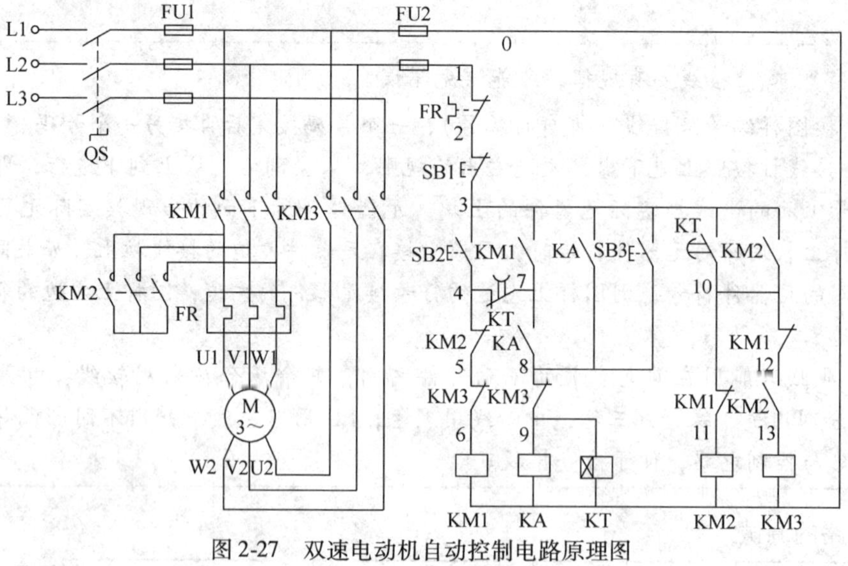

图 2-27　双速电动机自动控制电路原理图

任务描述

本任务的具体要求是：辨别所用到的低压电器的外形；按工艺要求、接线规律，依据双速电动机自动控制电路原理图进行规范接线；对整个接线进行总体检查；用万用表进行安全检测和调试，使电路按照控制要求正常运行。

相关知识

三相笼型异步电动机的旋转磁场转速公式为 $n=\frac{60f}{p}$（r/min），式中 f 为电源频率，p 为磁极对数。当磁极对数改变时，旋转磁场的转速将会改变，从而使电动机转子的转速改变，这种通过改变磁极对数来实现电动机调速的方法称为变极调速。

变极调速的具体方法是通过对定子绕组引出线的不同连接，得到相应的磁极对数来实现的。变极调速属有级调速，并且只适用于笼型异步电动机。凡磁极对数可改变的笼型异步电动机通常称为多速电动机，常见的多速电动机有双速、三速和四速等几种类型。本项目仅介绍双速异步电动机的起动及自动调速控制电路。

双速电动机字子绕组常见的换接方法有Y—YY和△—YY两种。图 2-28 所示是双速电动机定子绕组的△—YY接线图。通过改变图中六个出线端与电源的连接方式，就可以得到两种不同的转速。如图 2-28a 所示，将电动机定子绕组接成△，磁极为四极，同步转速为 1500r/min，电动机为低速工作。若想使电动机高速工作，只要将电动机定子绕组的接线改变接成如图 2-28b 的YY接法，此时电动机将变为二极，同步转速为 3000r/min。由此可见，双速电动机是磁极减少 1/2 而转速增加一倍，即高速运转速度是低速运转速度的两倍。值得注意的是，双速电动机定子绕组从一种接法改变为另一种接法时，必须把电源相序反接，以保证电动机的旋转方向不变。

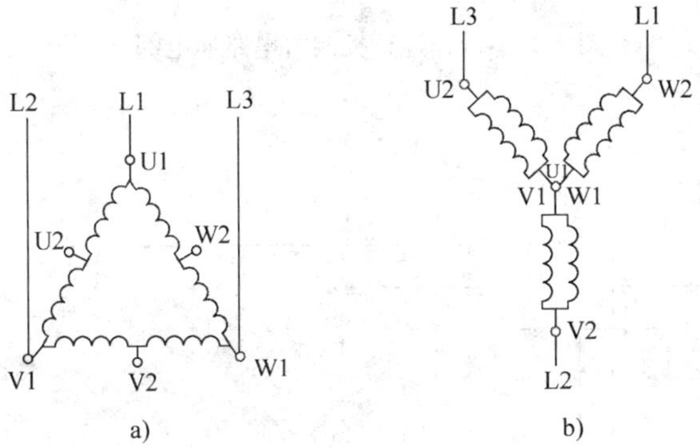

图 2-28 双速电动机定子绕组的△—YY接线图

a) △联结——低速 b) YY联结——高速

双速电动机控制电路原理图如图 2-27 所示，电路工作原理分析如下：

电路中用接触器 KM1 把绕组接成三角形，用接触器 KM2、KM3 把绕组接成双星形，运行中两种接法不能同时接通，因此，在电动机低速与高速控制电路中用了按钮接触器双重联锁控制，既保证了低速与高速控制电路只能单独通电的可靠性，又能很方便地进行速度转换。电动机在起动前，需要进行速度选择才能起动。

合上电源开关 QS，需低速运行时，按下起动按钮 SB2，接触器 KM1 线圈得电吸合，主触点闭合电动机接成三角形低速起动运转，辅助常开触点闭合自锁，辅助常闭触点断开与 KM2 进行互锁，低速运行控制时电路通电部分如图 2-29 实线部分所示。

如果需要电动机高速运转时，按下起动按钮 SB3，中间继电器 KA 和时间继电器 KT 线圈都同时得电并自锁，KA 常开闭合后，KM1 线圈得电，其辅助常开闭合自锁，其主触点闭合电动机接成三角形低速起动，高速起动控制时电路通电部分如图 2-30 实线部分所示。

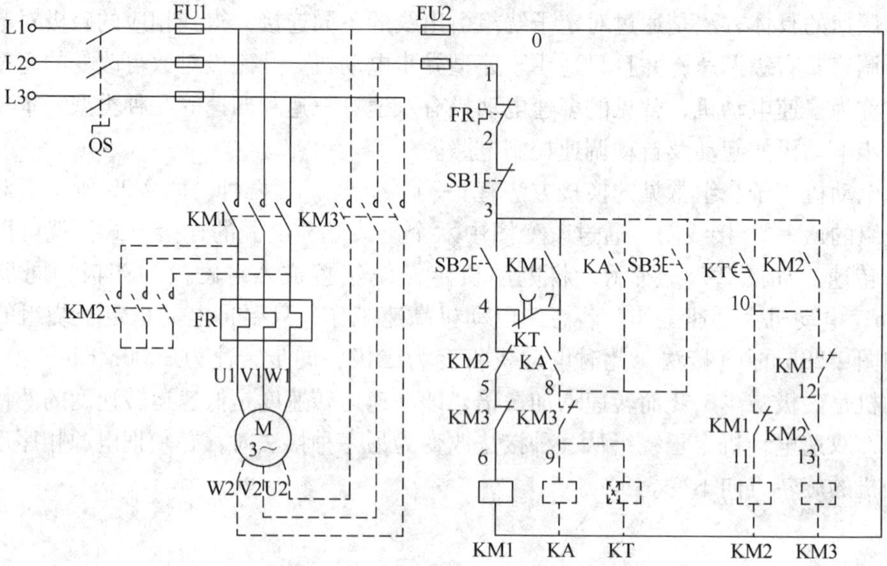

图 2-29　低速运行控制时电路通电部分

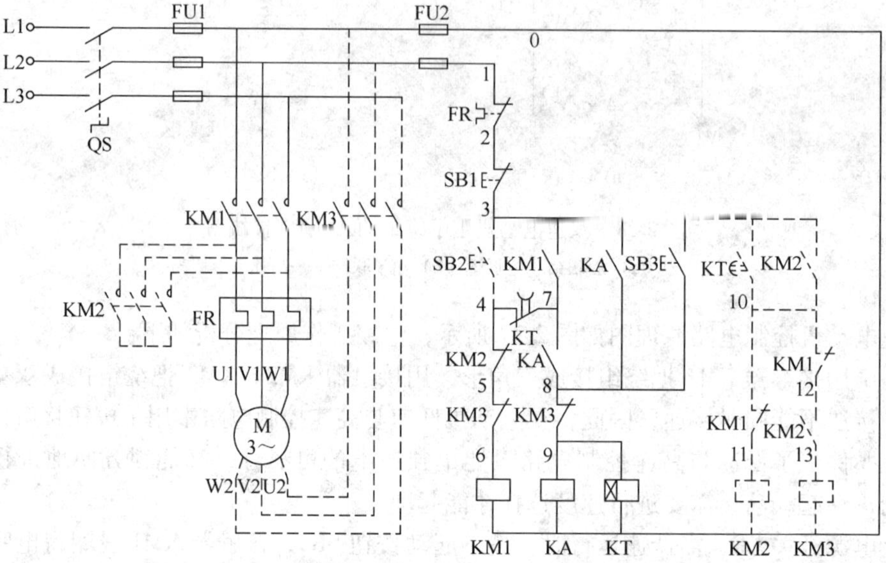

图 2-30　高速起动控制时电路通电部分

转速上升后，时间继电器两对触点延时动作：常闭触点延时断开，KM1 线圈失电释放，同时 KT 的常开触点延时闭合，接触器 KM2、KM3 线圈得电吸合，主触点闭合电动机成YY联结以高速运行，辅助常闭断开与 KM1 互锁，KM2 辅助常开闭合自锁，高速运行控制时电路通电部分如图 2-31 实线部分所示。停车时，按下 SB1 即可实现。

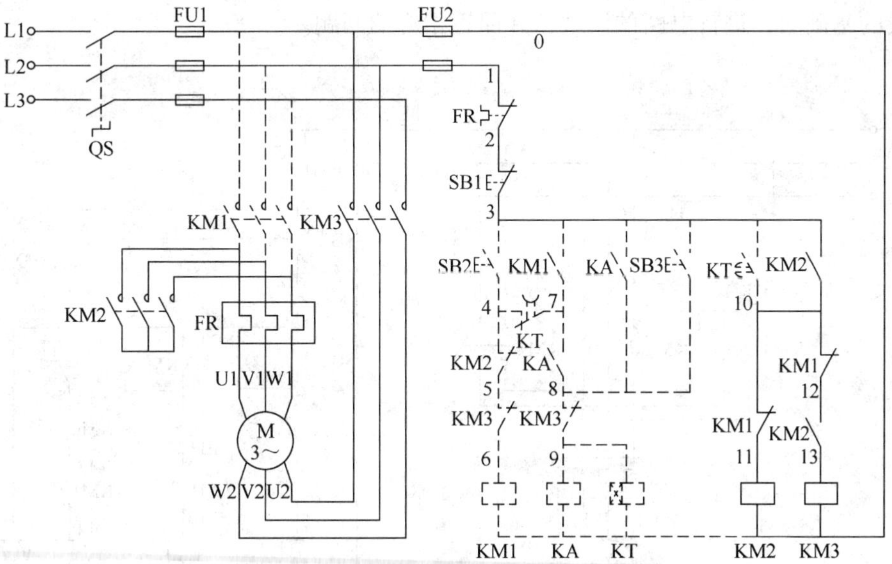

图2-31　高速运行控制时电路通电部分

任务实施

1）根据给定的设备和仪器仪表，在规定时间内完成接线、调试、运行，达到规定的要求。

2）能用仪表测量元器件并判断其好坏。

3）板面导线经线槽敷设，线槽外导线必须平直各节点必须紧密，接电源、电动机及按钮等的导线必须通过接线柱引出，并有保护接地或接零。

4）装接完毕后，进行检查，经老师允许后方可通电试车，如遇故障自行排除。

5）完成全部工作后由老师按评分标准进行评分。在规定的时间内不得延时。

想一想

1）如果按下按钮SB3，电动机出现只能低速运转，不能高速运转现象，试分析产生该故障的接线方面的可能原因。

2）电路中接触器KM1、KM2、KM3的常闭触点各起什么作用？KM2的常开触点起什么作用？

3）电路中接触器KM1、KM2、KM3起什么作用？时间继电器KT起什么作用？

检查评议

1）用万用表对低压电器的好坏进行简单测试，如果发现器件不合格，简要说明情况。

2）双速电动机自动控制电路的安装与调试，检查评分表见附录表B-3。

项目4　三相异步电动机双重联锁正反转起动能耗制动控制电路

图2-32所示是三相异步电动机双重联锁正反转起动能耗制动控制电路原理图，在完成

实物接线的基础上，进行电路的调试，并回答相应的问题。

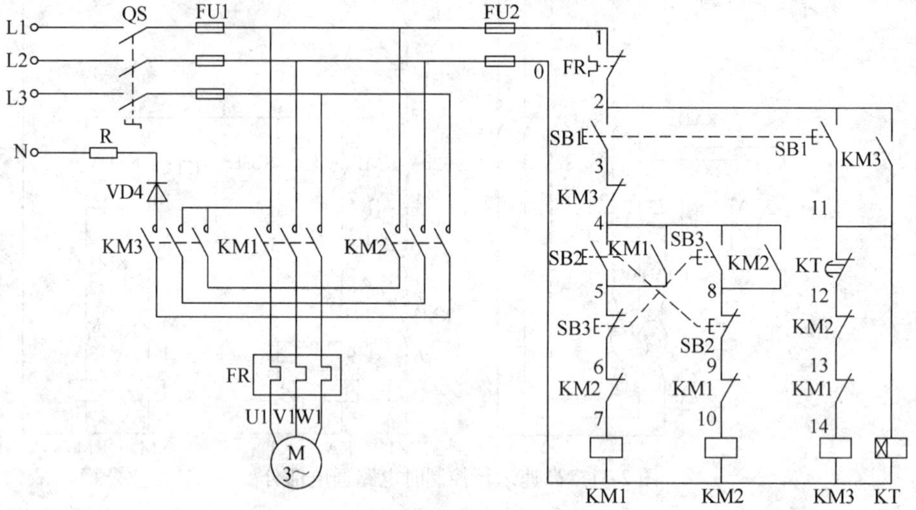

图 2-32　三相异步电动机双重联锁正反转起动能耗制动控制电路原理图

任务描述

本任务的具体要求是：辨别各常用低压电器的外形；明确低压电器接线柱的含义；按工艺要求、接线规律完成三相异步电动机双重联锁正反转起动能耗制动控制电路规范接线；对整个接线进行总体检查；用万用表进行安全检测；完成三相异步电动机双重联锁正反转起动能耗制动控制电路的调试，使电路安全运行，达到控制要求。

相关知识

在生产加工过程中，常常需要电动机改变旋转方向，即进行正反转运行，如机床工作台的往返运动、吊车吊钩的上升和下降运动等。从三相异步电动机的工作原理可知：若要改变电动机三相交流电源的相序，只要任意对调接入电动机三相电源进线中的两根相线，即可使电动机旋转方向随之改变。把接触器联锁与按钮联锁组合后就可得到双重联锁控制，图 2-32 基本原理如下：

1. 正转控制

当按下正转起动按钮 SB2 时，正转接触器 KM1 线圈得电并自锁，KM1 常开主触点闭合，电动机 M 正向转动。接触器 KM1 的常闭触点处于断开状态，反转控制回路与能耗制动回路被断开互锁，正转控制时电路通电部分如图 2-33 实线部分所示。

2. 反转控制

欲使电动机反转，反转起动按钮 SB2 常闭触点也必先断开正转控制电路后，再接通反转控制电路，反转控制接触器 KM2 线圈得电并自锁，KM2 常开主触点闭合，接入定子绕组的电源相序改变，电动机反向转动。同理，接触器 KM2 的常闭触点打开，断开了接触器 KM1 线圈控制电路，使之不可能吸合，反转控制时电路通电部分如图 2-34 实线部分所示。

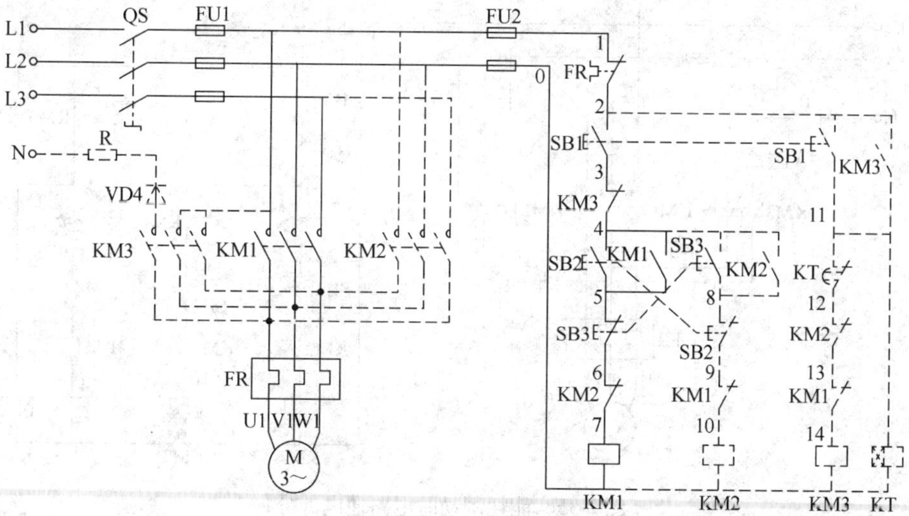

图 2-33　正转控制时电路通电部分

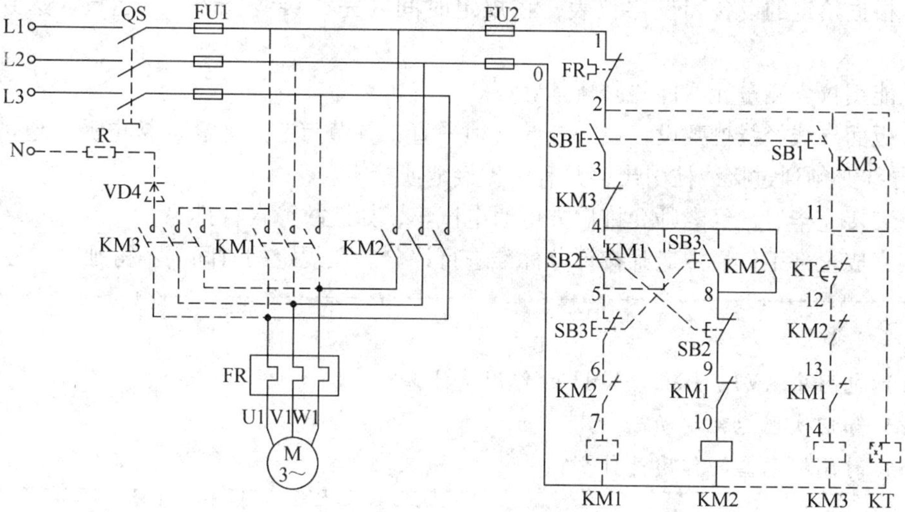

图 2-34　反转控制时电路通电部分

3. 能耗制动

当按下停止按钮 SB1 后，交流接触器 KM1（或 KM2）线圈失电，同时交流接触器 KM3 线圈与时间继电器 KT 线圈得电，交流接触器 KM3 常闭触点闭合，电动机 M 接入直流电能耗制动，能耗制动时电路通电部分如图 2-35 实线部分所示。一段时间后，时间继电器 KT 常闭触点断开，交流接触器 KM3 线圈失电，其主触点 KM3 断开，电动机 M 切断直流电源停转，能耗制动结束。

该电路能耗制动控制电路采用单只晶体管半波整流器作为直流电源，所用附加设备较少，电路简单、成本低，常用于 10kW 以下的小容量电动机和对制动要求不高的场合。

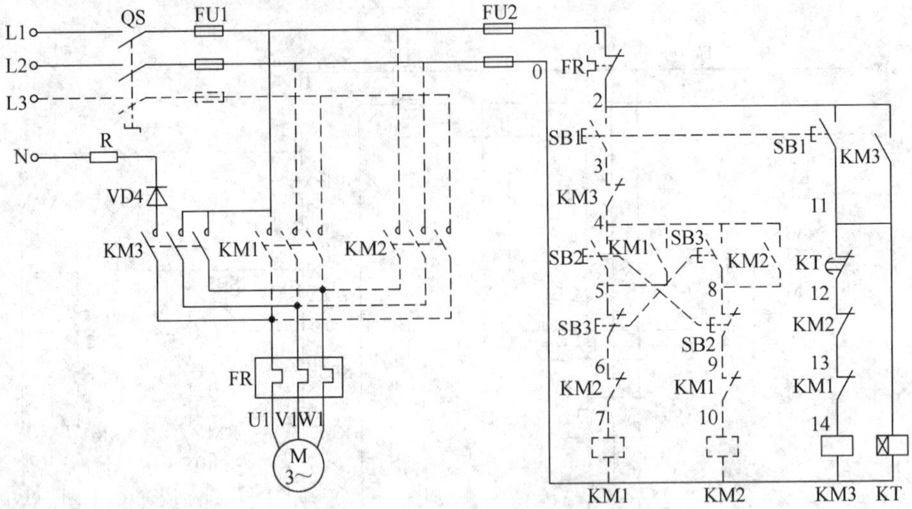

图 2-35　能耗制动时电路通电部分

任务实施

1）根据给定的设备和仪器仪表，在规定时间内完成接线、调试、运行，达到规定的要求。

2）能用仪表测量元器件并判断其好坏。

3）板面导线经线槽敷设，线槽外导线须平直，各节点必须紧密，接电源、电动机及按钮等的导线必须通过接线柱引出，并有保护接地或接零。

4）装接完毕后，经老师允许后方可通电试车，如遇故障自行排除。

5）完成全部工作后由老师按评分标准进行评分。在规定的时间内不得延时。

想一想

1）电路中 KM1、KM2、KM3 的作用是什么？

2）如何实现能耗制动？

3）时间继电器的作用是什么？

检查评议

1）用万用表对低压电器的好坏进行简单测试，如果发现器件不合格，简要说明情况。

2）三相异步电动机双重联锁正反转起动能耗制动控制电路的安装与调试，检查评分表见附录表 B-3。

项目 5　通电延时带直流能耗制动的Y-△起动控制电路

图 2-36 所示是通电延时带直流能耗制动的Y-△起动的控制电路原理图，在完成实物接线的基础上，进行电路的调试，并回答相应的问题。

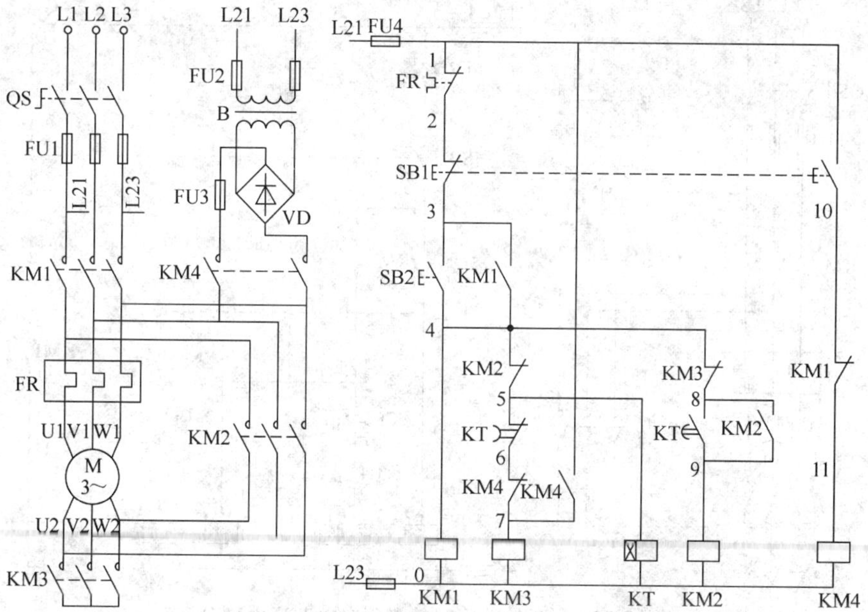

图 2-36　通电延时带直流能耗制动的Y-△起动的控制电路原理图

任务描述

本任务的具体要求是：辨别各低压电器的外形，明确低压电器接线柱的含义；按工艺要求、接线规律完成通电延时带直流能耗制动的Y-△起动的控制电路规范接线；对整个接线进行总体检查；用万用表进行安全检测；完成通电延时带直流能耗制动的Y-△起动的控制电路的调试，使电路安全运行，达到控制要求。

相关知识

对于正常运行时定子绕组接成△联结的笼型异步电动机，可在起动时先将定子绕组作Y联结，此时定子绕组承受的电压是电源相电压，为其额定电压的 $1/\sqrt{3}$ 倍，起动电流为△联结的1/3。待转速上升到一定值时，将定子绕组的接线由Y联结改成△联结，电动机便进入全压正常运行状态，这就是Y-△减压起动的基本原理。凡是正常运转时定子绕组接成△联结的笼型异步电动机，在轻载起动时均可采用Y-△减压起动方法来达到限制起动电流的目的。基本原理如下：

1. 起动控制

合上电源开关 QS，电源接通。起动时，按下起动按钮 SB2，接触器 KM1、KM3 和时间继电器 KT 线圈得电，KM1 与 KM3 主触点闭合，电动机定子绕组作Y联结，同时接触器 KM1 常开触点闭合自锁，电动机接通电源进行Y联结减压起动，同时 KM3 常闭触点断开与 KM2 线圈互锁，Y联结减压起动控制时电路通电部分如图 2-37 实线部分所示。

待转速上升到一定值时，时间继电器 KT 动作，其延时断开的常闭触点 KT 分断，接触器 KM3 线圈断电，使定子绕组暂时开路。KM3 常闭触点复位闭合，时间继电器 KT 延时接通的常开触点 KT 闭合，接触器 KM2 得电，主触点 KM2 闭合，定子绕组作△联结全压运转，

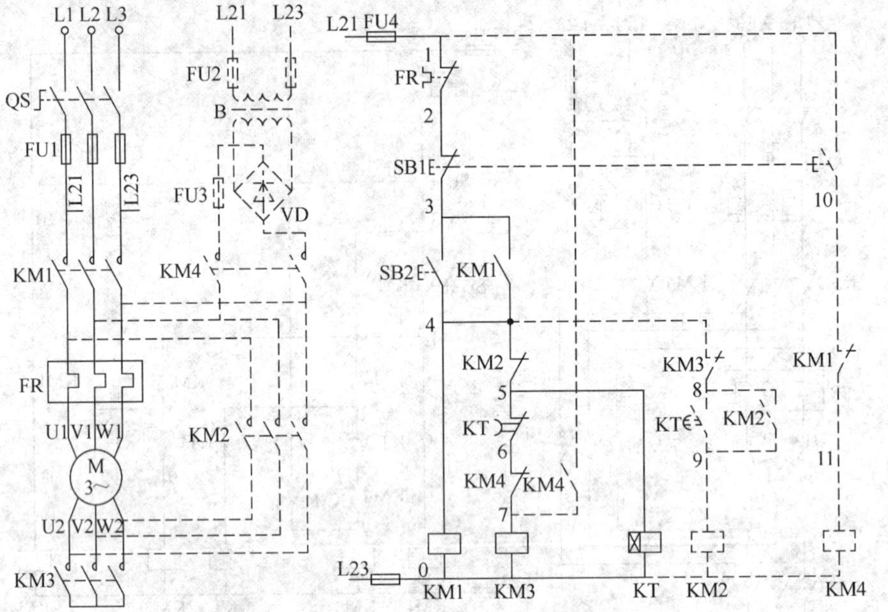

图 2 37　Y联结减压起动控制时电路通电部分

同时 KM2 常闭触点断开切断时间继电器线圈电路与 KM3 线圈电路互锁，△联结全压运转控制时电路通电部分如图 2-38 实线部分所示。

电路中对Y-△控制电路采用了接触器联锁控制，既提高了电路的可靠性，又避免了时间继电器在运转时的长期通电，可延长其使用寿命。

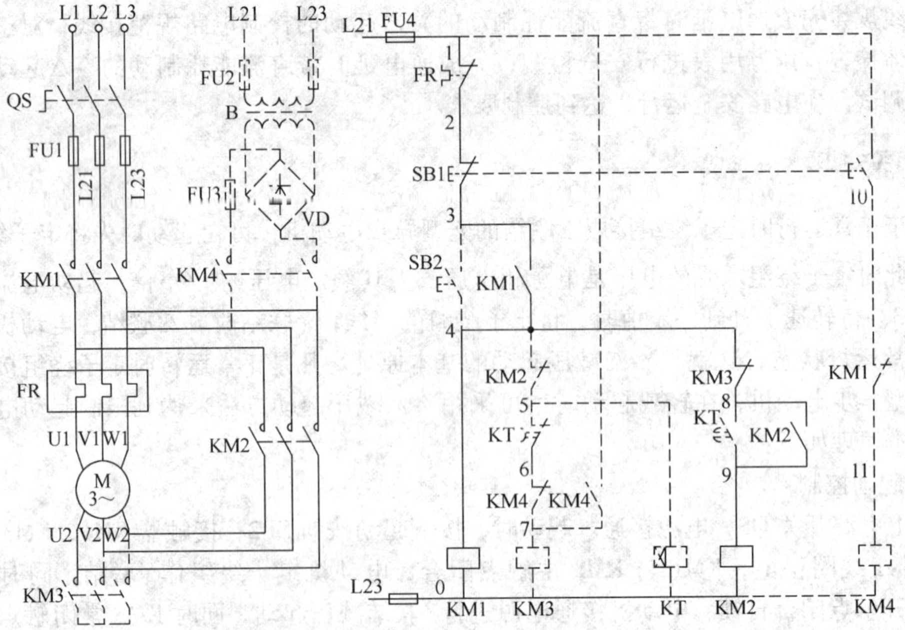

图 2-38　△联结全压运转控制时电路通电部分

2. 能耗制动

需制动停车时，则需将停止按钮 SB1 按到底，交流接触器 KM1、KM2 线圈断电释放，交流接触器 KM1、KM2 三相主触点断开，电动机 M 失电处于自由停车状态。同时，SB1 常开触点闭合，交流接触器 KM4 线圈得电吸合，交流接触器 KM4 三相主触点闭合，接通直流电源交流接触器 KM4 辅助常开闭合接通 KM3 线圈，使 KM3 主触点闭合，从而进行能耗制动使电动机在直流电源的作用下产生静止制动场使电动机快速停止下来。KM4 辅助常闭断开使时间继电器 KT 无法得电，电动机制动过程结束停车后，松开 SB1 即可断开 KM3、KM4。能耗制动控制时电路通电部分如图 2-39 实线部分所示。

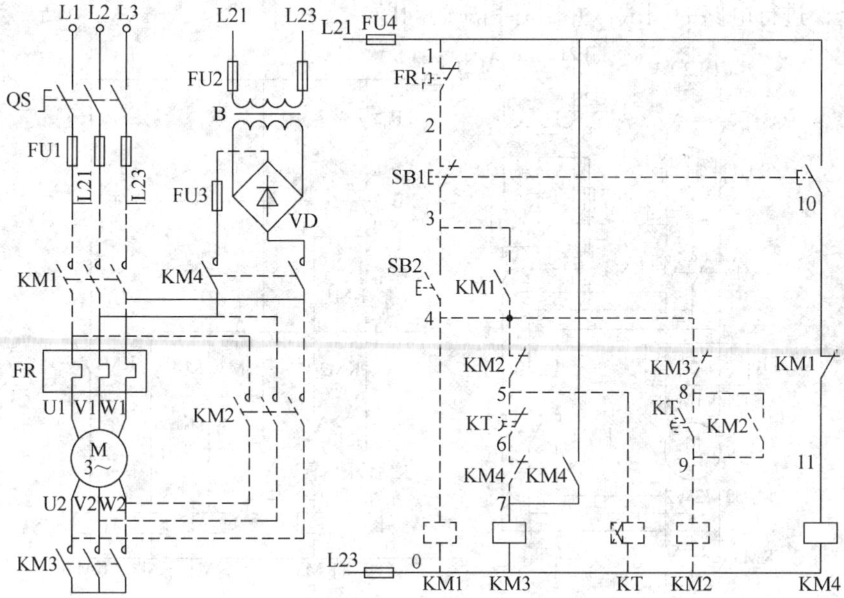

图 2-39 能耗制动控制时电路通电部分

该能耗制动控制电路采用桥式整流能耗制动控制电路，多用于 10kW 以上功率较大的电动机。

任务实施

1）根据给定的设备和仪器仪表，在规定时间内完成接线、调试、运行，达到规定的要求。

2）能用仪表测量元器件并判断其好坏。

3）板面导线经线槽敷设，线槽外导线须平直，各节点必须紧密，接电源、电动机及按钮等的导线必须通过接线柱引出，并有保护接地或接零。

4）装接完毕后，经老师允许后方可通电试车，如遇故障自行排除。

5）完成全部的工作后由老师按评分标准进行评分。在规定的时间内不得延时。

想一想

1）本项目采用的能耗制动遇上一个项目有什么区别？

2）时间继电器 KT 线圈断路损坏后，对电路的运行有何影响？

3）简述 KM1、KM2、KM3、KM4 的作用。

检查评议

1）用万用表对低压电器的好坏进行简单测试，如果发现器件不合格，简要说明情况。

2）通电延时带直流能耗制动的Y-△起动的控制电路的安装与调试，检查评分见附录表 B-3。

项目 6　断电延时带直流能耗制动的Y-△起动控制电路

图 2-40 所示是断电延时带直流能耗制动的Y-△起动控制电路的原理图，在完成实物接线的基础上，进行电路的调试，并回答相应的问题。

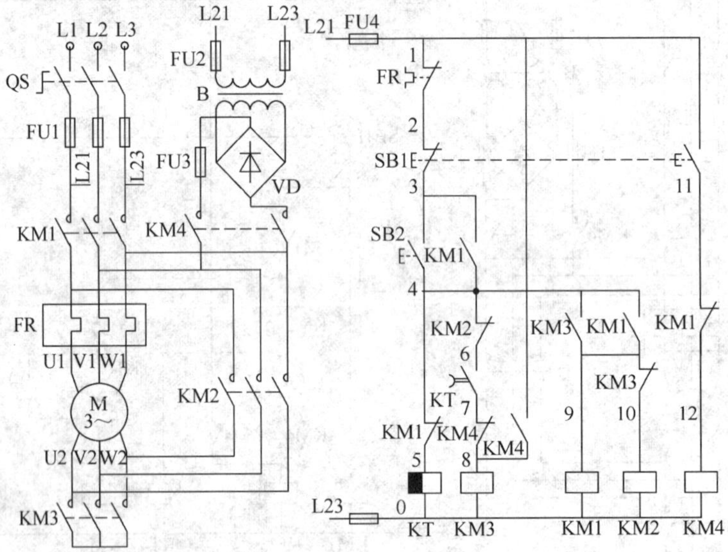

图 2-40　断电延时带直流能耗制动的Y-△起动控制电路原理图

任务描述

本任务的具体要求是：辨别各低压电器的外形，明确低压电器接线柱的含义；按工艺要求、接线规律完成断电延时带直流能耗制动的Y-△起动控制电路规范接线，对整个接线进行总体检查。用万用表进行安全检测；完成断电延时带直流能耗制动的Y-△起动控制电路的调试，使电路安全运行，达到控制要求。

相关知识

凡是正常运转时定子绕组接成△联结的笼型异步电动机，在轻载起动时均可采用Y-△减压起动方法来达到限制起动电流的目的。对于Y-△减压起动的控制电路通常根据时间继电器的动作不同分为通电延时Y-△起动控制电路和断电延时Y-△起动控制电路。断电延时带直流能耗制动的Y-△起动控制电路基本原理如下：

1. 起动控制

合上电源开关 QS，电源接通。起动时，按下起动按钮 SB2，时间继电器 KT 线圈得电，其断电延时辅助常开触点闭合使接触器 KM3 线圈得电。接触器 KM3 辅助常开触点闭合使 KM1 线圈通电。接触器 KM3 辅助常闭断开与接触器 KM2 实现互锁。KM1 与 KM3 主触点闭合，电动机定子绕组作Y联结，电动机接通电源进行Y联结减压起动。接触器 KM1 常开触点闭合自锁。KM1 串联在 KT 线圈电路的常闭触点断开，使 KT 线圈失电开始延时，Y联结减压起动控制时电路通电部分如图 2-41 实线部分所示。

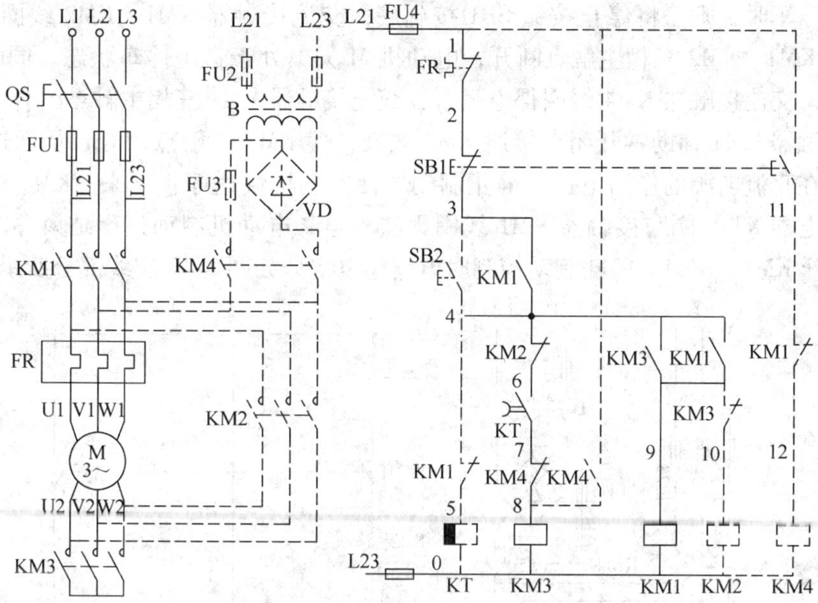

图 2-41　Y联结减压起动控制时电路通电部分

待转速上升到一定值时，时间继电器 KT 动作，其延时断开的常闭触点 KT 分断，接触器 KM3 线圈断电，使定子绕组暂时开路。串联在 KM2 线圈电路中的 KM3 常闭触点复位闭合，由于 KM1 串联 KM2 线圈电路中的常开触点已闭合，因此接触器 KM2 线圈得电，主触点 KM2 闭合，定子绕组作△联结全压运转，同时 KM2 常闭触点断开与 KM3 线圈电路互锁，△联结全压运转控制时电路通电部分如图 2-42 实线部分所示。

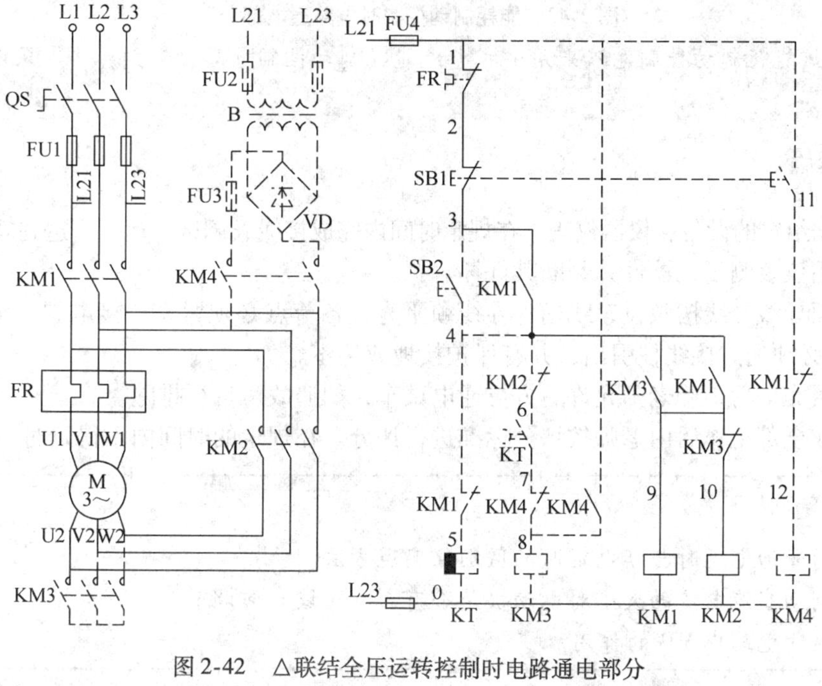

图 2-42　△联结全压运转控制时电路通电部分

2. 能耗制动

需制动停车时，则需将停止按钮 SB1 按到底，交流接触器 KM1、KM2 线圈断电释放，交流接触器 KM1、KM2 三相主触点断开，电动机 M 失电处于自由停车状态。同时，SB1 常开触点闭合，交流接触器 KM4 线圈得电吸合，交流接触器 KM4 三相主触点闭合，接通直流电源交流接触器 KM4 辅助常开闭合接通 KM3 线圈，使 KM3 主触点闭合，从而进行能耗制动使电动机在直流电源的作用下产生静止制动场使电动机快速停止下来。KM4 辅助常闭断开使时间继电器 KT 线圈与接触器 KM1 线圈无法得电，电动机制动过程结束停车后，松开 SB1 即可断开 KM3、KM4。能耗制动控制时电路通电部分如图 2-43 实线部分所示。

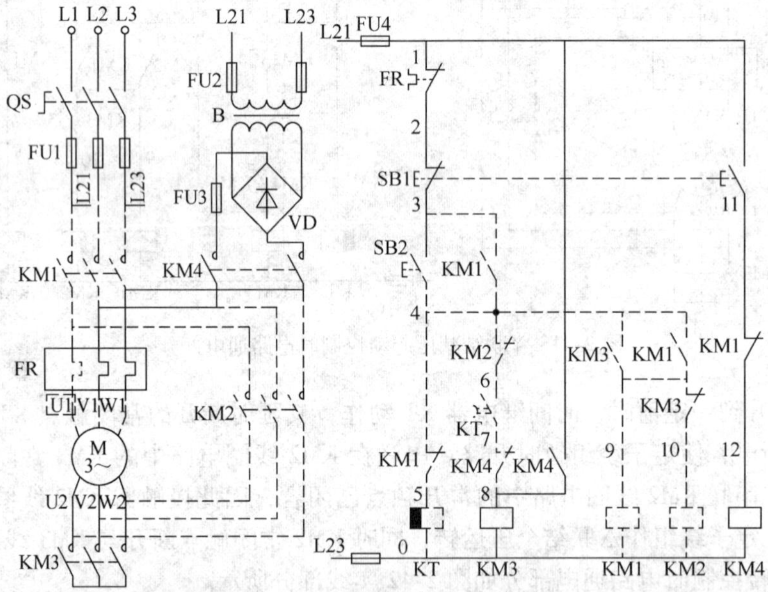

图 2-43　能耗制动控制时电路通电部分

注意：该能耗制动控制电路采用桥式整流能耗制动控制电路，多用于 10kW 以上容量较大的电动机。

任务实施

1）根据给定的设备和仪器仪表，在规定时间内完成接线、调试、运行，达到规定的要求。

2）能用仪表测量元器件并判断其好坏。

3）板面导线经线槽敷设，线槽外导线须平直，各节点必须紧密，接电源、电动机及按钮等的导线必须通过接线柱引出，并有保护接地或接零。

4）装接完毕后，经老师允许后方可通电试车，如遇故障自行排除。

5）完成全部工作后由老师按评分标准进行评分。在规定的时间内不得延时。

想一想

1）简述通电延时与断电延时的区别及实现方法。

2）制动直流电流的大小对电动机是否有影响？该如何调节？

3）简述电路中 VD 的作用。

检查评议

1）用万用表对低压电器的好坏进行简单测试，如果发现元器件不合格，简要说明情况。

2）断电延时带直流能耗制动的Y-△起动控制电路的安装与调试，检查评分见附录表 B-3。

项目 7 三相异步电动机减压起动反接制动控制电路

图 2-44 所示是三相异步电动机减压起动反接制动控制电路原理图，在完成实物接线的基础上，进行电路的调试，并回答相应的问题。

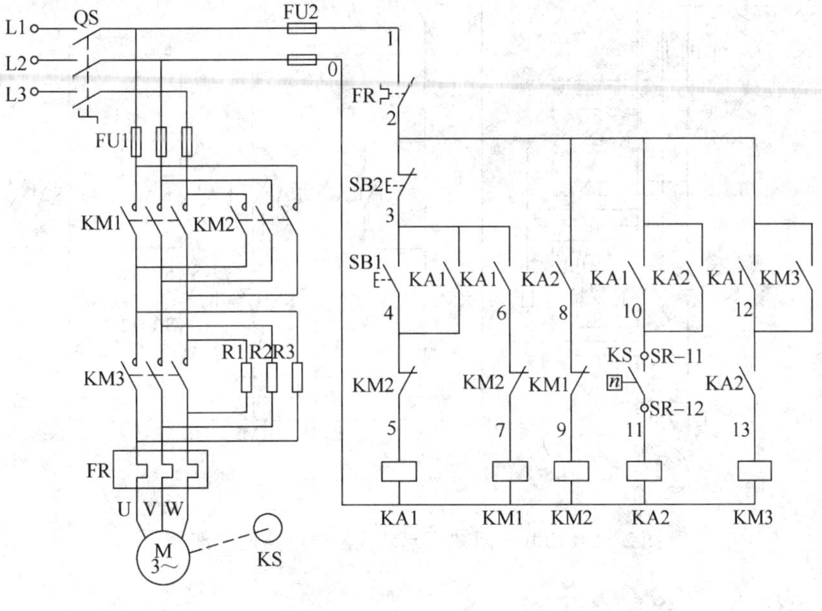

图 2-44 三相异步电动机减压起动反接制动控制电路原理图

任务描述

本任务的具体要求是：辨别各低压电器的外形，明确低压电器接线柱的含义；按工艺要求、接线规律完成三相异步电动机减压起动反接制动控制电路规范接线；对整个接线进行总体检查；用万用表进行安全检测；完成三相异步电动机减压起动反接制动控制电路的调试，使电路安全运行，达到控制要求。

相关知识

串电阻减压起动是起动时在定子绕组回路中串入电阻进行分压，使定子绕组回路电压降低以达到限制起动电流的目的，起动完毕时将电阻短接，电动机全压加速至稳定运行。反接制动是利用改变电动机电源的相序，使定子绕组产生相反方向的旋转磁场，因而产生制动转矩的一种制动方法。三相异步电动机减压起动反接制动控制电路基本原理如下：

1. 起动控制

合上电源开关 QS，电源接通。起动时，按下起动按钮 SB1，继电器 KA1 线圈得电，其常开触点闭合自锁，同时其串联在 KM1 线圈电路的常开触点闭合，使 KM1 线圈得电，KM1 主触点闭合，三相异步电动机开始串联电阻起动。接触器 KM1 串联在 KM2 线圈电路的常闭触点断开进行互锁，其电路通电部分如图 2-45 实线部分所示。同时 KA1 串联在 KA2 线圈电路和 KM3 线圈电路的常开触点闭合，为切除起动电阻做好准备。电动机定子绕组串电阻减压起动所需减压设备简单，成本较低。但起动电阻使控制设备体积增大，起动时电阻上要消耗大量的电能，且起动转矩较低，所以目前这种方法在生产现场中的应用已越来越少。

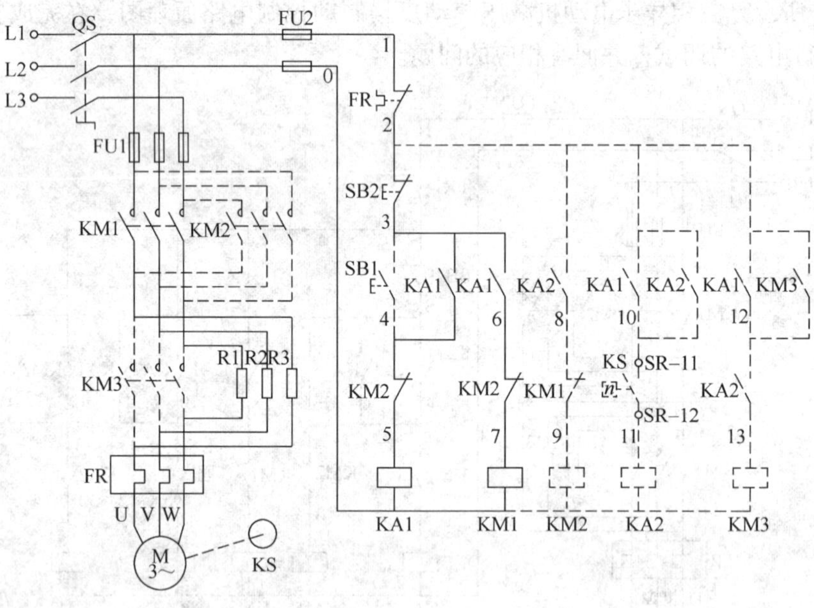

图 2-45　串联电阻减压起动控制时电路通电部分

2. 正常运行

待转速上升到 120r/min 时，速度继电器 KS 动作，其串联在继电器 KA2 线圈电路的常开触点闭合，由于 KA1 的常开触点已闭合，故 KA2 线圈得电。继电器 KA2 接在线圈电路的常开触点闭合自锁，KA2 串联在接触器 KM3 线圈电路的常开触点闭合，由于 KA1 常开触点已闭合，故 KM3 线圈得电。KM3 常开触点闭合自锁，其主触点闭合，切除起动电阻，使定子绕组接全压运转，其电路通电部分如图 2-46 实线部分所示。同时 KA2 串联在 KM2 线圈电路的常开触点闭合，为反接制动做好准备。

3. 反接制动

需制动停车时，则按下停止按钮 SB1，中间继电器 KA1 与交流接触器 KM1 线圈断电释放，交流接触器 KM1 三相主触点断开，电动机 M 失电处于自由停车状态。同时，KM1 串联在 KM2 线圈回路中的常闭互锁触点复位，使交流接触器 KM2 线圈得电吸合，交流接触器 KM2 三相主触点闭合，接通三相交流电源电动机进行反接制动，其电路通电部分如图 2-47 实线部分所示。当转速下降到 100r/min 以下，速度继电器 KS 常开触点断开，使中间继电器

KA2 线圈失电，KA2 常开触点复位，切断交流接触器 KM2、KM3 线圈使电机失电自由停车。

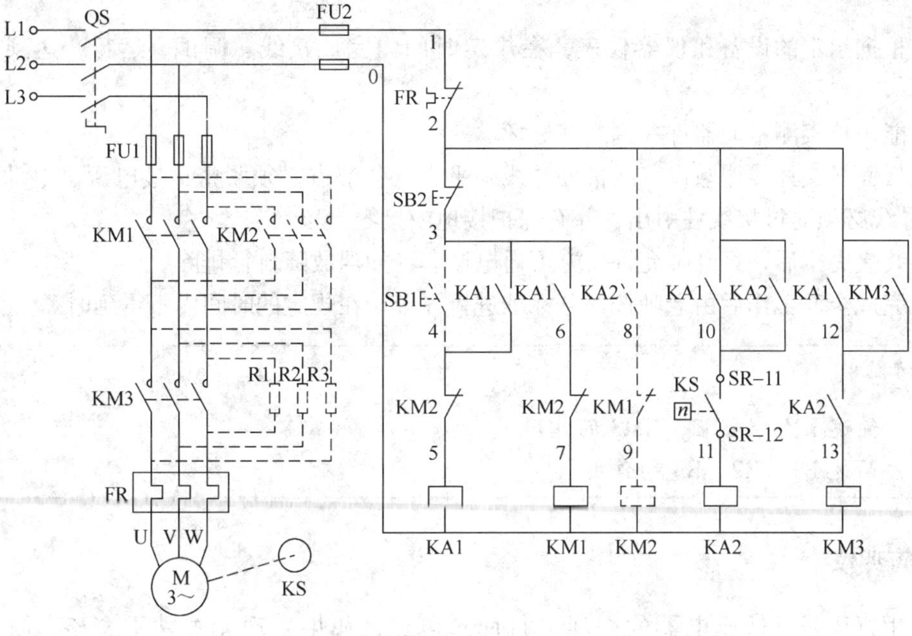

图 2-46　全压运转控制时电路通电部分

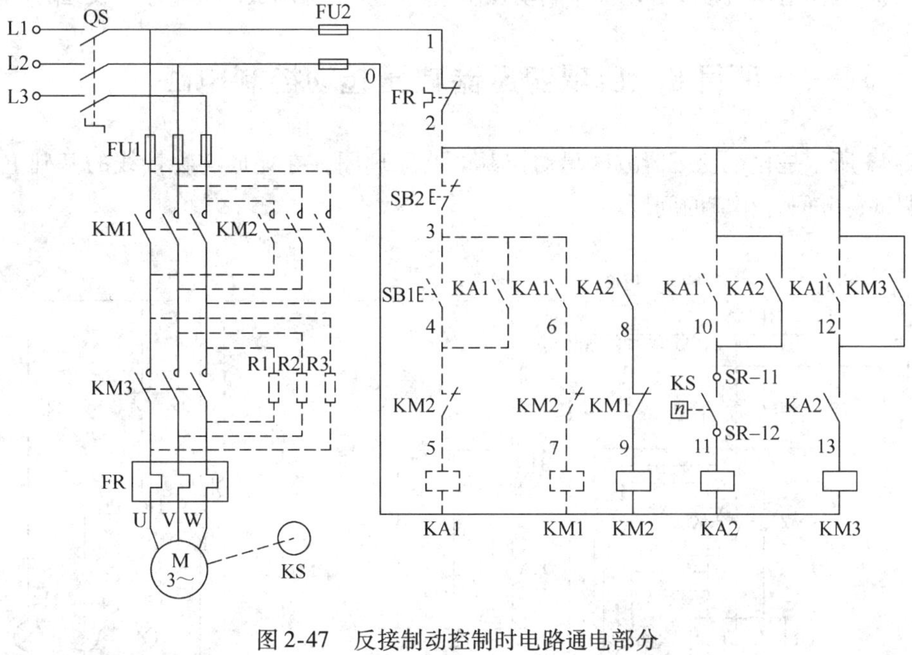

图 2-47　反接制动控制时电路通电部分

反接制动的优点是制动力强、制动迅速；缺点是制动准确性差，制动过程中冲击强烈，易损坏传动零件，制动能量消耗大，不宜经常制动。因此，反接制动一般用于制动要求迅速、系统惯性较大、不经常起动与制动的场合。

任务实施

1）根据给定的设备和仪器仪表，在规定时间内完成接线、调试、运行，达到规定的要求。

2）能用仪表测量元器件并判断其好坏。

3）板面导线经线槽敷设，线槽外导线须平直，各节点必须紧密，接电源、电动机及按钮等的导线必须通过接线柱引出，并有保护接地或接零。

4）装接完毕后，经老师允许后方可通电试车，如遇故障自行排除。

5）完成全部工作后由老师按评分标准进行评分。在规定的时间内不得延时。

想一想

1）简述 KM1、KM2、KM3 的作用。

2）简述 R1、R2、R3 的作用。

检查评议

1）用万用表对低压电器的好坏进行简单测试，如果发现元器件不合格，简要说明情况。

2）三相异步电动机减压起动反接制动控制电路的安装与调试，检查评分表见附录表 B-3。

项目 8　自耦变压器减压起动控制电路

图 2-48 所示是自耦变压器减压起动控制电路原理图，在完成实物接线的基础上，进行电路的调试，并回答相应的问题。

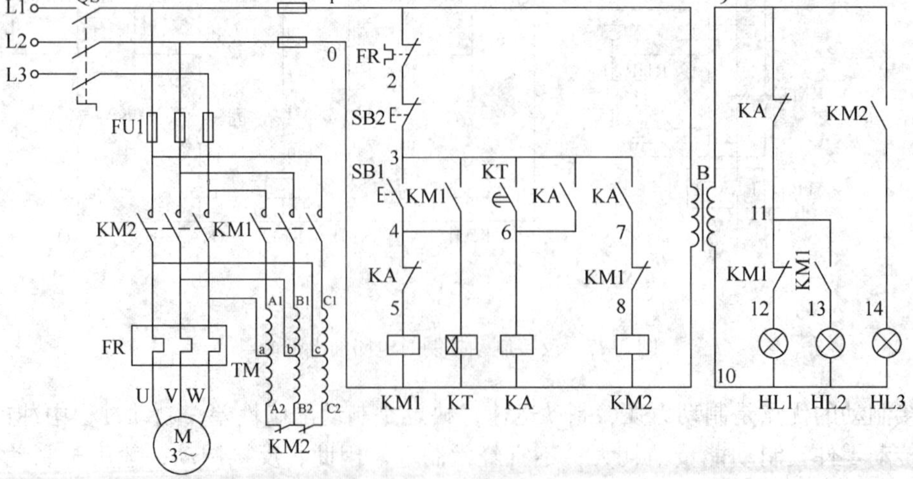

图 2-48　自耦变压器减压起动控制电路原理图

任务描述

本任务的具体要求是：辨别各低压电器的外形，明确低压电器接线柱的含义；按工艺要求、接线规律完成自耦变压器减压起动的控制电路规范接线；对整个接线进行总体检查；用万用表进行安全检测；完成自耦变压器减压起动的控制电路的调试，使电路安全运行，达到控制要求。

相关知识

自耦变压器图形符号与外形如图 2-49 所示。自耦变压器是输出和输入共用一组线圈的特殊变压器，升压和降压用不同的抽头来实现，当作为降压变压器使用时，从绕组中抽出一部分线匝作为二次绕组。当作为升压变压器使用时，外施电压只加在绕组的一部分线匝上。通常把同时属于一次和二次的那部分绕组称为公共绕组，自耦变压器的其余部分称为串联绕组。

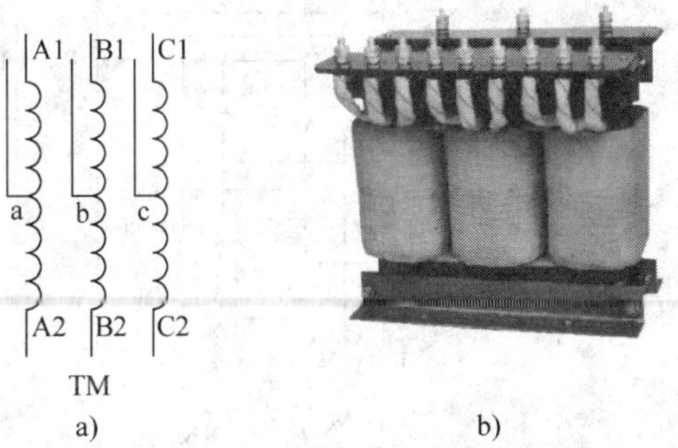

图 2-49　自耦变压器图形符号与外形

自耦变压器减压起动是在电动机起动时利用自耦变压器来降低加在电动机定子绕组上的电压，达到限制起动电流的目的，待电动机转速上升后，再使电动机与自耦变压器脱离，电动机在全压下加速到稳定运行的控制方式。在既不允许大电流冲击，又要求起动转矩较大的情况下，通常采用自耦变压器减压起动，其基本原理如下：

合上电源开关 QS，电源接通。HL1 指示灯电路接通，HL1 亮，电路通电部分如图 2-50 实线部分所示。

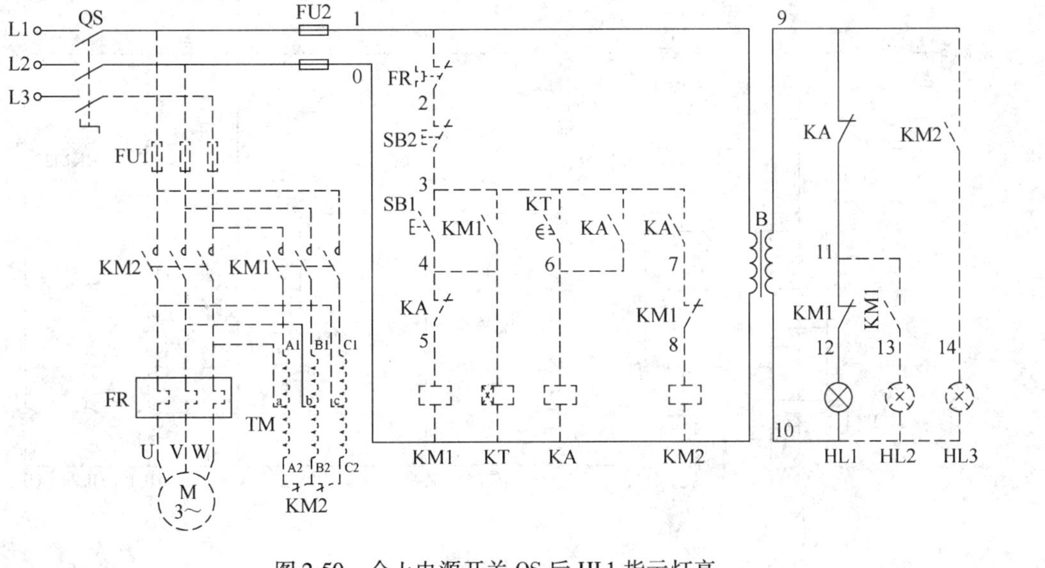

图 2-50　合上电源开关 QS 后 HL1 指示灯亮

起动时，按下起动按钮 SB1，接触器 KM1、时间继电器 KT 线圈得电，KM1 主触点闭合，电动机定子绕串联自耦变压器减压起动，同时本电路接触器 KM1 常开触点闭合自锁，KM2 线圈电路的 KM1 常闭触点断开进行互锁，指示灯电路 HL2 电路的 KM1 辅助常开触点闭合，指示灯 HL2 亮，起动控制时电路通电部分如图 2-51 实线部分所示。

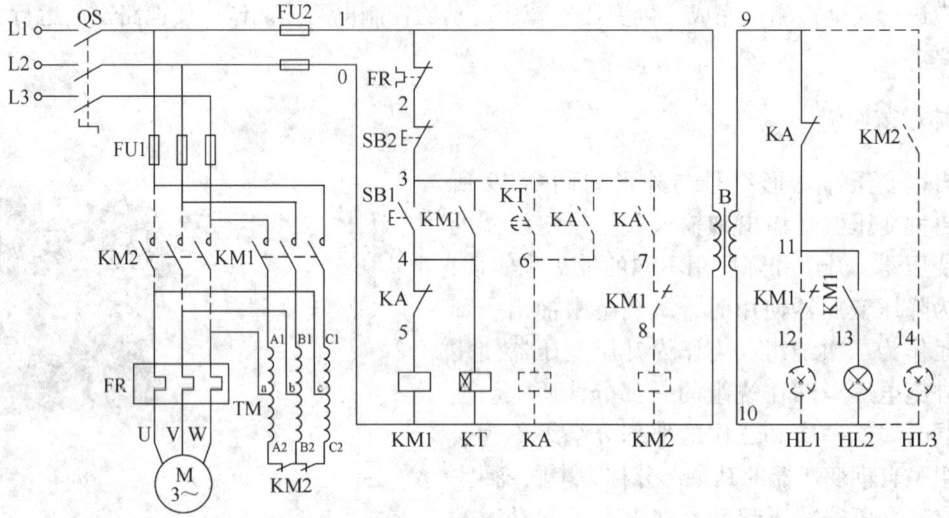

图 2-51　起动控制时电路通电部分

待转速上升到一定值时，时间继电器 KT 动作，其延时接通的常开触点 KT 接通，中间继电器 KA 线圈得电，其在本电路的常开触点闭合自锁，在 KM1 回路中常闭触点断开，使 KM1 线圈断电，KM1 主触点复位使定子绕组暂时开路，同时时间继电器 KT 线圈由于 KM1 的自锁触点复位而断电，其延时接通常开触点断开复位。中间继电器 KA 在 KM2 线圈电路的常开触点闭合，由于 KM1 常闭触点已复位，故 KM2 线圈得电，KM2 主触点闭合，电动机全压运行。同时指示灯 HL3 回路的 KM2 常开触点接通，指示灯 HL3 亮，HL1、HL2 电路由于 KA 常闭触点断开而熄灭。全压运转控制时电路通电部分如图 2-52 实线部分所示。

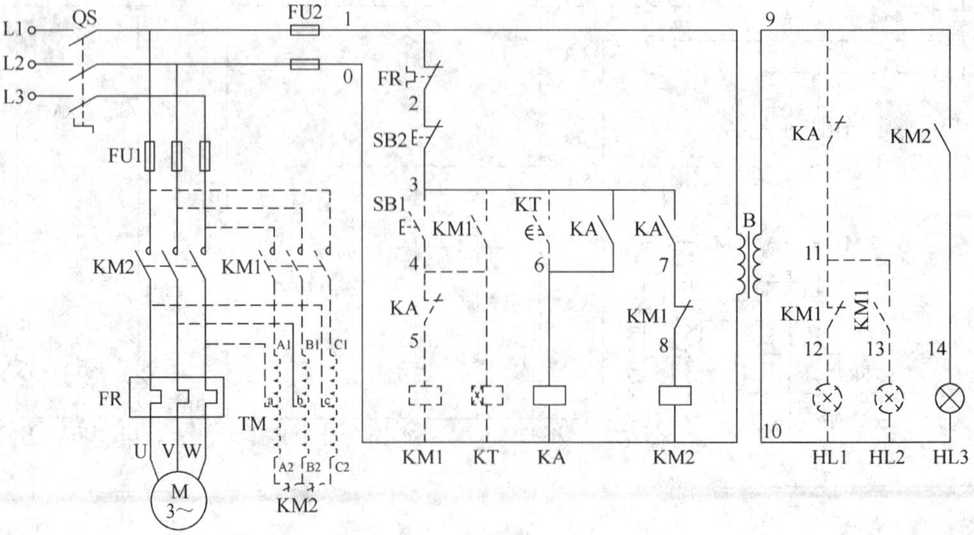

图 2-52　全压运转控制时电路通电部分

需制动停车时，按下停止按钮 SB1，中间继电器 KA 与交流接触器 KM2 线圈断电释放，所有触点复位，交流接触器 KM2 三相主触点断开，电动机 M 失电处于自由停车状态。同时，HL1 指示灯电路接通，HL1 亮。

任务实施

1）根据给定的设备和仪器仪表，在规定时间内完成接线、调试、运行，达到规定的要求。

2）能用仪表测量元器件并判断其好坏。

3）板面导线经线槽敷设，线槽外导线须平直，各节点必须紧密，接电源、电动机及按钮等的导线必须通过接线柱引出，并有保护接地或接零。

4）装接完毕后，经老师允许后方可通电试车，如遇故障自行排除。

5）完成全部工作后由老师按评分标准进行评分。在规定的时间内不得延时。

想一想

1）时间继电器 KT 线圈断路损坏后，对电路的运行有何影响？

2）三个指示灯起什么作用？

检查评议

1）用万用表对低压电器的好坏进行简单测试，如果发现元器件不合格，简要说明情况。

2）自耦变压器减压起动控制电路的安装与调试，检查评分表见附录表 B-3。

项目9　延边三角形减压起动控制电路

图 2-53 所示是延边三角形减压起动控制电路原理图，在完成实物接线的基础上，进行电路的调试，并回答相应的问题。

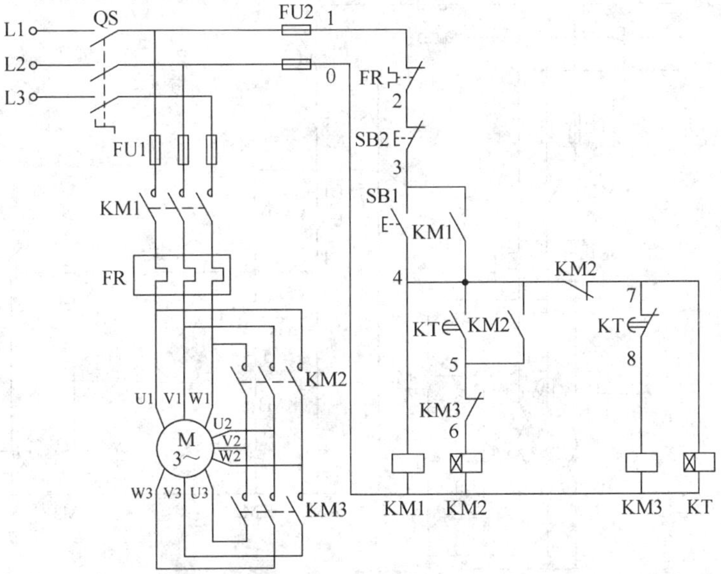

图 2-53　延边三角形减压起动控制电路原理图

任务描述

本任务的具体要求是：辨别各低压电器的外形，明确低压电器接线柱的含义；按工艺要求、接线规律完成延边三角形减压起动控制电路规范接线；对整个接线进行总体检查；用万用表进行安全检测；完成延边三角形减压起动控制电路的调试，使电路安全运行，达到控制要求。

相关知识

延边三角形减压起动是指电动机起动时，把定子绕组的一部分接成△联结，一部分接成丫联结，使整个绕组接成延边三角形，如图 2-54a 所示。待电动机起动完成后，再把定子绕组接成△联结全压运行，如图 2-54b 所示。

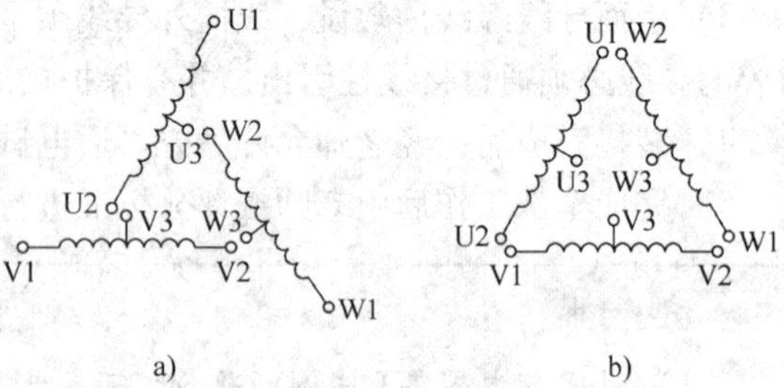

图 2-54　延边三角形减压起动电动机定子绕组连接方式

a）延边△联结　b）△联结

延边三角形减压起动实质是在丫-△减压起动的基础上的一种改进形式，它把丫联结和△联结结合起来，使电动机每相定子绕组的电压小于△联结时的相电压，而大于丫联结时的相电压，并且每相绕组电压的大小可随电动机绕组抽头位置改变而调节，从而克服了丫-△减压起动电压偏低，起动转矩偏小的缺点。延边三角形减压起动控制电路原理图如图 2-53 所示，其基本原理如下：

合上电源开关 QS，电源接通。起动时，按下起动按钮 SB2，接触器 KM1、KM3 和时间继电器 KT 线圈得电，KM1 与 KM3 主触点闭合，电动机定子绕组作延边△联结，同时接触器 KM1 常开触点闭合自锁，电动机接通电源进行减压起动，同时 KM3 常闭触点断开与 KM2 线圈互锁，丫联结减压起动控制时电路通电部分如图 2-55 实线部分所示。

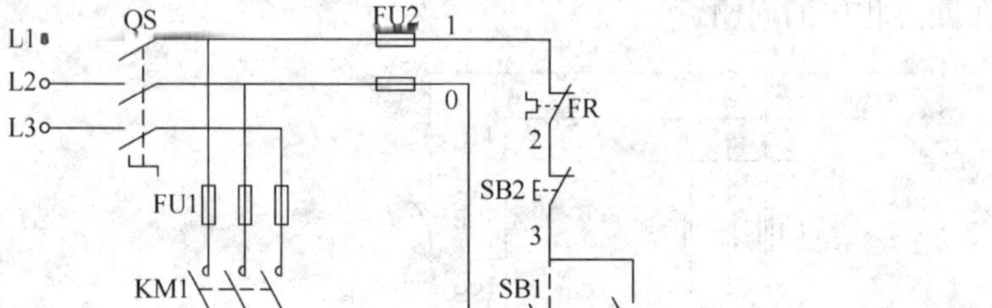

图 2-55　丫联结减压起动控制时电路通电部分

待转速上升到一定值时，时间继电器 KT 动作，其延时断开的常闭触点 KT 分断，接触器 KM3 线圈断电，使定子绕组暂时开路。KM3 常闭触点复位闭合，时间继电器 KT 延时接通的常开触点 KT 闭合，接触器 KM2 得电，主触点 KM2 闭合，定子绕组作△联结全压运转，同时 KM2 常闭触点断开切断时间继电器线圈电路与 KM3 线圈电路互锁，全压运转控制时电路通电部分如图 2-56 实线部分所示。

电路中对延边△联结与△联结的控制回路采用了接触器联锁控制，既提高了电路的可靠性，又避免了时间继电器在运转时的长期通电，可延长其使用寿命。

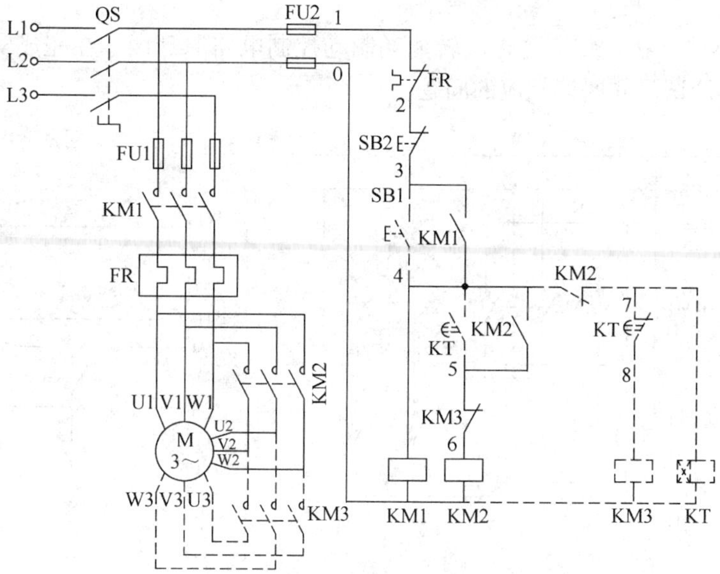

图 2-56　△联结全压运转控制时电路通电部分

若要停止时，按下 SB2，则 KM1、KM2 线圈均失电，主触点复位，切断电动机的供电，电动机自由停车。

任务实施

1）根据给定的设备和仪器仪表，在规定时间内完成接线、调试、运行，达到规定的要求。

2）能用仪表测量元器件并判断其好坏。

3）板面导线经线槽敷设，线槽外导线须平直，各节点必须紧密，接电源、电动机及按钮等的导线必须通过接线柱引出，并有保护接地或接零。

4）装接完毕后，经老师允许后方可通电试车，如遇故障自行排除。

5）完成全部工作后由老师按评分标准进行评分。在规定的时间内不得延时。

想一想

1）电路中 KM1 和 KM2 的主触点起什么作用？

2）时间继电器 KT 线圈断路损坏后，对电路的运行有何影响？

检查评议

1）用万用表对低压电器的好坏进行简单测试，如果发现元器件不合格，简要说明情况。

2）延边三角形减压起动的控制电路的安装与调试，检查评分见附录表 B-3。

项目 10　带桥式整流的正反转能耗制动控制电路

图 2-57 所示是带桥式整流的正反转能耗制动控制电路原理图，在完成实物接线的基础上，进行电路的调试，并回答相应的问题。

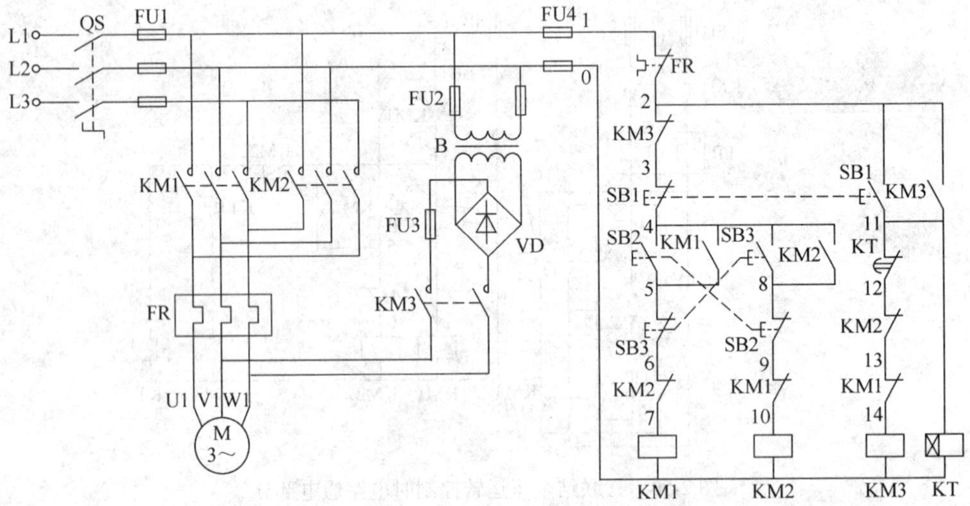

图 2-57　带桥式整流的正反转能耗制动控制电路原理图

任务描述

本任务的具体要求是：辨别各低压电器的外形，明确低压电器接线柱的含义；按工艺要求、接线规律完成带桥式整流的正反转能耗制动控制电路规范接线；对整个接线进行总体检查；用万用表进行安全检测；完成带桥式整流的正反转能耗制动控制电路的调试，使电路安全运行，达到控制要求。

相关知识

从三相异步电动机的工作原理可知，若要改变电动机三相交流电源的相序，只要任意对调接入电动机三相电源进线中的两根相线即可使电动机旋转方向随之改变。把接触器联锁与按钮联锁组合后就可得到双重联锁控制，基本原理如下：

1. 正转控制

当按下正转起动按钮 SB2 时，正转接触器 KM1 线圈得电并自锁，KM1 常开主触点闭合，电动机 M 正向转动。接触器 KM1 的常闭触点处于断开状态，反转控制电路与能耗制动电路被断开互锁，正转控制时电路通电部分如图 2-58 实线部分所示。

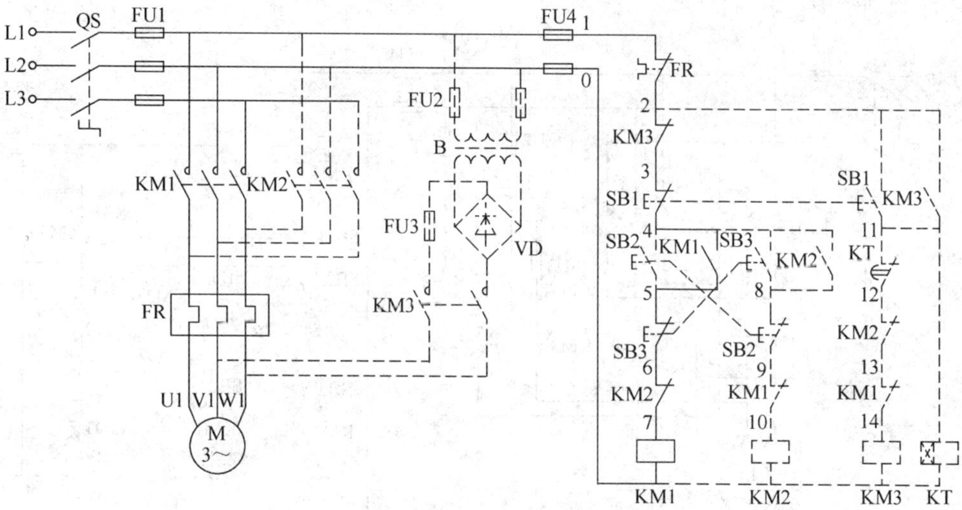

图 2-58　正转控制时电路通电部分

2. 反转控制

欲使电动机反转，反转起动按钮 SB2，SB2 常闭触点也必先断开正转控制电路后，再接通反转控制电路，反转控制接触器 KM2 线圈得电并自锁，KM2 常开主触点闭合，接入定子绕组的电源相序改变，电动机反向转动。同理，接触器 KM2 的常闭触点打开，断开了接触器 KM1 线圈控制电路，使之不可能吸合。反转控制时电路通电部分如图 2-59 实线部分所示。

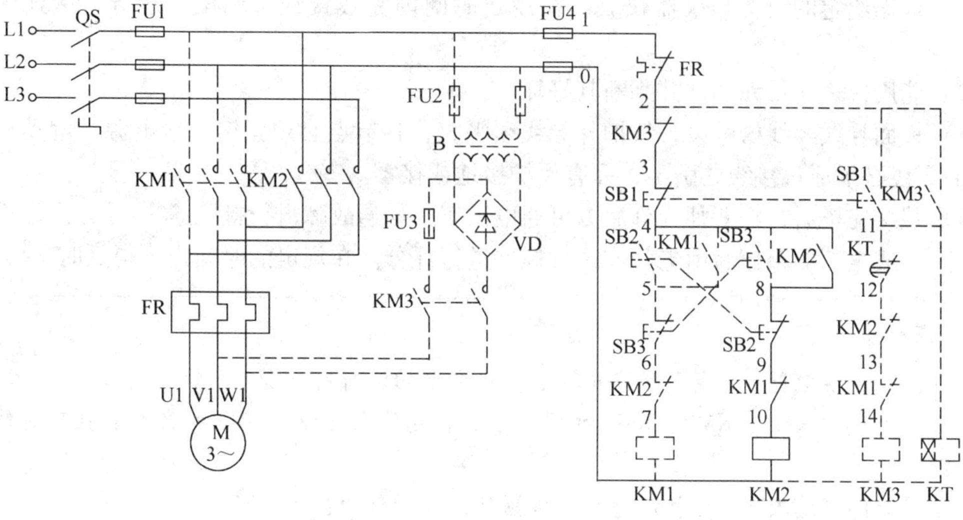

图 2-59　反转控制时电路通电部分

3. 能耗制动

当按下停止按钮 SB1 后，交流接触器 KM1（或 KM2）线圈失电，同时交流接触器 KM3 线圈与时间继电器 KT 线圈得电，交流接触器 KM3 常闭触点闭合，电动机 M 接入直流电能耗制动，能耗制动时电路通电部分如图 2-60 实线部分所示。一段时间后，时间继电器 KT 常闭触点断开，交流接触器 KM3 线圈失电，其主触点 KM3 断开，电动机 M 切断直流电源停转，能耗制动结束。

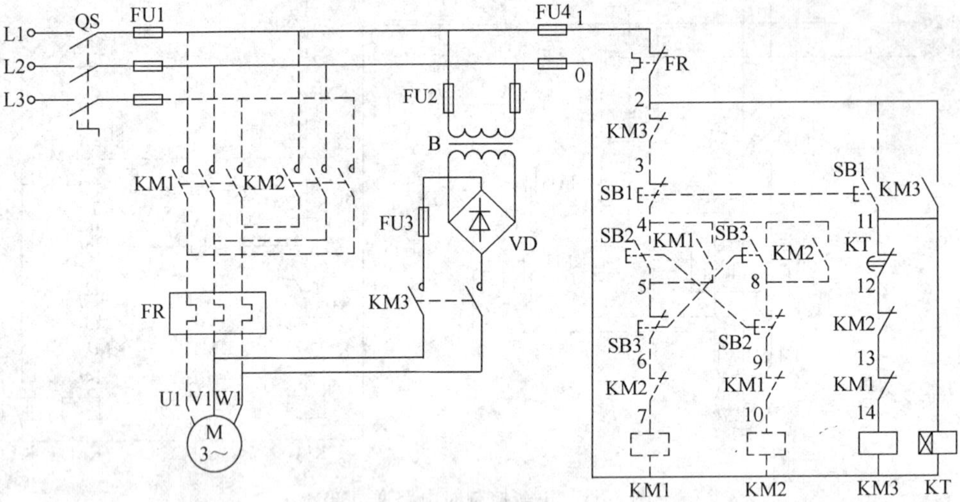

图 2-60　能耗制动时电路通电部分

该能耗制动控制电路采用桥式整流能耗制动控制电路，多用于 10kW 以上容量较大的电动机。

任务实施

1）根据给定的设备和仪器仪表，在规定时间内完成接线、调试、运行，达到规定的要求。

2）能用仪表测量元器件并判断其好坏。

3）板面导线经线槽敷设，线槽外导线须平直，各节点必须紧密，接电源、电动机及按钮等的导线必须通过接线柱引出，并有保护接地或接零。

4）装接完毕后，经老师允许后方可通电试车，如遇故障自行排除。

5）完成全部的工作后由老师按评分标准进行评分，在规定的时间内不得延时。

想一想

1）时间继电器 KT 线圈断路损坏后，对电路的运行有何影响？

2）电路中 KM1、KM2、KM3 的常闭触点各起什么作用？KM3 的常开触点又起什么作用？

3）时间继电器 KT 的整定时间是根据什么来调整的？

4）制动直流电流的大小对电动机是否有影响？该如何调节？

检查评议

1）用万用表对低压电器的好坏进行简单测试，如果发现元器件不合格，简要说明情况。

2）带桥式整流的正反转能耗制动控制电路的安装与调试，检查评分见附录表 B-3。

项目 11　绕线式交流异步电动机自动起动控制电路

图 2-61 所示是绕线式交流异步电动机自动起动控制电路原理图，在完成实物接线的基础上，进行电路的调试，并回答相应的问题。

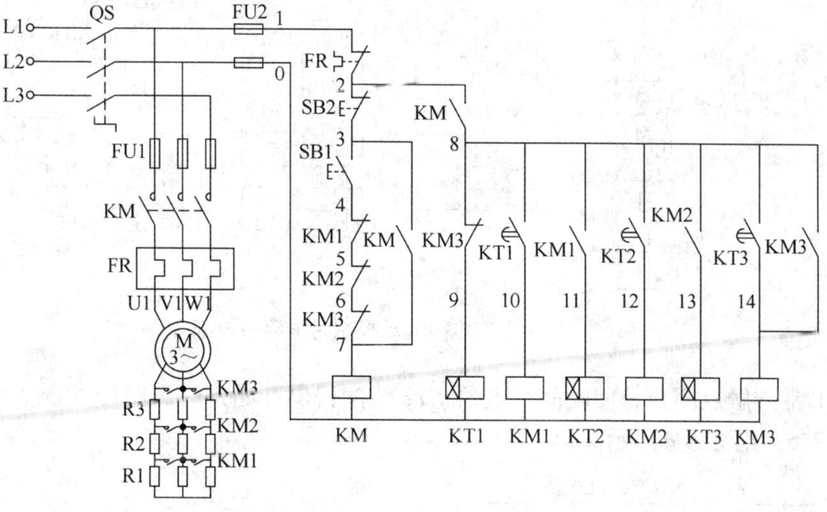

图 2-61　绕线式交流异步电动机自动起动控制电路原理图

任务描述

本任务的具体要求是：辨别各低压电器的外形，明确低压电器接线柱的含义；按工艺要求、接线规律完成绕线式交流异步电动机自动起动控制电路规范接线；对整个接线进行总体检查；用万用表进行安全检测；完成绕线式交流异步电动机自动起动控制电路的调试，使电路安全运行，达到控制要求。

相关知识

在实际生产中对要求起动转矩较大、且能平滑调速的场合，常采用三相绕线式异步电动机。三相绕线式异步电动机的优点是可以在转子回路中串电阻，来达到减小起动电流和提高起动转矩的目的。

起动时，在转子电路中接入作Y联结、分级切换的三相起动电阻，并把可变电阻器放到最大位置，以减小起动电流，获得较大的起动转矩。随着电动机转速升高，可变电阻逐级减小。起动完毕后，可变电阻减小到零，转子绕组被直接短接，电动机便在额定状态下运行。基本原理如下：

按下起动按钮 SB1 时，接触器 KM 线圈得电，KM 常开触点闭合自锁，KM 主触点闭合给电动机接入电源，电动机 M 串入全部电阻起动。同时 KM 常开触点闭合，使时间继电器 KT1 线圈得电开始延时，串接全部电阻起动控制时电路通电部分如图 2-62 实线部分所示。

时间继电器 KT1 延时一段时间，KT1 触点闭合接通 KM1 线圈，KM1 主触点闭合切除电

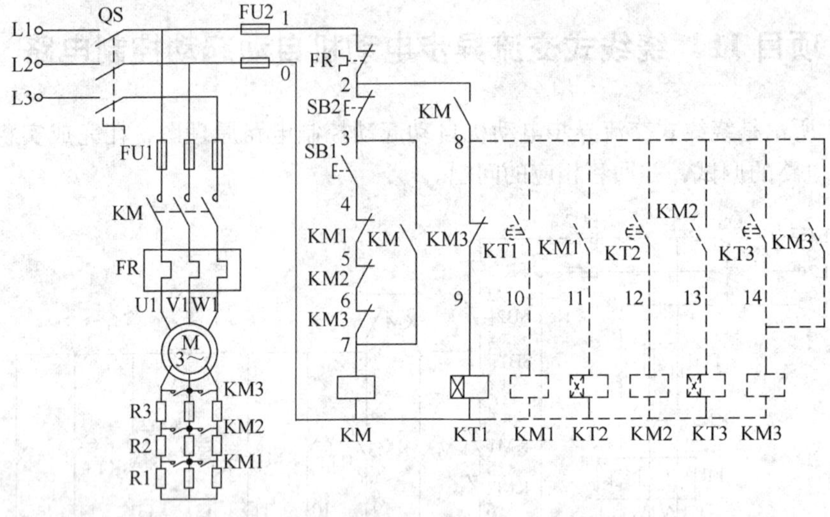

图 2-62　串接全部电阻起动控制时电路通电部分

阻 R1，KM1 常开触点闭合，使时间继电器 KT2 线圈得电开始延时。KM1 主触点闭合切除电阻 R1 如图 2-63 实线部分所示。

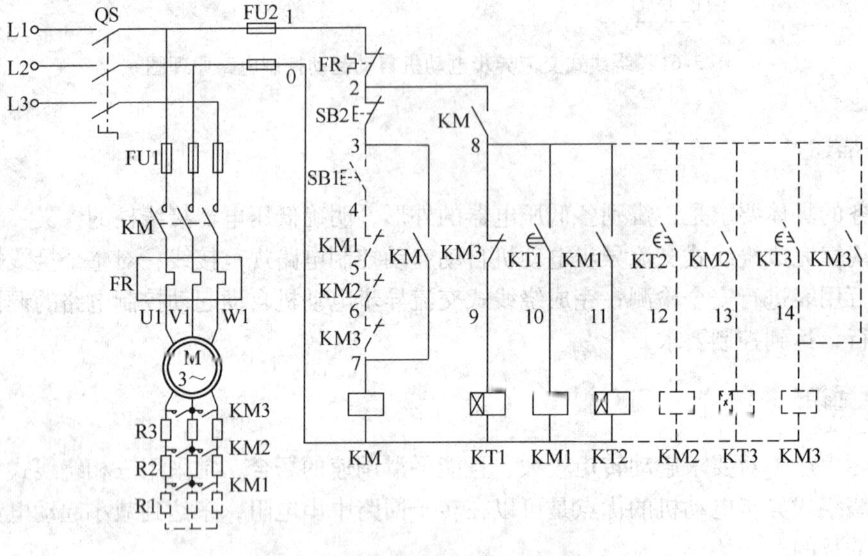

图 2-63　KM1 主触点闭合切除电阻 R1

KT2 延时一段时间，KT2 触点闭合接通 KM2 线圈，KM2 主触点闭合切除电阻 R2，KM2 常开触点闭合，使时间继电器 KT3 线圈得电开始延时。KM2 主触点闭合切除电阻 R2 如图 2-64实线部分所示。

KT3 延时一段时间，KT3 触点闭合接通 KM3 线圈，KM3 主触点闭合切除电阻 R3，电动机 M 全压运行。KM3 常开触点闭合自锁，KM3 常闭触点断开，使 KT1 线圈断电，导致 KM1、KT2、KM2、KT3 依次断电，完成起动过程。KM3 主触点闭合切除电阻 R3 如图 2-65 实线部分所示。

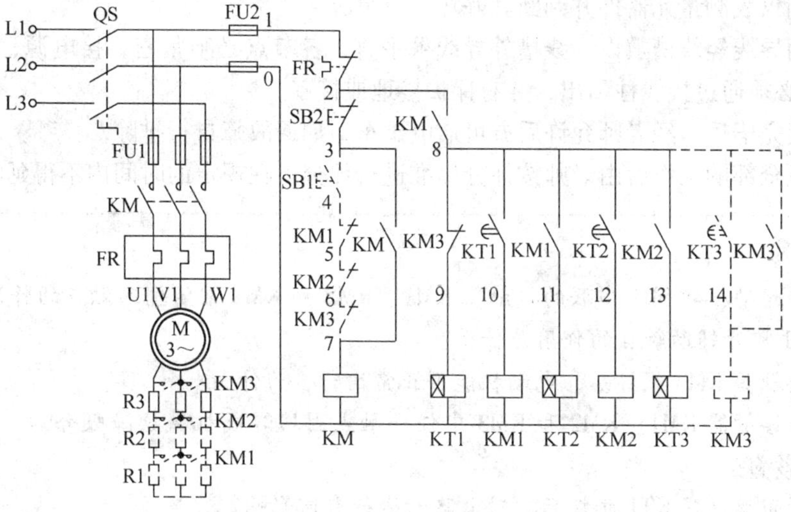

图 2-64　KM2 主触点闭合切除电阻 R2

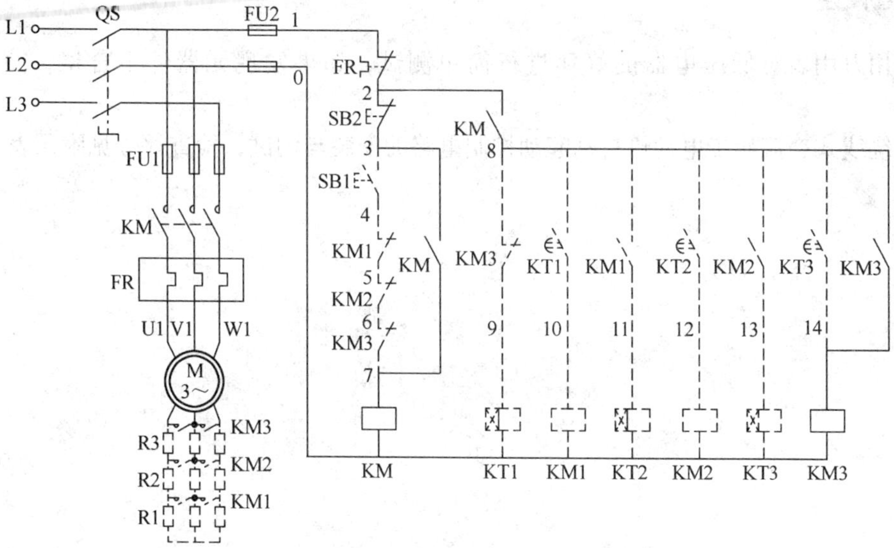

图 2-65　KM3 主触点闭合切除电阻 R3

与起动按钮 SB1 串联的接触器 KM1、KM2、KM3 常闭辅助触点的作用是保证电动机在转子绕组中接入全部外加电阻的条件下才能起动。需要停止时，按下停止按钮 SB2 即可。

需制动停车时，则需将停止按钮 SB2，交流接触器 KM、KM3 线圈断电释放，交流接触器 KM、KM3 三相主触点断开，电动机 M 失电处于自由停车状态。同时，KM、KM3 所有辅助触点复位，为再次起动做好准备。

任务实施

1）根据给定的设备和仪器仪表，在规定时间内完成接线、调试、运行，达到规定的要求。

2）能用仪表测量元器件并判断其好坏。

3）板面导线经线槽敷设，线槽外导线须平直，各节点必须紧密，接电源、电动机及按钮等的导线必须通过接线柱引出，并有保护接地或接零。

4）装接完毕后，经老师允许后方可通电试车，如遇故障自行排除。

5）完成全部的工作后由老师按评分标准进行评分。在规定的时间内不得延时。

想一想

1）与起动按钮SB1串联的接触器KM1、KM2和KM3常闭辅助触点的作用是什么？接触器KM常开辅助触点的作用是什么？

2）接触器KM3损坏后，电动机能否正常运行，为什么？

3）若接触器KM1、KM2和KM3中任一触点因熔焊或机械故障吸合后，对电路的运行有何影响？

4）时间继电器KT1损坏后，对电路的运行有何影响？

检查评议

1）用万用表对低压电器的好坏进行简单测试，如果发现元器件不合格，简要说明情况。

2）绕线式交流异步电动机自动起动控制电路的安装与调试，检查评分见附录表B-3。

单元3　机床电气控制电路故障分析与排除

3

知识目标

1）理解机床的型号意义。

2）基本了解机床的结构和运动过程。

3）能理解机床的电气控制原理。

技能目标

1）学会阅读机床的电气控制电路原理图。

2）学会熟练调试机床的电气控制电路。

3）学会分析与排除机床电气控制电路故障。

项目操作准备

1）穿好工作服、电工鞋，佩戴好学生证或工位证。

2）安全教育。

3）电工常用工具、万用表。

4）M7130 型平面磨床、Z3040 型摇臂钻床电气控制电路原理图。

5）M7130 型平面磨床或 M7130 型平面磨床模拟板、Z3040 型摇臂钻床或 Z3040 型摇臂钻床模拟板。

项目1　M7130 型平面磨床电气控制电路故障分析与排除

图 3-1 所示是 M7130 型平面磨床电气控制电路原理图，对照 M7130 型平面磨床电气控制电路，利用万用表等工具进行检查，根据故障现象，分析故障原因，查找并排除故障点。故障排除后通电运行，使 M7130 型平面磨床正常工作。

任务1　认识 M7130 型平面磨床

任务描述

磨床是一种利用砂轮的周边或端面进行加工的精密机床。通过磨削，使工件表面的形状、精度和表面粗糙度达到预期的要求。掌握磨床的结构和功能是操作和调试磨床的基础，本任务的具体要求是：掌握磨床的用途和分类；了解磨床的型号意义；掌握 M7130 型平面磨床的结构；掌握 M7130 型平面磨床的运动方式。

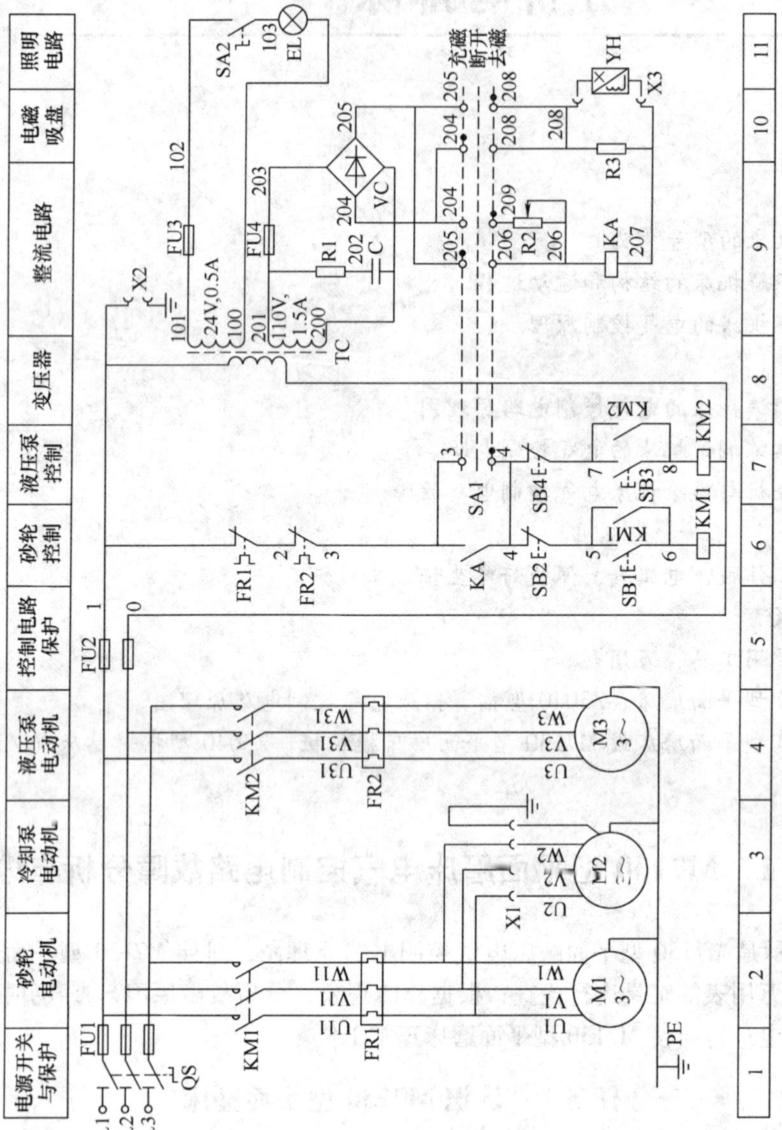

图 3-1 M7130 型平面磨床电气控制电路原理图

相关知识

1. 磨床的型号意义

常用的磨床分为外圆磨床、内圆磨床、平面磨床、工具磨床和专用磨床（如螺纹磨床、齿轮磨床、导轨磨床等）等，其中平面磨床又分为卧轴矩台平面磨床、立轴矩台平面磨床、卧轴圆台平面磨床和立轴圆台平面磨床。根据国家的有关规定，磨床的型号及含义如图3-2所示。

2. M7130型平面磨床的结构

图3-3a所示为M7130型平面磨床的实物图，M7130型平面磨床主要由床身、工作台、电磁吸盘、砂轮箱、滑座和立柱等部分组成。它的外形如图3-3b所示。

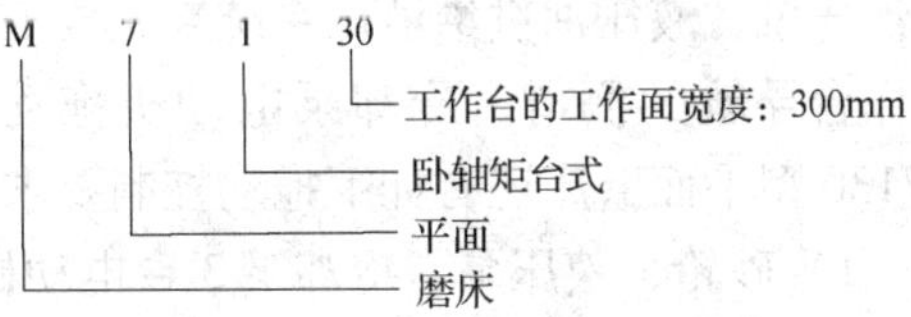

图3-2 磨床的型号及含义

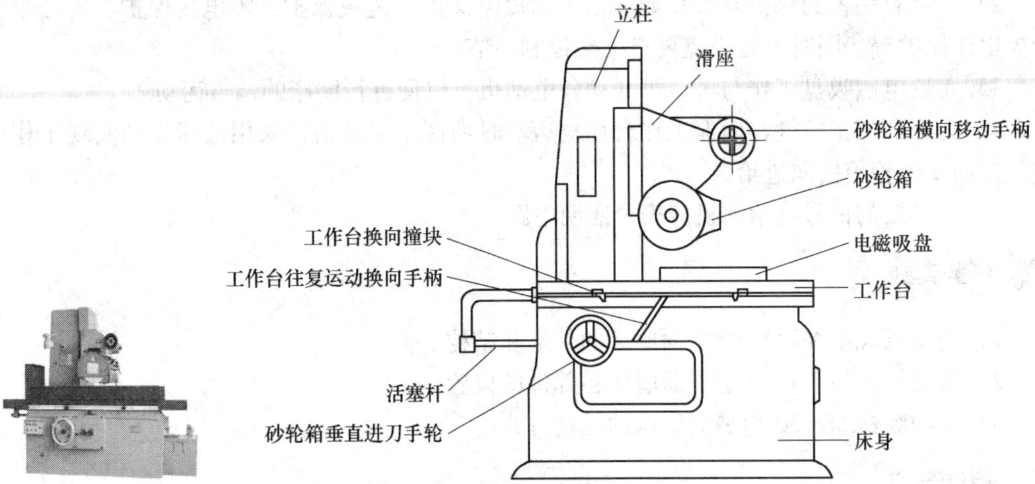

a) b)

图3-3 M7130型平面磨床

a）实物 b）外形

工作台表面有T形槽，用以固定电磁吸盘，再由电磁吸盘吸持加工工件。箱形的床身中，装有液压传动装置，工作台在床身导轨上通过活塞杆受油压推动作往复运动。通过调节工作台正面槽中的工作台换向撞块的位置可以改变工作台行程长度。而工作台换向撞块是通过碰撞工作台往复运动换向手柄来改变油路以实现工作台往复运动的。

在床身上固定有立柱，沿立柱的导轨上装有滑座，滑座可在立柱导轨上作上下移动，并可由砂轮箱垂直进刀手轮操纵。砂轮箱沿水平导轨横向移动可由砂轮箱横向移动手轮操作，也可由液压传动作连续或间断移动，连续移动是用于调节或整修砂轮，间断移动用于进给。

3. M7130型平面磨床的运动方式

1）主运动：砂轮的旋转运动。

2）进给运动：垂直、横向和纵向进给。垂直进给是指滑座在立柱上的上下运动；横向进给是指砂轮箱在滑座上的水平运动；纵向进给是指工作台沿床身的往复运动。工作台每完成一次往复运动时，砂轮箱便作一次间断性的横向进给，当加工完整个平面后，砂轮箱作一次间断性的垂直运动。

3）辅助运动：砂轮箱在滑座水平导轨上作快速横向移动。滑座沿立柱上的垂直导轨作快速移动，以及工作台往复运动速度的调整等。

4. M7130 型平面磨床的控制要求

M7130 型平面磨床采用多台电动机拖动，其中砂轮电动机拖动砂轮旋转。液压电动机驱动液压泵，液压油供给液压系统来完成工作台往复运动并实现砂轮的横向自动进给，并承担工作台导轨的润滑。冷却泵电动机拖动冷却泵，供给磨削加工时需要的切削液。此外，M7130 型平面磨床还有如下拖动控制要求：

1）砂轮、液压泵、冷却泵 3 台电动机要求单方向旋转，并且冷却泵电动机应随砂轮电动机起动后顺序起动。

2）应具有完善的保护环节，如电动机的短路保护、过载保护、零电压保护、电磁吸盘的欠电压保护等。同时电磁吸盘要有去磁控制环节。

3）无论电磁吸盘工作与否，可开动各电动机，以便进行磨床的调整运动。

4）为保证加工精度，确保工作台往复运动时惯性小无冲击，采用液压传动实现工作台往复运动及砂轮箱横向进给。

5）有必要的信号指示和机床安全照明电路。

任务实施

1）到现场观察 M7130 型平面磨床的外形和结构。

2）熟悉并找到 M7130 型平面磨床各部件的位置。

3）仔细观察 M7130 型平面磨床的运动方式。

检查评议

口述以下的问题，机床设备的认识检查评分表见附录表 C-1。

1）M7130 型平面磨床主要由哪几部分组成？

2）M7130 型平面磨床的型号意义是什么？

3）M7130 型平面磨床的运动方式有哪些？

4）M7130 型平面磨床有哪些控制要求？

任务 2　M7130 型平面磨床电气原理图的阅读

任务描述

学会阅读 M7130 型平面磨床电气控制电路原理图，并会分析 M7130 型平面磨床各部分工作状态和各个元器件在电路中的作用，本任务的具体要求是：学会分析主电路中控制对象的工作状态和各个元器件在电路中的作用；学会分析控制电路中各个线圈电路的工作原理和各个元器件在电路中的作用；学会分析照明电路的工作原理和各个元器件在电路中的作用。

相关知识

M7130 型平面磨床电气控制电路原理图如图 3-1 所示，由主电路、控制电路和电磁吸盘电路、照明电路四个部分组成。

1. 主电路的阅读

1）L1、L2、L3（1 区）是三相电源，由隔离开关 QS 控制，通过熔断器 FU1 对电路起保护作用。主电路中共有三台电动机，均为直接起动单向旋转，由热继电器 FR1、FR2 分别对 M1、M2、M3 作过载保护。

2）M1（2 区）是砂轮电动机，M1 带动砂轮对工件进行磨削加工，由 KM1(2 区）主触点控制。

3）M2（3 区）是冷却泵电动机，M2 带动冷却泵供给砂轮和工件切削液，由 KM1(2 区）主触点控制。M1 和 M2 采用顺序控制，当需要提供切削液时经插头 X1 供电给 M2。

4）M2(4 区）是液压泵电动机，M3 拖动液压泵供给液压油，经液压传动装置使工作台及砂轮箱横向进给，由 KM2(4 区）主触点控制。

2. 控制电路的阅读

（1）砂轮电动机 M1 的控制　电动机起动条件：电磁吸盘 YH 工作，且欠电流继电器 KA 通电吸合，辅助常开触点 KA(3-4）闭合。或电磁吸盘 YH 不工作，转换开关 SA1 置于“去磁”位置，辅助常开触点 SA1(3-4）闭合。

起动按钮 SB1 和停止按钮 SB2(6 区）与交流接触器 KM1 共同实现 M1 的单向旋转起动或停止控制电路。

（2）冷却泵电动机 M2 的控制　M1 起动后 M2 才能工作，可经插头 X1 单独控制 M2，M2 控制电路也是单向旋转控制电路。

（3）液压泵电动机 M3 的控制　M3 由控制按钮 SB3 和 SB4(7 区）控制起动和停止，M3 控制电路也是单向旋转控制电路。

3. 电磁吸盘电路的阅读

（1）电磁吸盘的结构及原理　电磁吸盘的作用是吸持工件进行磨削加工，与机械夹具相比，具有夹紧迅速简便、不损伤工件、工作效率高、工件发热可自由伸延、精度高等优点。但也有夹紧力不及机械夹具、需要直流供电、不能吸持非铁磁材料等缺点。电磁吸盘原理图如图 3-4 所示。

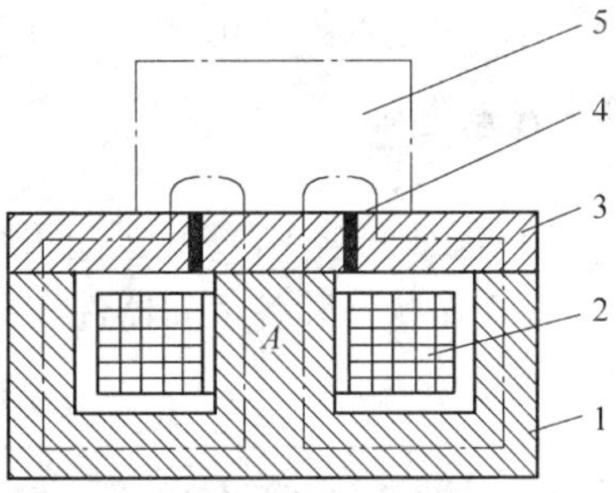

图 3-4　电磁吸盘原理图

1—钢制吸盘体　2—线圈　3—钢制盖板　4—隔磁层　5—工件

图 3-4 中，下部为钢制吸盘体，在它中部凸起的芯体上绕有线圈，钢制盖板被隔磁层隔开。线圈通入直流电后，芯体将被磁化，磁感线经过盖板、工件、盖板、吸盘体、最后经芯体闭合，将工件牢牢吸住。隔磁层一般由铅、铜等非磁性材料制成，作用是使磁感线都通过工件再回到吸盘体，而不是直接通过盖板闭合，以增加对工件的吸持力。

（2）电磁吸盘控制电路（9～10 区）的组成

① 整流变压器电路。整流变压器 TC 将 220V 交流电压降为 127V，二次侧并联由 R1 和

C 组成的阻容吸收电路，用来吸收交流电路产生的过电压和直流侧通断时的浪涌电压，起过电压保护作用。

② 整流电路。桥式全波整流电路 VC 将整流变压器二次电压 127V 变为 110V 的直流电压，供给电磁吸盘线圈 YH。

③ 电磁吸盘控制电路。电磁吸盘由转换开关 SA1 控制，共有“充磁”、“断开”、“去磁”三个位置。

当开关置于“充磁”位置时，电磁吸盘 YH 获得 110V 直流电压，同时欠电流继电器 KA 线圈得电，电磁吸力将工件吸牢，此时可进行磨削加工。加工完成后，为便于将工件取下，需要对工件进行去磁，其方法是将 SA1 扳至“去磁”位置。

当开关置于“去磁”位置时，电磁吸盘通入反向直流电，并在电路中串入可变电阻 R2，用以限制并调节反向去磁电流的大小，达到既“去磁”又不至于“反向磁化”的目的。去磁结束后将 SA1 扳至“断开”位置，便可取下工件。如果工件对去磁要求严格，可取下工件后利用交流去磁器给工件去磁。交流去磁器是平面磨床的一个附件，使用时直接将去磁器电源插头插在床身的插头 X2 上，再将工件放在去磁器上即可去磁。

（3）电磁吸盘保护环节

① 短路保护。由熔断器 FU4 作电磁吸盘电流的短路保护。

② 欠电流保护。在磨削时，为防止出现断电或电磁吸盘电流减小导致的吸力不足，造成工件飞出的事故发生，在电磁吸盘线圈电路中串入欠电流继电器 KA，只有当直流电压符合设计要求，吸盘具有足够吸力时，KA 才吸合，触点 KA(3-4）闭合，才能起动砂轮电动机进行磨削加工。在加工过程中如出现断电或电磁吸盘电流减小等情况，KA 会因电流过小而释放，触点 KA(3-4）断开，砂轮电动机立即停止运行，避免事故发生。

③ 过电压保护。在电磁吸盘 YH 两端并联了电阻 R3，作为放电电阻，用于吸收断开电源后放出的磁场能量。

4. 照明电路的阅读

照明电路由变压器 TC 供给照明灯 24V 的工作电压，SA2（11 区）为灯开关。FU3 对照明电路起短路保护作用。

任务实施

1）仔细阅读 M7130 型平面磨床电气控制电路原理图，分析 M7130 型平面磨床主电路中各部分工作状态和各个元器件在电路中的作用，M7130 型平面磨床元器件明细见表 3-1。

表 3-1　M7130 型平面磨床元器件明细表

符　号	名　称	型　号	规　格	数　量	用　途
M1	砂轮电动机	JO2-31-2	3kW 2860r/min	1	驱动 M1
M2	冷却泵电动机	JCB-22	0.125kW 790r/min	1	驱动 M2
M3	液压泵电动机	JO2-21-4	1.1kW 1410r/min	1	驱动 M3
FR1	热继电器	JR0-20/3	6.18A	1	M1 过载保护
FR2	热继电器	JR0-20/3	2.67A	1	M3 过载保护
FU1	熔断器	RL1-60	60A	3	电源总熔断器

（续）

符号	名称	型号	规格	数量	用途
FU2	熔断器	RL1-15	15A	2	控制电路熔断器
FU3	熔断器	RL1-15	15A	1	照明电路熔断器
FU3	熔断器	RL1-15	15A	1	电磁吸盘电路熔断器
KM1	接触器	CJ0-10	10A 380V	1	M1 起动
KM2	接触器	CJ0-10	10A 380V	1	M3 起动
KA	欠电流继电器	JT3-111	1.5A	1	电磁吸盘欠电流保护
SB1	按钮	LA2-3H	5A	1	M1 起动按钮
SB2	按钮	LA2-3H	5A	1	M1 停止按钮
SB3	按钮	LA2-3H	5A	1	M3 起动按钮
SB4	按钮	LA2-3H	5A	1	M3 停止按钮
SA1	开关	HZ1-10P/3J		1	电磁吸盘开关
SA2	开关	HZ1-10P/3J		1	照明灯开关
TC	变压器	BK/300	380V/110V/36V	1	整流电源、照明电源
VC	整流器			1	提供 YH 直流工作电压
YH	电磁吸盘	HDXP	110V1.45A	1	磨床夹具
X1	插头		三相四极	1	提供 M2 电源
X2	插头		两极	1	交流去磁器
X3	插头		两极	1	电磁吸盘
EL	灯	JCH	40W 36V	1	照明灯
	去磁器	FC TTH/H		1	工件去磁（机床的附件）
R1	电阻	GF	500Ω 50W	1	
R2	可调电阻		125Ω 6W	1	调节去磁电流
R3	电阻	GF	1000Ω 50W	1	YH 线圈放电电阻
QS	开关	HZ1-25-3	三极开启式	1	电源总开关

2）分析 M7130 型平面磨床控制电路和电磁吸盘电路中各部分工作状态和各个元器件在电路中的作用。

3）分析 M7130 型平面磨床照明电路中各部分工作状态和各个元器件在电路中的作用。

检查评议

“M7130 型平面磨床电气原理图的阅读”的检查包括四个方面，机床设备电原理图阅读检查评分表见附录表 C-2。

1）M7130 型平面磨床电磁吸盘控制电路由哪几部分组成？

2）M7130 型平面磨床电磁吸盘吸力不足的原因有哪些？

3）M7130 型平面磨床电磁吸盘保护环节有哪几种？

4）M7130 型平面磨床电动机起动条件？

任务3　M7130 型平面磨床电气控制电路的调试

任务描述

根据对 M7130 型平面磨床原理图的认识和分析，能对 M7130 型平面磨床进行熟练的操作，在调试 M7130 型平面磨床的过程中分析各元器件的工作状态，本任务的具体要求是：会分析和调试 M7130 型平面磨床主电路；会分析和调试 M7130 型平面磨床控制电路和电磁吸盘电路；会分析和调试 M7130 型平面磨床照明电路。

相关知识

1. 主电路的调试

主电路由砂轮电动机 M1、冷却泵电动机 M2、液压泵电动机 M3 组成，熔断器 FU1 对电路起短路保护作用。M1 由接触器 KM1 控制，M1 运行后 M2 才能工作，M2 由插头 X1 控制，M3 由接触器 KM2 控制。

2. 控制电路和电磁吸盘电路的调试

电动机起动条件：电磁吸盘 YH 工作，且欠电流继电器 KA 通电吸合，辅助常开触点 KA(3-4) 闭合。电磁吸盘 YH 不工作，转换开关 SA1 置于“去磁”位置，辅助常开触点 SA1(3-4) 闭合。转换开关 SA1 的功能表见表 3-2。

表 3-2　转换开关 SA1 的功能表

状态 触点	充　磁	断　开	去　磁
3-4			+
205-206	+		
204-209			+
204-208	+		
205-208			+

注：“+”表示触点在该状态下为闭合。

（1）当 SA1 置于“充磁”位置

SA1 触点（205-206）（204-208）闭合 →
- 电磁吸盘线圈 YH 得电，电磁吸力将工件吸牢
- 欠电流继电器 KA 线圈得电→KA(3-4) 闭合→为 KM1、KM2 得电做准备

按下起动按钮 SB1（常开触点闭合），使 KM1 线圈得电 →
- KM1 辅助常开触点（5-6）闭合
- KM1 主触点闭合→砂轮电动机 M1、冷却泵电动机 M2 运行

按下起动按钮 SB3（常开触点闭合），使 KM2 线圈得电 →
- KM2 辅助常开触点（7-8）闭合
- KM2 主触点闭合→液压泵电动机 M3 运行

按下停止按钮 SB2 和 SB4，使 M1、M2 与 M3 停止运行。

（2）当 SA1 置于“去磁”位置　SA1 触点（3-4）和（204-209）（205-208）闭合→电磁吸盘线圈得电→电磁吸盘通入反方向电流，YH 串联 R2 反向去磁→工件去磁。

（3）当SA1置于“断开”位置　SA1置于“断开”位置→SA1所有触点复位→电磁吸盘线圈YH失电→取下工件。

3. 照明电路的调试

将照明灯开关SA2扳到“接通”位置，控制照明灯EL亮，照明电路由变压器TC输出24V的工作电压。

任务实施

仔细阅读M7130型平面磨床电气控制电路原理图，并在M7130型平面磨床或M7130型平面磨床模拟板完成以下工作：

1）调试M7130型平面磨床的主电路并掌握其工作原理。

2）调试M7130型平面磨床的控制电路并掌握其工作原理。

3）调试M7130型平面磨床的照明电路并掌握其工作原理。

M7130型平面磨床操作步骤如下：

1）合上QS，接通电源。

2）合上SA2，工作台照明灯EL亮。

3）将冷却泵与电磁吸盘的电源插头分别插在床身电源插头X1、X2上。

4）将SA1扳到“充磁”位置（YH、KA线圈得电）。

5）按下SB1，砂轮电动机M1、冷却泵电动机M2运行（KM1线圈得电）。

6）按下SB3，液压泵电动机M3运行（KM2线圈得电）。

7）按下停止按钮SB2、SB4，砂轮电动机M1、冷却泵电动机M2、液压泵电动机M3停止运行。

8）将SA1扳到“去磁”位置，电磁吸盘去磁。

9）将SA1扳到“断开”位置，电磁吸盘断电，可将工件取下。

10）断开SA2，拔掉X1、X2插头上的电源插头、断开QS。

检查评议

“M7130型平面磨床电气原理图的调试”的检查包括四个方面，机床设备电气控制电路的调试检查评分表见附录表C-3。

1）操作调试M7130型平面磨床电磁吸盘在“充磁”情况下，起动砂轮电动机。

2）分析M7130型平面磨床电磁吸盘“充磁”电路电流路径。

3）分析M7130型平面磨床电磁吸盘“去磁”电路电流路径。

4）操作调试M7130型平面磨床电磁吸盘在“去磁”情况下，起动液压泵电动机。

任务4　M7130型平面磨床控制电路故障分析与排除

任务描述

根据M7130型平面磨床电气控制原理图，利用万用表等工具进行检查，对故障现象和原因进行分析，查找并排除故障点，使M7130型平面磨床恢复正常运行，本任务的具体要求是：会观察M7130型平面磨床的故障现象；会分析并查找M7130型平面磨床故障原因；会排除M7130型平面磨床故障点。

相关知识

磨床电气控制电路与机械系统的配合十分密切，其电气电路的正常工作往往与机械系统的正常工作是分不开的。正确判断是电气还是机械故障，是迅速排除电气故障的关键。这就要求维修电工不仅要熟悉电气控制电路的工作原理，而且还要熟悉有关机械系统的工作原理及机床操作方法。下面通过几个典型实例来叙述 M7130 型平面磨床电气控制电路的常见故障以供参考。

1）准备工作：

① 查看各元器件上的接线是否紧固，各熔断器是否安装良好。

② 独立安装好接地线，设备下方垫好绝缘垫，将各开关处于正常工作位置。

③ 插上三相电源。

2）M7130 型平面磨床电气控制电路的常见故障见表 3-3。

表 3-3　常见故障

编　号	故障现象	分析故障原因	实际故障点
1	闭合 SA2，照明灯 EL 不亮	可能在照明灯 EL 电路中有断线、元器件损坏或接触不良等故障 TC 上端→101→FU3→102→SA2→103→EL→100→TC 下端	照明灯 EL开路
2	按下 SB1，砂轮电动机 M1 断相运行	可能在 M1 三相电源电路中有断线、元器件损坏或接触不良等故障 三相电源→QS→FU1→KM1 主触点→FR1 主触点→电动机	KM1 主触点下端到 FR1 的 U11 连接线断线
3	按下 SB1，砂轮电动机 M1 不运行，KM1 线圈不通电。液压泵电动机正常运行	可能在 KM1 线圈电路有断线、元器件损坏或接触不良等故障 KA(3-4) 下端→4→SB2→5→SB1→6→KM1 线圈→0	SB1 下端到 KM1 线圈的 6 号连接线断线
4	按下 SB3，液压泵电动机 M3 点动运行，KM2 接触器不自锁	可能在 KM3 自锁电路有断线、元器件损坏或接触不良等故障 SB4 下端→7→KM2(7-8) →8→KM2 线圈	KM2(7-8) 下端到 KM2 线圈上端的 8 号连接线断线
5	按下 SB2，砂轮电动机 M1 不停，KM1 线圈不能断电	可能在 M1 停止电路有断线、元器件损坏或接触不良等故障 KA(3-4) 下端→4→SB2→5→KM1(5-6) →6	停止按钮 SB2 两端的 4 号与 5 号连接线短路
6	按下 SB1/SB3，砂轮电动机 M1 与液压泵电动机 M3 都不运行，KM1，KM2 线圈不得电	可能在 KM1 和 KM2 线圈公共电路有断线、元器件损坏或接触不良等故障 1→FR1→2→FR2→3→KA(3-4) →4	FR2 热继电器常闭触点断开
7	SA1 扳到“充磁”位置，KA 不动作，电磁吸盘没有吸力，YH 不得电	可能在变压器整流电路有断线、元器件损坏或接触不良等故障 201→FU4→203→VC→250→206→KA 线圈→207→YH→208→204→VC→200	整流桥 VC 到 SA1 的 205 号连接线断线
8	SA1 扳到“去磁”位置，电磁吸盘无法去磁，YH 不得电	可能在 YH“去磁”电路有断线、元器件损坏或接触不良等故障 205→208→YH→207→KA 线圈→206→R2→209→204→VC	电阻 R2 开路

任务实施

根据给定的 M7130 型平面磨床电气控制模拟台和 M7130 型平面磨床电气控制电路图，人为设置电气故障点。利用万用表等工具进行检查，对故障现象和原因进行分析，找出实际具体故障点。

1. 操作要求

1）根据给定的设备和仪器仪表，在规定时间内完成故障检查及排除工作，达到规定的要求。

2）接通电源，自行判断工作现象，并将故障内容填入到附录 C 的故障分析记录中。

3）根据故障现象，进行简要分析，并填入到附录 C 的故障分析记录中。

4）用万用表等工具进行检查，寻找故障点，将实际具体故障点填入到附录 C 的故障分析记录中。

5）安全生产、文明操作。

6）按照完成的工作是否达到了全部或部分要求，由带教老师按评分标准进行评分。在规定的时间内不得延时。

2. 操作注意事项

1）设备应在指导教师指导下操作，安全第一。设备通电后，严禁在电器侧随意扳动元器件。进行排故训练时，尽量采用不带电检修。若带电检修，则必须有指导教师在现场监护。

2）在操作中若发出不正常声响，应立即断电，查明故障原因待修。通常情况，故障噪声主要来自电机断相运行，接触器、继电器吸合不正常等。

3）注意安全文明生产，操作时用力不要过大，速度不宜过快，操作频率不宜过于频繁。

4）实训结束后，应拔出电源插头，将各开关置分断位。

5）仪表和工具要正确使用。

3. 任务实施步骤

1）先熟悉原理，按照正确操作步骤通电试车。

2）熟悉元器件的安装位置，明确各元器件作用。

3）教师示范故障分析检修过程（故障可人为设置）。

4）教师设置让学生知道的故障点，指导学生如何从故障现象着手进行分析，逐步引导到采用正确的检查步骤和检修方法。

5）教师设置人为的自然故障点，由学生检修。

检查评议

“M7130 型平面磨床电气原理图故障分析与排除”要求完成两个故障的分析与排除，请根据故障现象分析可能出现的故障原因，并写出实际故障点，机床故障分析与排除检查评分表见附录表 C-4。

扩展知识

电路中的电流达到线圈额定值而动作的继电器称为电流继电器，电流继电器分为欠电流继电器和过电流继电器，大于线圈额定值动作称为过电流继电器。欠电流继电器主要应用于直流电动机，对电动机进行弱磁保护。电流继电器的线圈为电流线圈，线圈匝数少，导线的线径粗，线圈阻抗小，直接串联在被测的电路中。欠电流继电器的吸引电流为线圈额定电流的30%～65%，释放电流为额定电流的10%～20%，因此，在电路正常工作时，衔铁是吸合的，只有在电流降低到某一额定值时，继电器释放，输出信号。

项目2　Z3040型摇臂钻床电气控制电路故障分析与排除

图3-5所示是Z3040型摇臂钻床电气控制电路原理图，对照Z3040型摇臂钻床电气控制电路，利用万用表等工具进行检查，根据故障现象，分析故障原因，查找并排除故障点。故障排除后通电运行，使Z3040型摇臂钻床正常工作。

任务1　认识Z3040型摇臂钻床

任务描述

钻床是一种孔加工机床，可用来钻孔、扩孔、铰孔、攻螺纹及修刮端面等多种形式的加工。掌握钻床的结构和功能是操作和调试钻床的基础，本任务的具体要求是：掌握摇臂钻床的用途和分类；了解Z3040型摇臂钻床的型号意义；掌握Z3040型摇臂钻床的结构；掌握Z3040型摇臂钻床的运动方式。

相关知识

1. 摇臂钻床的型号意义

常用的钻床分为立式钻床、台式钻床、多轴钻床、摇臂钻床、专用钻床等。在各类钻床中，摇臂钻床操作方便灵活，适用较为广泛，具有典型性，特别适用于单件或批量生产带有多孔大型零件的孔加工，是机械加工车间常见的一种机床。根据国家的有关规定，钻床的型号及含义如图3-6所示。

2. Z3040型摇臂钻床的结构

图3-7a所示为Z3040型摇臂钻床的实物图，Z3040型卧式摇臂钻床主要由底座、外立柱、内立柱、主轴箱、工作台、摇臂等部分组成。它的外形如图3-7b所示。

在底座上的一端固定着内立柱，内立柱的外面套着外立柱，外立柱可以绕内立柱回转360°。摇臂的一端为套筒，它套在外立柱上，通过丝杠的正反转可使摇臂沿外立柱作升降移动，摇臂与外立柱之间不能作相对转动，摇臂只能和外立柱一起绕内立柱回转。摇臂升降运动必须严格按照摇臂自动松开、再进行升降、到位后摇臂自动夹紧在外立柱上的顺序进行。主轴箱由主传动电动机、主轴和主轴传动机构、进给和变速机构以及机床操作机构等组成。可以通过操作手轮使主轴箱在摇臂上沿导轨作水平移动。

工件不大时，将其压紧在工作台上加工。工件较大时，可以直接装在底座上加工。进行加工时，外立柱夹紧在内立柱上，主轴箱夹紧在摇臂上，摇臂夹紧在外立柱上。外立柱的松紧和主轴箱的松紧是依靠液压推动松紧机构进行的。

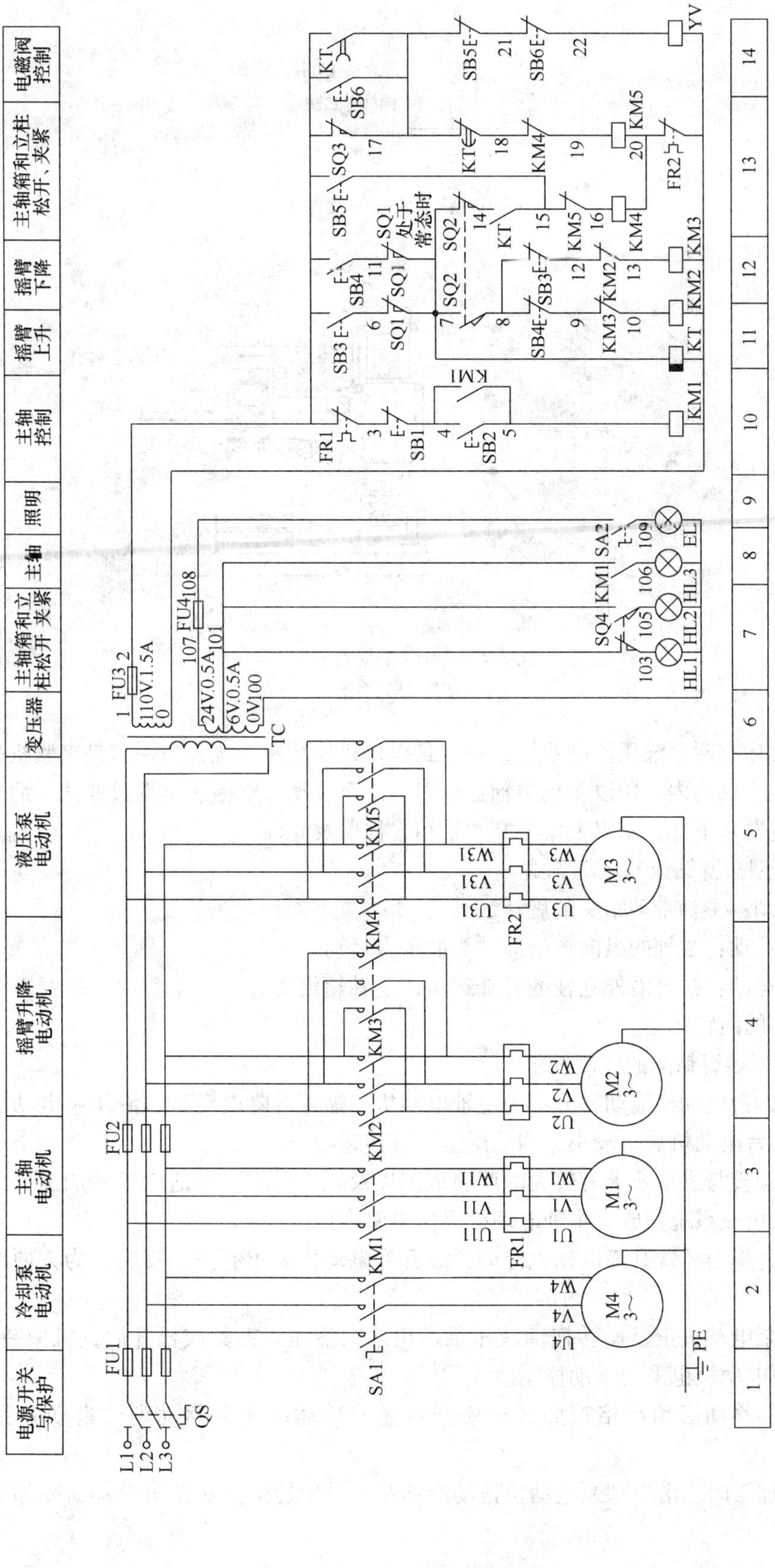

图3-5 Z3040型摇臂钻床电气控制电路原理图

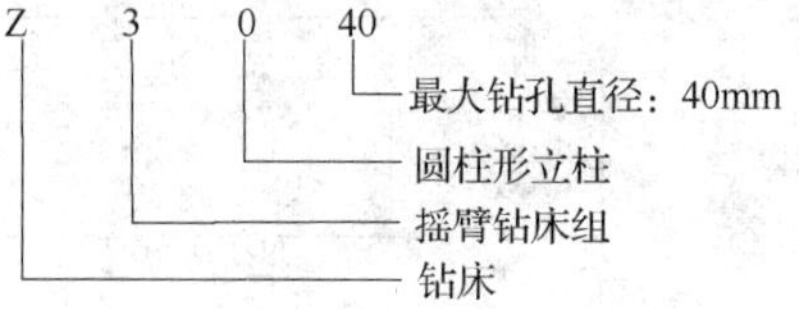

图 3-6　钻床的型号及含义

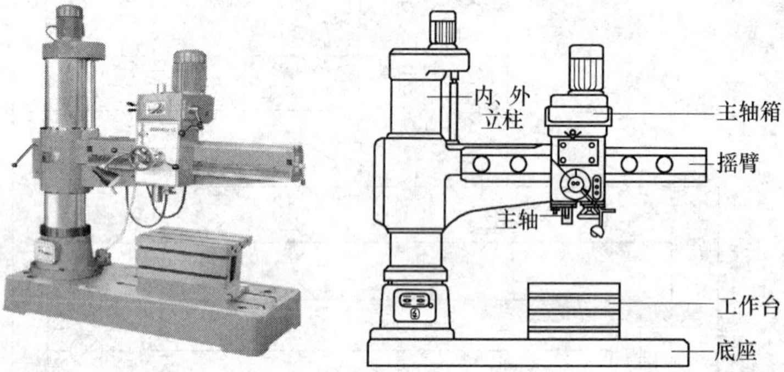

a)　　b)

图 3-7　Z3040 型摇臂钻床

a）实物　b）外形

该摇臂钻床有两套液压控制系统，一套是操作机构液压系统，另一套是夹紧机构液压系统。前者装在主轴箱内，用以实现主轴正反转、停车制动、空挡、预选及变速。后者安装在摇臂背后的电器盒下部，用以夹紧松开主轴箱、摇臂及立柱。

3. Z3040 型摇臂钻床的运动方式

1）主运动：主轴带动钻头的旋转运动。

2）进给运动：主轴的纵向进给即钻头的垂直运动。

3）辅助运动：摇臂沿外立柱的升降运动，主轴箱沿摇臂的水平移动，摇臂连同外立柱一起绕内立柱的回转运动。

4. Z3040 型摇臂钻床的控制要求

1）共有四台电动机拖动，分别为主轴电动机、摇臂升降电动机、液压泵电动机及冷却泵电动机，四台电动机功率较小，均采用全压直接起动。

2）主轴旋转与进给要求有较大的调速范围以及正、反转，以适应多种加工形式。这些都是由液压和机械系统完成，主轴电动机只作单向旋转。

3）摇臂升降由摇臂升降电动机拖动，故升降电动机要求有正、反转。为方便调整，采用点动控制。

4）液压泵电动机正、反转拖动液压泵送出双向液压。夹紧或松开后，机械装置自锁。因此，液压泵电动机也采用点动控制。

5）摇臂的移动必须严格按照摇臂松开→摇臂移动→摇臂移动到位自动夹紧的程序进行。

6）钻削加工时应由冷却泵电动机拖动冷却泵，供出切削液对钻头冷却，冷却泵电动机为单向旋转。

7）要求有必要的联锁与保护环节。

8）具有机床完全照明和信号指示电路。

任务实施

1）到现场观察Z3040型摇臂钻床的外形和结构。

2）熟悉并找到Z3040型摇臂钻床各部件的位置。

3）仔细观察Z3040型摇臂钻床的运动方式。

检查评议

口述以下的问题，机床设备的认识检查评分表见附录表C-1。

1）Z3040型摇臂钻床主要由哪几部分组成？

2）Z3040型摇臂钻床的型号意义？

3）Z3040型摇臂钻床的运动方式？

4）Z3040型摇臂钻床有哪些控制要求？

任务2 Z3040型摇臂钻床电气原理图的阅读

任务描述

学会阅读Z3040型摇臂钻床电气控制电路原理图，并会分析Z3040型摇臂钻床各部分工作状态和各个元器件在电路中的作用，本任务的具体要求是：学会分析Z3040型摇臂钻床主电路中控制对象的工作状态和各元器件在电路中的作用；学会分析Z3040型摇臂钻床控制电路中各个线圈电路的工作原理和各元器件在电路中的作用；学会分析Z3040型摇臂钻床照明电路的工作原理和各元器件在电路中的作用。

相关知识

Z3040型摇臂钻床电气控制电路原理图如图3-5所示，由主电路、控制电路、照明电路三部分组成。

1. 主电路的阅读

1）L1、L2、L3（1区）是三相电源，由隔离开关QS控制，通过熔断器FU1对电路起保护作用。主电路中共有四台电动机，主轴电动机和液压泵电动机有热继电器作过载保护，冷却泵电动机和摇臂升降电动机只是短时工作，因此不设置过载保护。FU1、FU2对主电路起短路保护的作用。

2）M1（3区）是主轴电动机，M1拖动主轴旋转进行加工。

M1为单向旋转，由KM1主触点控制。主轴的正反转是通过液压系统操纵机构配合正反转摩擦离合器实现的，并由热继电器FR1作电动机长期过载保护。

3）M2（4区）是摇臂升降电动机，M2拖动摇臂上升和下降。

M2正反转运行是由KM2和KM3（4区）的主触点分别控制。M2为短时工作，不设长期过载保护。

4）M3（5 区）是液压泵电动机，M3 拖动液压泵为机床液压系统提供液压油。

M3 正反转运行是由 KM4 和 KM5（5 区）的主触点分别控制。立柱的松紧和主轴箱的松紧是依靠 M3 拖动液压泵提供液压油推动松紧机构完成的，由热继电器 FR2 作电动机长期过载保护。

5）M4（2 区）是冷却泵电动机，M4 拖动冷却泵供给冷却液。

M4 由转换开关 SA1 控制。M4 为短时工作，不设长期过载保护。

2. 控制电路的阅读

1）主轴电动机 M1 的控制。起动按钮 SB2 和停止按钮 SB1（10 区）与交流接触器 KM1 共同实现 M1 的起动和停止控制电路。

2）摇臂升降电动机 M2 的控制。点动按钮 SB3、SB4（11 ~ 12 区）与接触器 KM2、KM3 共同控制 M2 的正反转。控制电路具有双重联锁（按钮联锁、接触器联锁）保护。

3）液压泵电动机 M3 的控制。点动按钮 SB5、SB6（13 区）与接触器 KM4、KM5 共同控制 M3 的正反转。控制电路具有接触器联锁保护。

4）电磁阀 YV 的控制。断电延时时间继电器 KT 和行程开关 SQ2、SQ3 共同组成 YV（14 区）的控制电路。

3. 照明、信号指示电路的阅读

1）照明电路由变压器 TC 供给照明灯 24V 的工作电压，SA2（11 区）为灯开关。FU3 对照明电路起短路保护作用。

2）信号指示电路由变压器 TC 供给指示灯 6V 的工作电压，行程开关 SQ4 分别控制摇臂松开指示灯 HL1 和夹紧指示灯 HL2。接触器 KM1 控制主轴电动机指示灯 HL3。

任务实施

1）认真阅读 Z3040 型摇臂钻床电气控制电路原理图，分析 Z3040 型摇臂钻床主电路中各部分工作状态和各元器件在电路图中的作用。Z3040 型摇臂钻床元器件明细见表 3-4。

2）分析 Z3040 型摇臂钻床控制电路中各部分工作状态和各元器件在电路中的作用。

3）分析 Z3040 型摇臂钻床照明电路中各部分工作状态和各元器件在电路中的作用。

表 3-4 Z3040 型摇臂钻床元器件明细

符号	名称	型号	规格	数量	用途
M1	主轴电动机	Y100L2-4	3kW 1440r/min	1	拖动 M1
M2	摇臂升降电动机	Y90L-4	1.5kW 1400r/min	1	拖动 M2
M3	液压泵电动机	Y802-4	0.15kW 1390r/min	1	拖动 M3
M4	冷却泵电动机	AOB-25	0.9kW 800r/min	1	拖动 M4
FR1	热继电器	JR0-20/3	6.18A	1	M1 过载保护
FR2	热继电器	JR0-20/3	2.67A	1	M3 过载保护
FU1	熔断器	RL1-60	60A	3	电源总熔断器
FU2	熔断器	RL1-60	60A	3	主电路熔断器
FU3	熔断器	RL1-15	15A	1	照明电路熔断器
FU4	熔断器	RL1-15	15A	1	控制电路熔断器

（续）

符号	名称	型号	规格	数量	用途
KM1	交流接触器	CJ0-20	20A 127V	1	控制主轴电动机
KM2	交流接触器	CJ0-10	10A 127V	1	控制摇臂上升
KM3	交流接触器	CJ0-10	10A 127V	1	控制摇臂下降
KM4	交流接触器	CJ0-10	10A 127V	1	控制立柱松开
KM5	交流接触器	CJ0-10	10A 127V	1	控制立柱夹紧
KT	时间继电器	JS2-4A	127V	1	摇臂升降→夹紧延时
YV	电磁阀	MFJ1-3	127V	1	液压元件
SB1	按钮	LA2-3H	5A	1	M1 制动按钮
SB2	按钮	LA2-3H	5A	1	M1 起动按钮
SB3	按钮	LA2-3H	5A	1	M2 正转点动按钮
SB4	按钮	LA2-3H	5A	1	M2 反转点动按钮
SB5	按钮	LA2-3H	5A	1	M3 正向点动按钮
SB6	按钮	LA2-3H	5A	1	M3 反向点动按钮
SQ1	限位开关	HZ4-22 型		1	摇臂升降限位开关
SQ2	限位开关	LX5-11Q/1 型		1	摇臂松开信号开关
SQ3	限位开关	LX5-11Q/1 型		1	摇臂夹紧信号开关
SQ4	限位开关	LX3-11K		1	主轴箱与立柱夹紧/松开指示开关
SA1	冷却泵电动机开关	HZ1-10P/3J		1	冷却泵开关
SA2	照明开关	HZ1-10P/3J		1	照明灯开关
TC	变压器	BK/150	380V/110V/24V/6V	1	控制、信号指示、照明电路电源
EL	灯	JCH	40W 36V	1	照明灯
HL1	指示灯（绿色）		6V	1	主轴箱与立柱松开指示灯
HL2	指示灯（红色）		6V	1	主轴箱与立柱夹紧指示灯
HL3	指示灯（绿色）		6V	1	M1 运转指示灯

检查评议

“Z3040 型摇臂钻床电气原理图的阅读”的检查包括四个方面，机床设备电原理图阅读检查评分表见附录表 C-2。

1）Z3040 型摇臂钻床主电路由几台电动机组成，分别起什么作用？

2）Z3040 型摇臂钻床时间继电器 KT 的作用？

3）Z3040 型摇臂钻床中 SQ1、SQ2、SQ3、SQ4 的作用分别是什么？

4）Z3040 型摇臂钻床控制电路由哪几部分组成？

任务3 Z3040 型摇臂钻床电气控制电路的调试

任务描述

根据对 Z3040 型摇臂钻床原理图的认识和分析，能对 Z3040 型摇臂钻床进行熟练的操作，在调试 Z3040 型摇臂钻床的过程中分析元器件的工作状态，本任务的具体要求是：会分析和调试 Z3040 型摇臂钻床主电路；会分析和调试 Z3040 型摇臂钻床控制电路；会分析和调试 Z3040 型摇臂钻床照明、信号指示电路。

相关知识

1. 主电路的分析

主电路由主轴电动机 M1、摇臂升降电动机 M2、液压泵电动机 M3、冷却泵电动机 M4 组成。熔断器 FU1、FU2 对电路起短路保护作用。M1 由接触器 KM1 控制，接触器 KM2 和 KM3 共同实现 M2 的正反转控制，接触器 KM4 和 KM5 共同实现 M3 的正反转控制，M4 由转换开关 SA1 控制。

2. 控制电路的分析

（1）主轴电动机 M1 的控制

① 主轴电动机 M1 的起动

按下起动按钮 SB2（常开触点闭合），使 KM1 线圈得电
- KM1 辅助常开触点（4-5）闭合
- KM1 辅助常开触点（101-106）闭合→HL3 亮
- KM1 主触点闭合→主轴电动机 M1 运行

② 主轴电动机 M1 的停止

按下停止按钮 SB1（常闭触点断开），使 KM1 线圈失电
- KM1 辅助常开触点（4-5）复位
- KM1 辅助常开触点（101-106）复位→HL3 灭
- KM1 主触点复位→主轴电动机 M1 停止运行

（2）摇臂升降电动机 M2 的控制　点动按钮 SB3、SB4 与接触器 KM2、KM3 共同控制 M2 的正反转，以实现摇臂的上升与下降。在未进行任何操作时，摇臂是处于夹紧状态，在操作摇臂升降时，首先要使液压泵电动机起动旋转，供出液压油，经液压系统将摇臂松开，然后再起动 M2 电动机，拖动摇臂升降。当移动到位后，M2 电动机先停，再自动通过液压系统将摇臂夹紧，最后停止液压泵电动机。摇臂升降工作过程如图 3-8 所示。

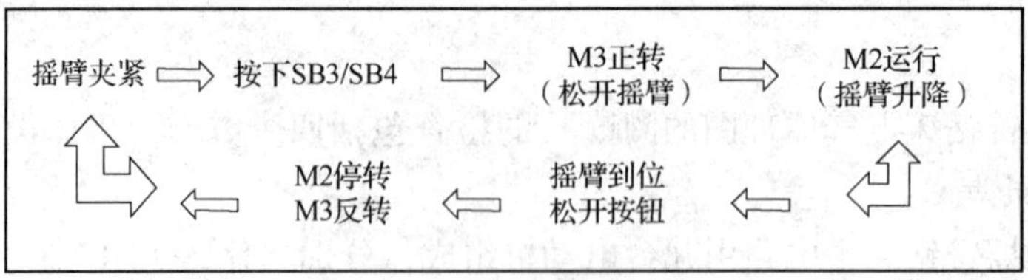

图 3-8　摇臂升降工作过程

由此可见，摇臂的升降与液压泵电动机的控制有着紧密的配合，下面以摇臂的上升为例对控制过程进行分析。

摇臂夹紧→按下上升点动按钮 SB3→KT 线圈得电
- KT 常开触点（2-17）立即闭合→电磁阀 YV 得电
- KT 常闭触点（17-18）立即断开
- KT 常开触点（14-15）立即闭合→KM4 线圈得电→M3 正转→

→摇臂松开{摇臂夹紧信号开关 SQ3 复位→SQ3 常闭触点（2-17）闭合→为摇臂夹紧通电做准备；摇臂松开信号开关 SQ2 动作{SQ2 常闭触点（7-14）断开→KM4 线圈失电→M3 停止运行；SQ2 常开触点（7-8）闭合→KM2 线圈得电→M2 正转运行→}}

→摇臂上升→摇臂到位松开按钮 SB3{KM2 线圈失电→M2 停止运行→摇臂停止上升；KT 线圈失电经 1～3s 延时后→KT 延时常闭触点（17-18）闭合→KM5 线圈得电→M3 反转→}

→摇臂夹紧{摇臂放松信号开关 SQ2 复位→SQ2 常闭触点（7-14）闭合常开触点（7-8）断开→为摇臂放松通电做准备；摇臂夹紧信号开关 SQ3 动作→SQ3 常闭触点断开{电磁阀 YV 失电；KM5 线圈失电→M3 停止运行}}

摇臂下降时按下 SB4，动作原理与上升相同，所不同的是接触器 KM3 线圈得电。

SQ1 为摇臂升降限位开关，当摇臂上升或下降超出极限位置时，SQ1 将受压动作，切断对应的上升或下降接触器 KM2 与 KM3，使 M2 停止运转，实现限位保护功能。

（3）主轴箱与立柱的夹紧与放松控制

① 松开：按下 SB5→KM4 线圈得电→液压泵电动机 M3 正转→液压机构使主轴箱与立柱松开→行程开关 SQ4 不受压（复位）→HL1 灯亮。

② 夹紧：按下 SB6→KM5 线圈得电→液压泵电动机 M3 反转→液压机构使主轴箱与立柱夹紧→行程开关 SQ4 受压→HL2 灯亮。

3. 照明、信号指示电路的调试

将照明灯开关 SA2 扳到“接通”位置，控制照明灯 EL 亮，照明电路由变压器 TC 输出 24V 的工作电压。信号指示灯 HL1、HL2 受 SQ4 控制，用以指示主轴箱与立柱处于夹紧还是放松位置。HL3 由主轴接触器常开触点 KM1（101-106）控制，用以指示主轴运转状况。信号指示电路由变压器 TC 输出 6V 的工作电压。

任务实施

仔细阅读 Z3040 型摇臂钻床电气控制电路原理图，并在 Z3040 型摇臂钻床或 Z3040 型摇臂钻床模拟板上完成以下工作：

1）调试 Z3040 型摇臂钻床的主电路并掌握其工作原理。

2）调试 Z3040 型摇臂钻床的控制电路并掌握其工作原理。

3）调试 Z3040 型摇臂钻床的照明电路并掌握其工作原理。

Z3040 型摇臂钻床操作步骤如下：

1）合上 QS，接通电源。

2）合上 SA2，工作台照明灯 EL 亮。

3）合上 SA1，冷却泵电动机 M4 运行。

4）按下 SB2，主轴电动机 M1 运行（KM1 线圈得电）。按下 SB1，M1 停止运行。

5）按住 SB5，液压泵电动机 M3 正转点动运行（KM4 线圈得电）。

6）按住 SB6，液压泵电动机 M3 反转点动运行（KM5 线圈得电）。

7）按住 SB3，摇臂升降电动机 M2 正转点动运行（KT、KM4、KM2、KM5 线圈顺序得电）。

8）按住 SB4，摇臂升降电动机 M2 反转点动运行（KT、KM4、KM3、KM5 线圈顺序得电）。

9）断开 SA1、SA2，断开 QS。

检查评议

“Z3040 型摇臂钻床电气控制电路的调试”的检查包括四个方面，机床设备电气控制电路的调试检查评分表见附录表 C-3。

1）操作调试 Z3040 型摇臂钻床摇臂上升。

2）分析 Z3040 型摇臂钻床摇臂下降时的工作过程。

3）分析 Z3040 型摇臂钻床主轴箱与立柱夹紧的工作过程。

4）操作调试 Z3040 型摇臂钻床主轴箱与立柱的松开。

任务 4　Z3040 型摇臂钻床控制电路故障分析与排除

任务描述

根据 Z3040 型摇臂钻床电气控制原理图，利用万用表等工具进行检查，对故障现象和原因进行分析，查找并排除故障点，使 Z3040 型摇臂钻床恢复正常运行，本任务的具体要求是：会观察 Z3040 型摇臂钻床的故障现象；会分析并查找 Z3040 型摇臂钻床故障原因；会排除 Z3040 型摇臂钻床故障点。

相关知识

摇臂钻床电气控制电路与机械系统的配合十分密切，其电气电路的正常工作往往与机械系统的正常工作是分不开的。正确判断是电气还是机械故障，是迅速排除电气故障的关键。这就要求维修电工不仅要熟悉电气控制电路的工作原理，而且还要熟悉有关机械系统的工作原理及机床操作方法。下面通过几个典型实例来叙述 Z3040 型摇臂钻床电气控制电路的常见故障以供参考。

1）准备工作：

① 查看各元器件上的接线是否紧固，各熔断器是否安装良好。

② 独立安装好接地线，设备下方垫好绝缘垫，将各开关处于正常工作位置。

③ 插上三相电源。

2）Z3040 型摇臂钻床电气控制电路的常见故障见表 3-5。

表 3-5　常见故障

编　号	故障现象	分析故障原因	实际故障点
1	按下 SB2，主轴电动机 M1 断相运行	可能在 M1 三相电源电路中有断线、元器件损坏或接触不良等故障 三相电源→QS→FU1→KM1 主触点→FR1 主触点→电动机	KM1 主触点下端到 FR1 上端的 V11 号连接线断开
2	按下 SB4，摇臂升降电动机 M2 断相运行	可能在 M2 三相电源反转电路中有断线、元器件损坏或接触不良等故障 FU2→KM3 主触点→电动机	KM3 主触点下端到电动机的 W2 号连接线断开
3	按下 SB3/SB4，摇臂无法升降，时间继电器 KT 线圈不通电	可能在 KT 线圈电路有断线、元器件损坏或接触不良等故障 FU3→2→SB3/SB4→6/11→SQ1→7→KT 线圈→0	KT 线圈损坏（开路）

（续）

编　号	故障现象	分析故障原因	实际故障点
4	按下 SB3/SB4，摇臂无法升降，KT、KM4 正常得电，KM2、KM3 线圈不通电	可能在 KM2/KM3 线圈电路有断线、元器件损坏或接触不良等故障 FU3→2→SB3/SB4→6/11→SQ1→7 - SQ2（7 - 8）→8→SB3/SB4→KM3/KM2 常闭触点→KM2/KM3 线圈→0	SQ2（7-8）常开触点损坏（开路）
5	按下 SB3/SB4，摇臂无法升降，时间继电器 KT 得电，KM4 不通电	可能在 KM4 线圈电路有断线、元器件损坏或接触不良等故障 7→SQ2(7-14）→14→KT(14-15）→15→KM5(15-16）→KM4 线圈→20→FR2	KT(14-15）下端到 KM(15-16）上端的 15 号连接线断线
6	按下 SB5/SB6，液压泵电动机无法运行，KM4/KM5 线圈不通电	可能在 KM4/KM5 线圈电路有断线、元器件损坏或接触不良等故障 2→SB5→15→KM5(15-16）→16→KM4 线圈→20→FR2→0 2→SB6→17→KT(17-18）→18→KM4(18-19）→19→KM5 线圈→20→FR2→0	FR2(20-0）常闭触点损坏（开路）
7	按下 SB3/SB4，摇臂无法升降，时间继电器 KT 得电，YV 不通电	可能在 YV 线圈电路有断线、元器件损坏或接触不良等故障 2→KT(2-17) - 17→SB5(17-21）→21→SB6(21-22）→22→YV→0	KT（2-17）常开触点下端到 SB5（17-21）上端的 17 号连接线断线
8	按下 SB2，主轴电动机 M1 正常运行，运转指示灯 HL3 不亮	可能在照明、信号线圈电路有断线、元器件损坏或接触不良等故障 TC→101→KM1(101-106）→HL3→100→TC	KM1(101-106）常开触点下端到 HL3 信号灯上端的 106 号连接线断线

任务实施

根据给定的 Z3040 型摇臂钻床电气控制模拟台和 Z3040 型摇臂钻床电气控制电路图，人为设置电气故障点。利用万用表等工具进行检查，对故障现象和原因进行分析，找出实际具体故障点。

1. 操作要求

1）根据给定的设备和仪器仪表，在规定时间内完成故障检查及排除工作，达到规定的要求。

2）接通电源，自行判断工作现象，并将故障内容填入到附录 C 的故障分析记录中。

3）根据故障现象，作简要分析，并填入到附录 C 的故障分析记录中。

4）用万用表等工具进行检查，寻找故障点，将实际具体故障点填入到附录 C 的故障分析记录中。

5）安全生产、文明操作。

6）按照完成的工作是否达到了全部或部分要求，由带教老师按评分标准进行评分。在规定的时间内不得延时。

2. 操作注意事项

1）设备应在指导教师指导下操作，安全第一。设备通电后，严禁在电器侧随意扳动元器件。进行排故训练时，尽量采用不带电检修。若带电检修，则必须有指导教师在现场监护。

2）在操作中若发出不正常声响，应立即断电，查明故障原因待修。通常情况，故障噪声主要来自电动机断相运行，接触器、继电器吸合不正常等。

3）注意安全文明生产，操作时用力不要过大，速度不宜过快，操作频率不宜过于频繁。

4）实训结束后，应拔出电源插头，将各开关置分断位。

5）仪表和工具要正确使用。

3. 任务实施步骤

1）先熟悉原理，按照正确操作步骤通电试车。

2）熟悉元器件的安装位置，明确各元器件的作用。

3）教师示范故障分析检修过程（故障可人为设置）。

4）教师设置让学生知道的故障点，指导学生如何从故障现象着手进行分析，逐步引导到采用正确的检查步骤和检修方法。

5）教师设置人为的自然故障点，由学生检修。

检查评议

“Z3040 型摇臂钻床控制电路故障分析与排除”要求完成两个故障的分析与排除，请根据故障现象分析可能出现的故障原因，并写出实际故障点，机床故障分析与排除检查评分表见附录表 C-4。

扩展知识

液压系统在摇臂钻床中的作用

1. 操纵机构液压系统

该系统液压油是靠主轴电动机拖动齿轮泵送出，由主轴操作手柄来改变两个操纵阀的相互位置，使液压油作不同的分配，获得不同的动作。操作手柄有上、下、里、外、中间五个空间位置。其中上为“空挡”，下为“变速”，里为“反转”，外为“正转”，中间位置时“停车”。主轴转速及主轴进给量各由一个旋钮预选，然后操作手柄。

主轴起动时，首先按下主轴电动机起动按钮，主轴电动机旋转后，拖动齿轮泵，送出液压油，然后操纵手柄，扳到所需要转向位置。于是两个操纵阀相互位置改变，使一股液压油将制动摩擦离合器松开，为主轴旋转创造条件。另一股液压油压紧正转（反转）摩擦离合器接通主轴电动机到主轴的传动链，驱动主轴正转或反转。

在主轴正转或反转过程中，也可以旋转变速按钮，改变主轴转速或主轴进给量。

主轴停车时，将操纵手柄扳回中间位置，这时主轴电动机仍拖动齿轮泵旋转，但此时整个液压系统为低压油，不能松开制动摩擦离合器，在制动弹簧作用下将制动摩擦离合器压紧，使制动轴上的齿轮不能转动，主轴实现停车。因此主轴停车时主轴电动机仍在旋转，只是不能将动力传到主轴。

主轴变速与进给变速时，将操作手柄扳至“变速”位置，于是改变两个操纵阀的相互位置，使齿轮泵送出液压油进入主轴转速预选阀和主轴进给预选阀，然后进入各变速油缸。

变速油缸为差动油缸，具体哪个液压油缸上腔进液压油或回油，视所选定主轴转速和进给量大小而定。同时，另一油路系统推动拨叉缓慢移动，逐渐压紧主轴正转摩擦离合器，接通主轴电动机到主轴的传动链，带动主轴缓慢转动，称为“缓速”，以利于齿轮顺利啮合。当变速完成后，松开操纵手柄，此时手柄在弹簧的作用下由“变速”位置自动复位到主轴“停车”位置，此时再操纵主轴正转或反转，主轴将在新的转速或进给量下工作。

主轴空挡时，将操纵手柄扳向“空挡”位置，这时由于两个操纵阀互相位置改变，液压油使主轴传动系统中的滑移齿轮处于中间脱开位置，这时可用手轻便地移动主轴。

2. 夹紧机构液压系统

主轴箱、内外立柱和摇臂的夹紧与松开，是由液压泵电动机拖动送出液压油，推动活塞、菱形块来实现的。其中主轴箱和立柱的夹紧与放松由一个油路控制，摇臂的夹紧与松开由于和摇臂升降构成自动循环，所以由另一油路单独控制。这两个油路均由电磁阀操纵。Z3040型摇臂钻床夹紧机构液压系统工作简图如图3-9所示。

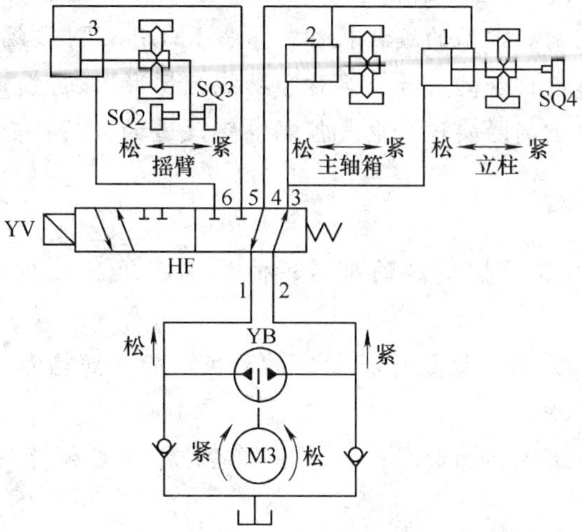

图3-9　Z3040型摇臂钻床夹紧机构液压系统工作简图

单元4　可编程序控制器

4

知识目标

1）能理解可编程序控制器的工作原理；能知道可编程序控制器的类型；了解可编程序控制器的硬件结构及作用；掌握可编程序控制器输入/输出继电器的作用。

2）了解可编程序控制器常用的编程软件；掌握 FXGP-WIN-C 编程软件的使用方法。

3）能知道并理解基本指令的符号、名称、功能、梯形图表示、数据范围和程序步。

4）了解用可编程序控制器实现对电气控制电路改造的方法；熟悉梯形图的设计思路和编程方法。

技能目标

1）能正确识别可编程序控制器的型号；能根据可编程序控制器的型号正确判别其类型。

2）能正确识别 FX_{2N}系列可编程序控制器的面板；能按照输入/输出接线图的要求连接基本的可编程序控制器系统。

3）能阅读基本指令组成的梯形图；能够独立完成梯形图和指令表之间的相互转换；会使用基本指令进行编程。

4）能使用 FXGP-WIN-C 软件按照编写要求编写出可编程序控制器梯形图及指令语句表；能使用 FXGP-WIN 对编写的程序进行调试、修改。

5）能独立完成外部电路的连接；能熟练完成程序的下载、调试和修改。

项目操作准备

1）各品牌可编程序控制器的产品手册（可根据实际情况选择 3 ~ 5 种不同品牌可编程序控制器的产品手册）。

2）可以上网的机房或电子阅览室。

3）装有 FX_{2N}-48MR 带有模拟输入开关及按钮和输出指示灯的设备。

4）若干根设备上使用的连接电线。

5）练习用的语句表和梯形图。

项目1　认识可编程序控制器

20 世纪 70 年代初、中期，可编程序控制器只能完成顺序控制，仅有逻辑运算、定时和计数等功能，所以人们将其称为可编程序逻辑控制器（Programmable Logic Controller），简称

PLC。随着微处理器技术、计算机技术、现代通信技术的飞速发展，可编程序控制器的处理速度大大提高，增加了许多特殊功能，使得它不仅可以进行逻辑控制，而且可以对模拟量进行控制。因此被赋予了一个新的名字——可编程序控制器（Programmable Controller），简称PC，但为了与个人计算机（Personal Computer）的简称PC相区别，人们仍沿用早期的PLC表示可编程序控制器。

任务1　认识不同类型的可编程序控制器

任务描述

可编程序控制器已在国内外各行各业广泛应用，发展非常迅速，有上千种不同的型号，因此，认识不同类型的可编程序控制器并能合理地选用是用可编程序控制器进行控制的首要任务。本任务的具体要求是：掌握可编程序控制器的类型；了解不同类型可编程序控制器的特点；了解常见可编程序控制器的品牌，了解不同品牌可编程序控制器的特点。

相关知识

1. 可编程序控制器的分类

可编程序控制器的定义随着技术的发展经过多次变动。国际电工委员会（IEC）在1987年对PLC作了如下定义："PLC是一种专门为在工业环境下应用而设计的数字运算操作的电子装置。它采用可以编制程序的存储器，用来在其内部存储执行逻辑运算、顺序运算、计时、计数和算术运算等操作的指令，并能通过数字式或模拟式的输入和输出，控制各种类型的机械或生产过程。PLC及其有关的外围设备都应该按易于与工业控制系统形成一个整体，易于扩展其功能的原则而设计。"

可编程序控制器的种类繁多，按结构形式可分为整体式和模块式两类。

整体式可编程序控制器是将电源、CPU、I/O接口等部件都集中在一个机壳内，具有结构紧凑、体积小、价格低的特点。小型可编程序控制器一般采用整体式结构。图4-1所示为整体式可编程序控制器。

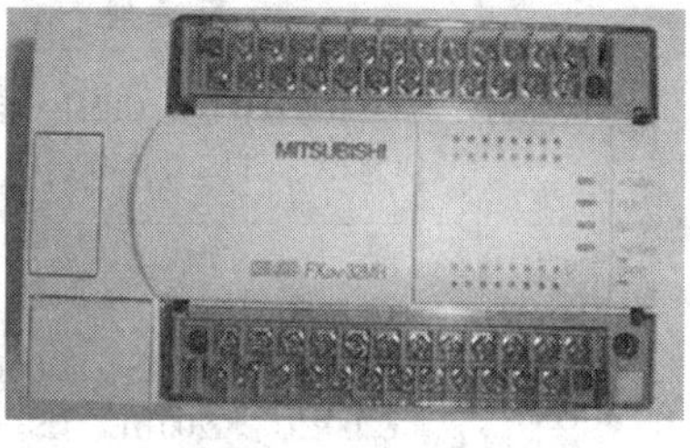

图4-1　整体式可编程序控制器

模块式可编程序控制器是将各组成部分分别做成若干个单独的模块，如CPU模块、I/O模块、电源模块以及各种功能模块。模块式可编程序控制器由框架或基板和各种模块组成，模块装在框架上或基板的插座上。模块式可编程序控制器的特点是配置灵活、功能强，而且装配方便，便于扩展和维修。一般大、中型可编程序控制器采用模块式结构。图4-2所示为模块式可编程序控制器。

图4-2　模块式可编程序控制器

按I/O点数分类，可编程序控制器可分为小型、中型和大型三类，见表4-1。

表4-1　可编程序控制器的分类

类　型	I/O点数	CPU	用户存储器容量
小型	小于256	单CPU及8位或16位处理器	4KB以下
中型	256~2048	双CPU	2~8KB
大型	大于2048	多CPU及16位或32位处理器	8~16KB

2. 常见可编程序控制器的品牌

市场上的可编程序控制器按地域可分为三大流派，一个是美国产品，一个是欧洲产品，另一个是日本产品。日本的主推产品定位在小型可编程序控制器上，美国和欧洲以大中型可编程序控制器闻名。表4-2中列出了几种目前市场使用比较普遍的可编程序控制器品牌。

表4-2　常见的可编程序控制器

品　牌	典型产品	产品特点
西门子（SIEMENS）	S7-200	微型可编程序控制器
	S7-300	中小型可编程序控制器
	S7-400	中高性能的大型可编程序控制器
三菱（MITSUBISHI）	F1/F2	F系列的升级产品，加强了指令系统，增加了特殊功能单元和通信功能
	FX系列	在容量、速度、特殊功能、网络功能等方面有了全面的加强。FX2系列是在20世纪90年代开发的整体式高功能小型机。FX_{2N}是近年推出的高功能整体式小型机，它是FX2的换代产品
	A系列、QnA系列、Q系列	具有丰富的网络功能，I/O点数可达8192点。其中，Q系列具有超小的体积、丰富的机型、灵活的安装方式、双CPU协同处理、多存储器及远程口令等特点，是三菱公司现有的最高性能的可编程序控制器
欧姆龙（OMRON）	SP系列	体积极小，速度极快
	P型、H型、CPM1A系列、CPM2A、CPM2C系列、CQM1等	P型机现已被性价比更高的CPM1A系列所取代，CPM2A/2C、CQM1系列内置了RS-232C接口和实时时钟，并具有软PID功能，CQM1H是CQM1的升级产品
	C200H、C200HS、C200HX、C200HG、C200HE、CS1系列	C200H是畅销的高性能中型机，配置齐全的I/O模块和高功能模块，具有较强的通信和网络功能。C200HS指令系统丰富，网络功能强。C200HX/C200HG/C200HE有1148个I/O点，有品种齐全的通信模块，是适应信息化的可编程序控制器产品。CS1系列具有中型机的规模和大型机的功能，是一种极具推广价值的新机型
	C1000H、C2000H、CV（CV500/CV1000/CV2000/CVM1）等	C1000H、C2000H可单机或双机设备运行，安装带有电插拔模块，并且C2000H可在线更换I/O模块。CV系列中，除CVM1外，均可采用结构化编程，易读、易调试，并具有更强大的通信功能
松下（PANASONIC）	FP0为微型机，FP1为整体式小型机，FP3为中型机，FP5/FP10、FP10S、FP20为大型机	指令系统功能强，FP系列各种可编程序控制器都配置通信机制，而且通信层协议一致，给构成多极可编程序控制器网络和开发可编程序控制器网络应用程序带来了方便

此外，还可以通过以下网站查询更多有关各类可编程序控制器的信息。

1）中国工控网 www. gongkong. com。

2）PLC技术网 www. plcjs. com。

3）欧姆龙工业自动化网址 www. fa. omron. com. cn。

4）西门子公司网址 www. siemens. com。

5）松下电器（中国）有限公司网址 http：//pewc. panasonic. cn。

6）三菱电机自动化（中国）有限公司网址 http：//www. mitsubishielectric-automation. cn。

任务实施

1）3 ~5 人为一组，分组完成本任务。

2）每组选择 1 种品牌的 PLC 并查阅相关资料。

3）以《×××PLC》为题，写一份 PLC 介绍，内容包括所选用的 PLC 的型号、分类、特点、应用等。

4）每组选一位代表做总结发言。

检查评议

根据学生对以下几个方面的完成情况，对学生进行综合评定，检查评分表见附录表D-1。

1）查阅 PLC 相关资料。

2）PLC 的型号、分类、特点、应用。

3）《×××PLC》的实训报告。

任务 2　认识 FX_{2N} 系列 PLC 面板

任务描述

PLC 的控制面板主要由外部接线端子、状态指示灯显示部分、接口部分组成。本任务的具体要求是：在 PLC 运行过程中，通过观察 FX_{2N}-48MR PLC 的面板指示部分的状态，进一步了解 PLC 外部结构及其作用，熟悉系统的工作过程。

相关知识

FX_{2N} 系列为小型 PLC，采用整体式结构形式。下面以 FX_{2N}-48MR PLC 基本单元的面板为例介绍它的外部结构，如图 4-3 所示。

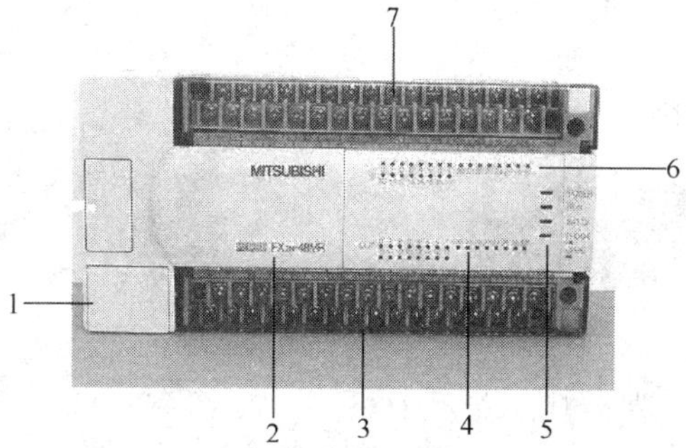

图 4-3　FX_{2N}-48MR PLC 基本单元的面板

1—模式转换开关与通信接口　2—型号　3—输出端子　4—输出指示灯

5—状态指示灯　6—输入指示灯　7—输入端子

1. 模式转换开关与通信接口

模式转换开关有两个位置：RUN 和 STOP，如图 4-4 所示。RUN 使 PLC 处于运行状态；STOP 使 PLC 处于停止状态。当 PLC 处于停止状态时可进行用户程序的录入、编辑和修改。

通信接口用来连接编程器，通信线与 PLC 连接时，要注意将通信线接口的“针”与 PLC 接口的“孔”对应好后才可以插入 PLC 的通信接口，防止损坏接口，如图 4-5 所示。

图 4-4 模式转换开关与通信接口

1—模式转换开关 2—通信接口

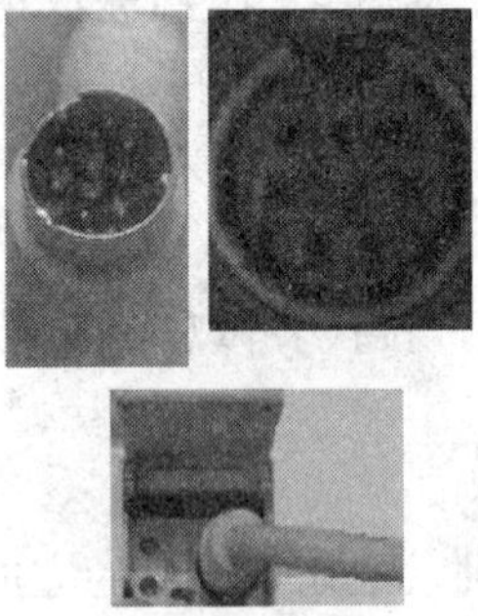

图 4-5 PLC 通信接口与连接

2. PLC 电源端子、输入端子与输入指示灯

外接电源端子（L、N、PE）是 PLC 供电电源端子，一般采用单相交流电源（AC100 ~ 240V，50Hz/60Hz）；输入公共端子（COM）是在外接传感器、按钮、行程开关等外部信号器件时必须接的一个公共端子；24V 电源端子是 PLC 自身为外部设备提供的 DC 24V 电源，多用于三端传感器；输入端子 X 是将外部信号引入 PLC 的必经通道；输入指示灯是为 PLC 的输入指示灯，PLC 有正常输入时，对应输入点的指示灯亮；“·”端子是表示该端子未被使用，以上各端子如图 4-6 所示。

3. PLC 的输出端子与输出指示灯

输出公共端子（COM）是 PLC 连接交流接触器、电磁阀线圈、指示灯等负载时必须连接的端子；输出端子（Y）是将 PLC 指令执行结果传递到负载的必经通道；输出指示灯是当某个输出继电器被驱动后，则对应的 Y 指示灯就会亮。以上各部分如图 4-7 所示。

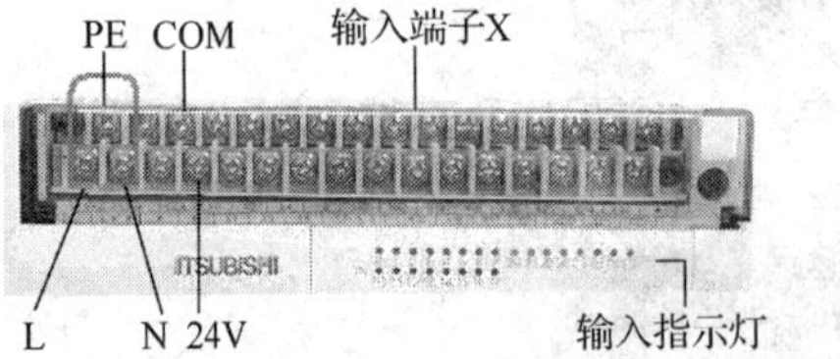

图 4-6 PLC 电源端子、输入端子与输入指示灯

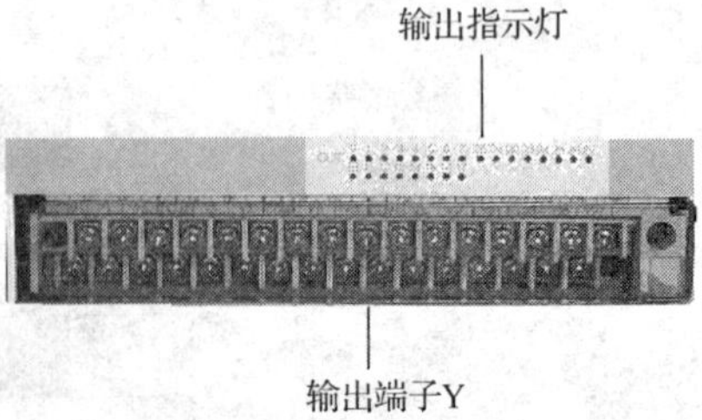

图 4-7 PLC 的输出端子与输出指示灯

4. 状态指示灯

PLC 提供四盏指示灯，来体现 PLC 当前的工作状态，其含义见表 4-3。

表 4-3　状态指示灯

	指示灯	指示灯的状态与当前运行的状态
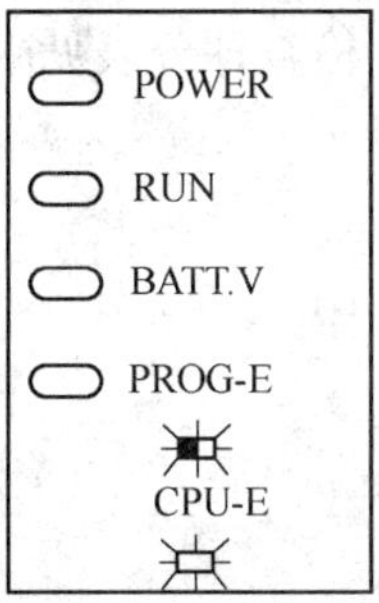	POWER 电源指示灯（绿色）	PLC 接通 AC 220V 电源后，该灯点亮，正常时仅有该灯亮表示 PLC 处于编辑状态
	RUN 运行指示灯（绿色）	当 PLC 处于正常运行状态时，该灯点亮
	BATT. V 内部锂电池电压低指示灯（红色）	如果该指示灯亮，说明锂电池电压不足，应更换
	PROG-E（CPU-E）程序出错指示灯（红色）	如果该指示灯闪烁，说明出现以下类型的错误： 1）程序语法错误 2）锂电池电压不足 3）定时器或计数器未设置常数 4）干扰信号使程序出错 5）程序执行时间超出允许时间，此灯连续亮

5. I/O 点的类别、编号

FX_{2N}系列 PLC 的 I/O 点数量、类别随机器的型号不同而不同，但 I/O 点数量的比例及编号规则完全相同。一般输入点与输出点的数量比为 1∶1，也就是说输入点数等于输出点数。FX 系列 PLC 的 I/O 编号采用八进制，即 00～07，10～17，20～27，……。输入点前面加“X”，输出点前面加“Y”。例如 X17，Y11。扩展单元和 I/O 扩展模块其 I/O 编号应紧接基本单元的 I/O 编号之后，一次分配编号。

任务实施

指导教师事先将梯形图程序写入 PLC，如图 4-8 所示。

按照输入/输出接线图 4-9 要求由学生独立将系统连接起来。让学生亲自操作，观察 PLC 面板输入/输出指示灯的变化及系统的运行情况，熟悉 PLC 控制系统的工作过程。

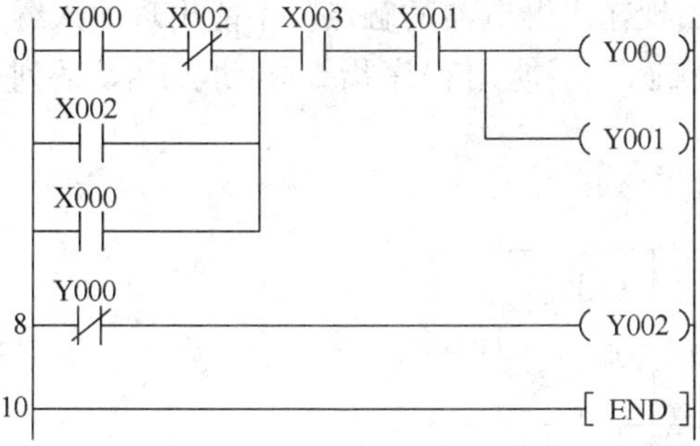

图 4-8　点动、连续运行控制的梯形图程序

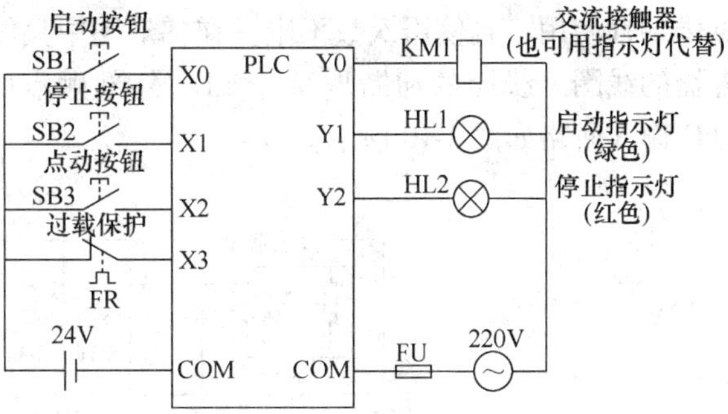

图 4-9　点动、连续运行控制的输入/输出接线图

想一想

输入接线在使用时的注意事项：

1）输入接线一般不要超过 30m。但如果环境干扰较小，电压降不大时，输入接线可适当长些。

2）输入/输出线不能同用一根电缆，输入/输出线要分开。

3）PLC 所能接受的脉冲信号的宽度应大于扫描周期的时间。

检查评议

根据以下三部分的完成情况，对学生进行综合评定，包括操作和口述，检查评分表见附录表 D-1。

1）要求学生口述并能向老师展示指定 PLC 的各部分结构。

2）口述各部分结构的功能。

3）能按照指定程序完成 PLC 的外部接线。

任务3　认识 FX_{2N} 系列 PLC 的输入/输出继电器

任务描述

PLC 的输入/输出继电器是接受外部输入信号，将 PLC 执行结果输出从而驱动外部设备的窗口。根据三相异步电动机正向连续运行控制输入/输出端口分配表补画输入/输出接线图并连线，观察程序中输入/输出继电器与外部输入和输出之间的关系（程序由教师给出）。本任务的重点在于熟悉输入/输出继电器的作用，理解输入/输出接口与外部输入、输出器件之间的关系，掌握输入/输出继电器的编号规则。

相关知识

1. 输入继电器 X

PLC 的输入端子是专门从外部接受信号的端口，按八进制进行编号，可以外接常开触点或常闭触点，也可以接多个触点组成的串并联电路或电子传感器（如接近开关）。PLC 内部与输入端子连接的输入继电器 X 是用光电隔离的电子继电器，内部提供常开、常闭两种触点供编程使用，且使用次数不限。在梯形图中只能出现输入继电器的触点，不能出现输入继电器的线圈。线圈的通断取决于 PLC 外部触点的状态，不能用程序指令驱动。FX_{2N} 系列 PLC 输入回路如图 4-10 所示。

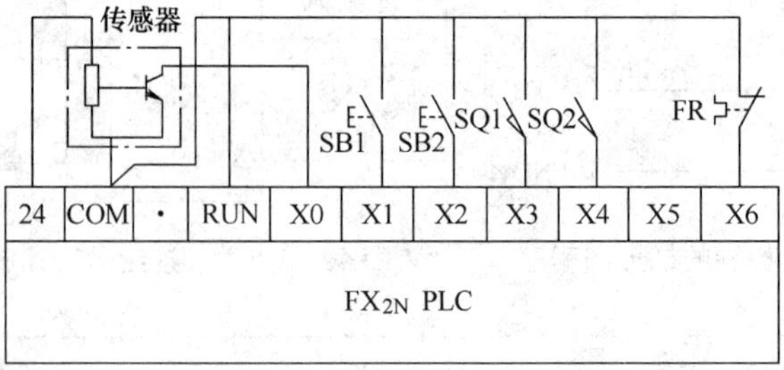

图 4-10　FX_{2N} 系列 PLC 输入回路

2. 输出继电器 Y

PLC 的输出端子是专门向外部负载输出信号的端口。输出继电器的线圈通断只能由程序驱动，外部信号无法驱动。输出继电器也按八进制编号，其外部输出主触点接到 PLC 的输出端子上以驱动外部负载，内部提供常开、常闭触点供程序使用，且使用次数不限。在梯形图中能出现输出继电器的触点，也能出现输出继电器的线圈，FX_{2N}系列 PLC 输出回路如图 4-11 所示。

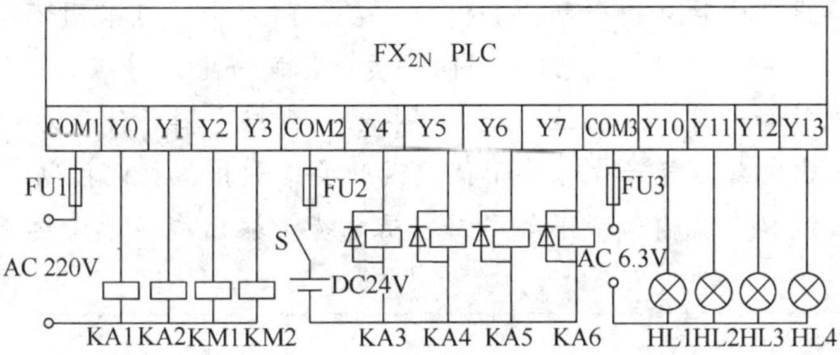

图 4-11　FX_{2N}系列 PLC 输出回路

输出公共端的类型是若干输出端子构成一组，共用一个输出公共端，各组的输出公共端用 COM1、COM2……表示，各组公共端之间相互独立，可使用不同的电源类型和电压等级负载驱动电源。若负载使用相同类型和电压等级时，输出端所有的 COM 端能用导线短接起来。

任务实施

1）三相异步电动机正向连续运行控制程序如图 4-12 所示，完成输入/输出端口配置见表 4-4。

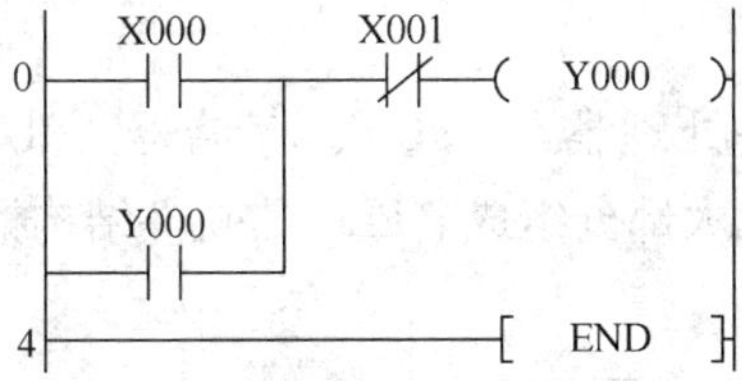

图 4-12　三相异步电动机正向连续运行控制程序

表 4-4　输入/输出端口配置

输入设备	输入端口编号	输出设备	输出端口编号
起动按钮 S01	X000	接触器 KM	Y000
停止按钮 S02	X001		

2）根据输入/输出端口配置绘制输入输出接线图。

3）根据绘制好的输入/输出接线图，在实验装置上进行外部电路的连接（教师可将事先存放好的程序下载到 PLC 中）。

4）观察当外部输入信号改变时，程序中输入、输出的状态，以及对外部输出设备的控制过程。

参考输入/输出接线图如图 4-13 所示。

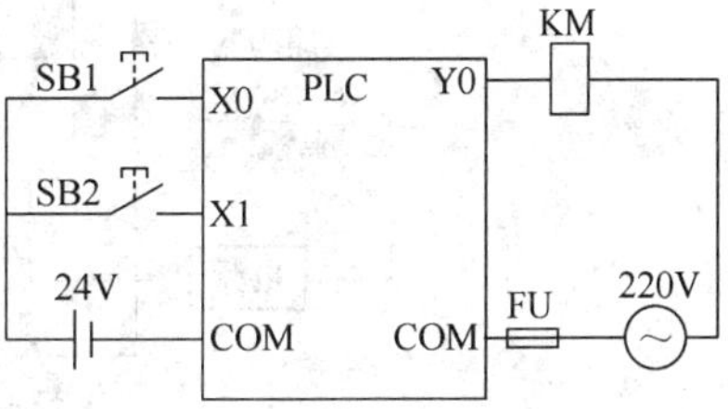

图 4-13　参考输入/输出接线图

想一想

输出接线在使用时的注意事项：

1）输出端接线分为独立输出和公共输出。在不同组中，可采用不同类型和电压等级的输出电压；在同一组中的输出只能用同一类型、同一电压等级的电源。

2）采用继电器输出时，电感性负载大小将影响到继电器的使用寿命。

3）PLC 的输出负载可能产生噪声干扰，因此要采取措施加以控制。

4）交流输出线和直流输出线不要用同一根电缆，输出线应尽量远离高压线和动力线，避免同行。

检查评议

根据以下三部分的完成情况，对学生进行综合评定，包括操作和口述，检查评分表见附录表 D-1。

1）要求学生口述输入/输出继电器的功能。

2）完成输入/输出端子分配。

3）完成 PLC 的外部接线，并能正成运行 PLC。

扩展知识

PLC 的组成及型号意义

1. PLC 的硬件组成

PLC 硬件结构主要由中央处理器（CPU）、存储器（RAM、ROM）、输入/输出接口（I/O接口）、电源及编程设备几大部分组成。PLC 的硬件结构框图如图 4-14 所示。

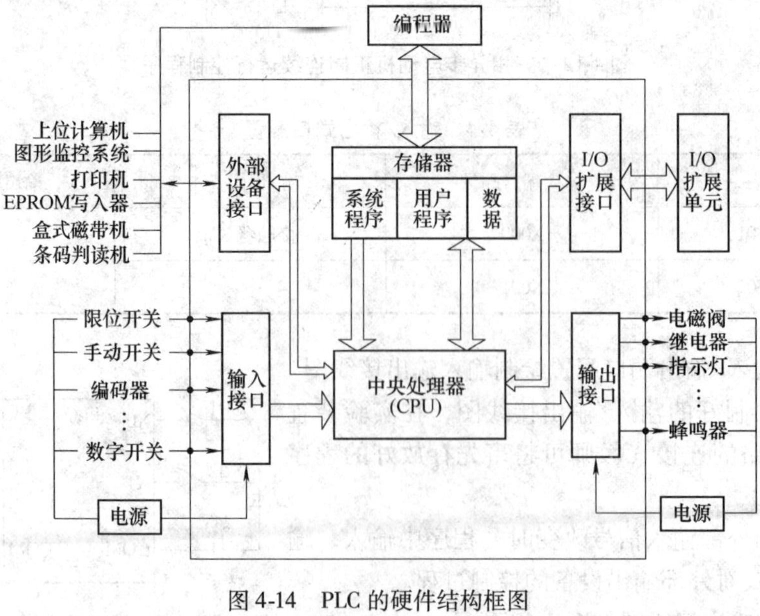

图 4-14　PLC 的硬件结构框图

（1）中央处理器（CPU） 中央处理器是PLC的核心，它在系统程序的控制下，通过输入装置读入现场输入信号并按照用户程序进行执行处理，完成逻辑运算、数学运算、协调系统内部各部分的工作等任务，并根据处理的结果通过输出装置实现输出控制。PLC中的CPU一般有三类：通用微处理器、单片机芯片、位处理器。CPU的性能直接影响PLC的性能。一般来说，PLC的档次越高，CPU的位数也越多，运算速度也越快，指令功能也越强。中小型的PLC多为8位或16位机。

（2）存储器 存储器主要用来存放程序和数据，PLC的存储器可以分为系统程序存储器和用户程序存储器。

1）系统程序存储器。用来存放由PLC生产厂家编写的系统程序，并固化在ROM内，用户不能直接更改。

2）用户程序存储器。根据控制要求而编制的应用程序称为用户程序。用户程序存储器用来存放用户针对具体控制任务，用规定的PLC编程语言编写的各种用户程序。其内容可以有用户任意修改或增删。用户程序存储器可采用随机存储器（RAM）、光可擦写只读存储器（EPROM）、电可擦写只读存储器（EPPROM）等类型的存储器。

（3）输入/输出接口 输入/输出接口是PLC与工业控制现场各类信号连接的部分，在PLC与控制对象间传递输入/输出信息。输入/输出接口有开关量输入/输出接口、模拟量输入/输出接口。

1）开关量输入接口。连接到PLC输入接口的输入器件是各种开关、按钮、传感器等。按现场信号可以接纳的电源类型不同，开关量输入接口可以分为3类：直流输入接口、交流输入接口和交直流输入接口，电路分别如图4-15～图4-17所示。

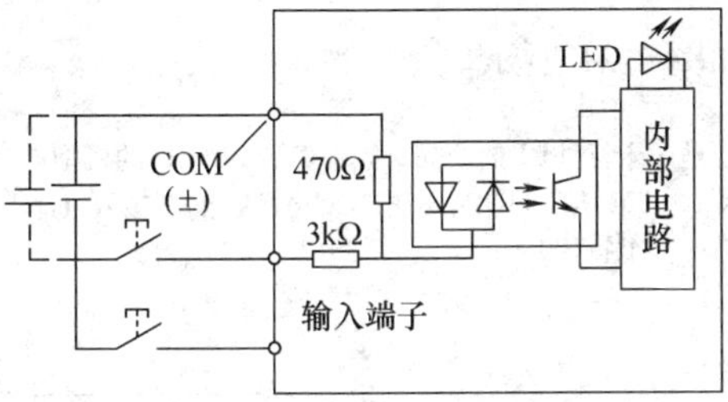

图4-15 直流输入接口

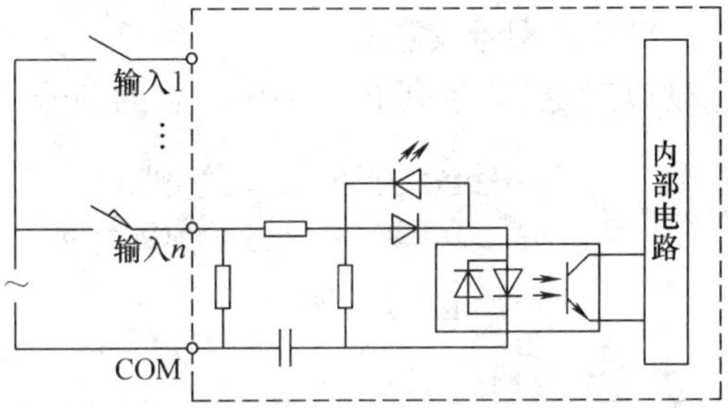

图4-16 交流输入接口

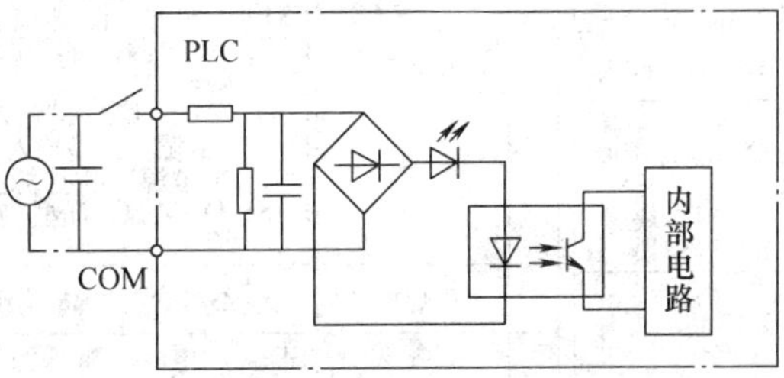

图4-17 交直流输入接口

2）开关量输出接口。开关量输出接口的作用是将PLC的输出信号传送到用户输出设备。按输出开关器件的种类不同，PLC的输出有3种类型，即继电器输出、晶体管输出、双向晶闸管输出，电路分别如图4-18～图4-20所示。

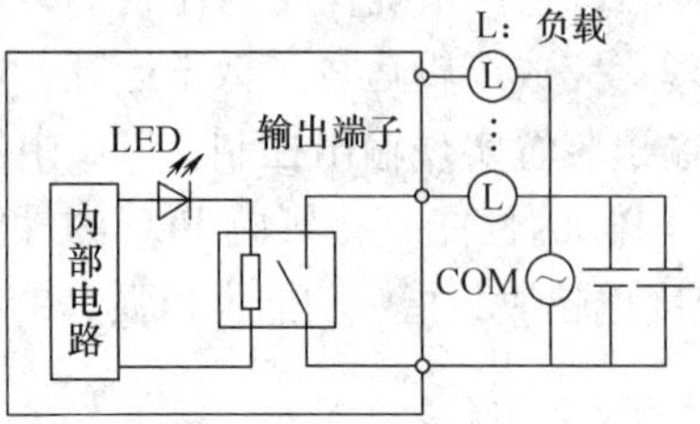

图 4-18　继电器输出接口

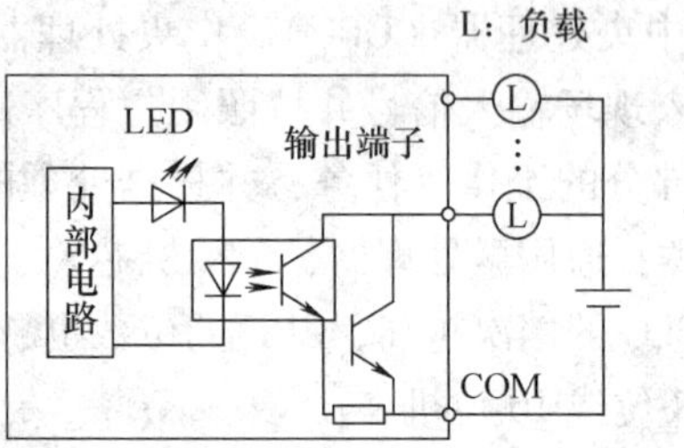

图 4-19　晶体管输出（NPN 型集电极开路）

其中，继电器输出型为有触点输出方式，可用于接通或断开开关频率较低的直流负载或交流负载回路，这种方式存在继电器触点的电气寿命和机械寿命较短的问题。晶体管和双向晶闸管输出型都为无触点输出方式，开关动作快、寿命长，可用于接通或断开开关频率较高的负载回路，其中晶闸管输出型常用于带交流电源负载，晶体管输出型则用于带直流电源负载。

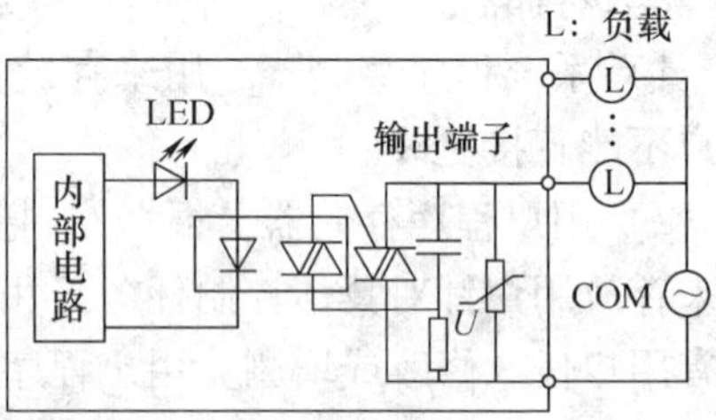

图 4-20　双向晶闸管输出

（4）电源　电源部件将外部供电电源转换成 PLC、存储器、输入/输出接口等电路工作所需要的直流电源。

（5）编程器　可将用户程序输入 PLC 的存储器。可以用编程器检查程序、修改程序。还可以利用编程器监视 PLC 的工作状态。编程器有简易编程器和智能编程器两大类。简易编程器一般只能用指令语句表形式进行编程，价格便宜、体积小、质量轻、便于携带，目前应用较多。

2. PLC 的型号及意义

现以三菱 FX 系列 PLC 为例，它的型号及意义如图 4-21 所示。

FX_{2N}−16 M R− □ −UA1/UL
① ②③④ ⑤ ⑥ ⑦ *1

FX_{3UC} − □ □ MT/D
① ⑧ *2

*1：即使是⑦未标注UL的产品，也有符合UL规格的机型。
*2：“FX_{3UC}−□□MT/D”中，⑧指“DC电源，漏型输入（晶体管输出、漏型输出）”。

	区分	内容
①	系列名称	FX_{1S},FX_{1N},FX_{2N},FX_{3G},FX_{3U},FX_{1NC},FX_{2NC},FX_{3UC}
②	输入输出合计点数	8，16，32，48，64等
③	单元区分	M：基本单元 E：输入输出混合扩展设备 EX：输入扩展模块 EY：输出扩展模块
④	输出形式	R：继电器 S：三端双向晶闸管开关器件 T：晶体管
⑤	连接形式等	T：FX_{2NC}的端子排方式 LT(−2)：内置FX_{3UC}的CC−Link/LT主站功能

	区分	内容
⑥	电源、输出方式	无：AC电源，漏型输出 E：AC电源，漏型输入、漏型输出 ES：AC电源，漏型/源型输入，漏型/源型输出 ESS：AC电源，漏型/源型输入，源型输出(仅晶体管输出) UA1：AC电源，AC输入 D：DC电源，漏型输入、漏型输出 DS：DC电源，漏型/源型输入，漏型输出 DSS：DC电源，漏型/源型输入，源型输出(仅晶体管输出)
⑦	UL规格*1	无：不符合的产品　UL：符合UL规格的产品
⑧	电源、输出方式	ES：AC电源，漏型/源型输入(晶体管输出型为漏型输出) ESS：AC电源，漏型/源型输入，源型输出(仅晶体管输出) D：DC电源，漏型输入、漏型输出 DS：DC电源，漏型/源型输入(晶体管输出型为漏型输出) DSS：DC电源，漏型/源型输入，源型输出(仅晶体管输出)

图 4-21　FX 系列 PLC 的型号及意义

项目 2　编程软件的使用

三菱电机公司早期提供的编程软件是 MEDOC，目前为 GPPW 和 SWOPC-FXGP-WIN-C。GX 编程软件可以用于生成涵盖所有三菱电机公司 PLC 设备的软件包，可以为 FX、A、QnA、Q 系列 PLC 生成程序。SWOPC-FXGP-WIN-C 是应用于 FX 系列 PLC 的中文编程软件，可在 Windows 9x 或 Windows 3. 1 及以上的操作系统运行。这里主要对 SWOPC-FXGP-WIN-C 软件所需的系统配置、软件功能，以及安装了 SWOPC-FXGP-WIN-C 编程软件后，如何进行用户程序的创建、修改和编辑作简要介绍。

任务描述

PLC 的编程软件有很多种类，不同品牌的 PLC 都有其相应的编程环境和编程软件。本文介绍的 FXGP-WIN-C 是三菱 PLC 常用的一款编程软件，了解并掌握 FXGP-WIN-C 的使用方法。本任务的具体要求是：FXGP-WIN-C 的界面介绍；FXGP-WIN-C 的程序编辑；FXGP-WIN-C 程序的写出；FXGP-WIN-C 程序的读入；FXGP-WIN-C 程序的监控；FXGP-WIN-C 程序的修改。

相关知识

1. 运行 FXGP-WIN-C 软件

双击桌面如图 4-22 所示图标，出现如图 4-23 所示初始界面。单击图 4-23 所示界面中的新建文件图标，出现如图 4-24 所示的 PLC 类型设置界面。

图 4-22　FX 编程软件快捷方式图标

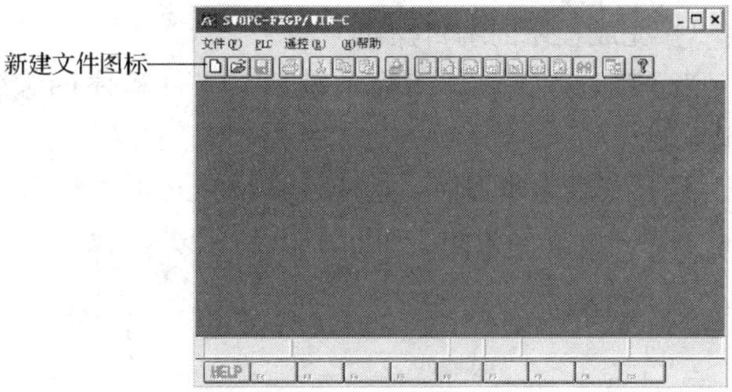

图 4-23　初始界面

2. 机型选择

在图 4-24 所示界面中选择机型，如选择“FX_{2N}”，单击“确认”按钮，出现如图 4-25 所示编程界面。

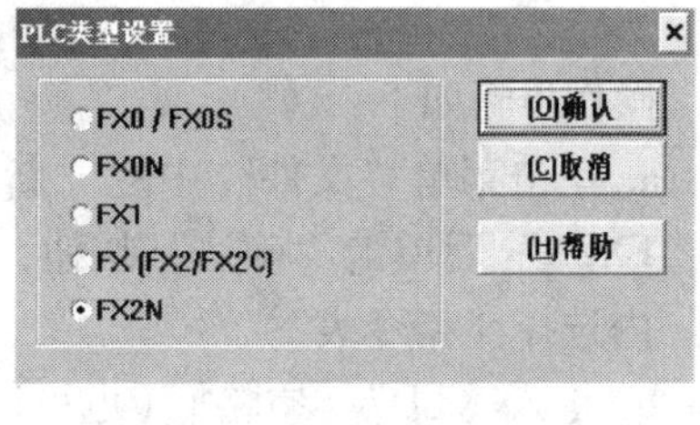

图 4-24　PLC 类型设置界面

3. FXGP-WIN-C 编程软件的界面介绍

FXGP-WIN-C 编程界面如图 4-25 所示。在图 4-25 中，a 为当前编程文件名，例如标题栏中的文件名 untit101；b 为菜单，包括文件（F）、编辑（E）、工具（T）、PLC、遥控（R）、监控/测试（M）等；c 为快捷功能键，包括保存、打印、剪切、转换、元件名查、指令查、触点/线圈查、刷新等；d 为当前编程工作区，包括编辑用指令（梯形图）形式表示的程序；e 为当前编程方式，包括梯形图；f 为状态栏，包括梯形图；g 为快捷指令，包括 F5 常开、F6 常闭、F7 输入元件、F8 输入指令等；h 为功能图，包括常开、常闭、输入元件、输入指令等。

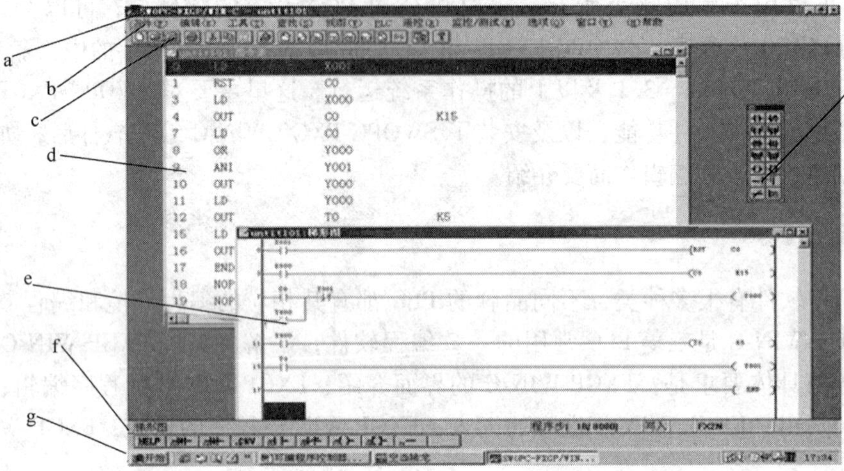

图 4-25　FXGP-WIN-C 编程界面

任务实施

1）学生完成实训用计算机的启动和相关软件的启动，进入三菱 PLC 编程系统。

2）学生按照教师提供的梯形图或者语句表独立完成录入。

3）完成程序的编辑操作。

当正确进入 FXGP 编程系统后，文件程序的编辑可用指令表与梯形图两种编辑状态形式。

① 指令表编辑程序　指令表编辑状态可以让用户用指令表形式编辑一般程序。现在以输入下面一段程序为例，如图 4-26 所示。

步序号	指令	I/O端口
0	LD	X000
1	OUT	Y000
2	END	

图 4-26　指令语句表举例

操作步骤如下：

a. 单击菜单“文件”中的“新文件”或“打开”，选择 PLC 类型设置，选择“FXON”或“FX2N”后单击“确认”按钮，弹出“指令表”（注：如果不是指令表，可从菜单“视图”内选择“指令表”）。

b. 键入“LD”［空格］（也可以键入“F5”），键入“X000”，然后按“Enter”键。

c. 键入“OUT”［空格］（可以键入“F9”），键入“Y000”，然后按“Enter”键。

d. 键入“END”，[回车]。

“指令表”程序编辑结束后，应该进行程序检查，FXGP 能提供自检。单击“选项”下拉子菜单，如图 4-27 所示。选中“程序检查”弹出“程序检查”对话框，如图 4-28 所示，根据提示，可以检查是否有语法错误、电路错误以及双线圈检验。检查无误可以进行下一步的操作：“传送”、“运行”。

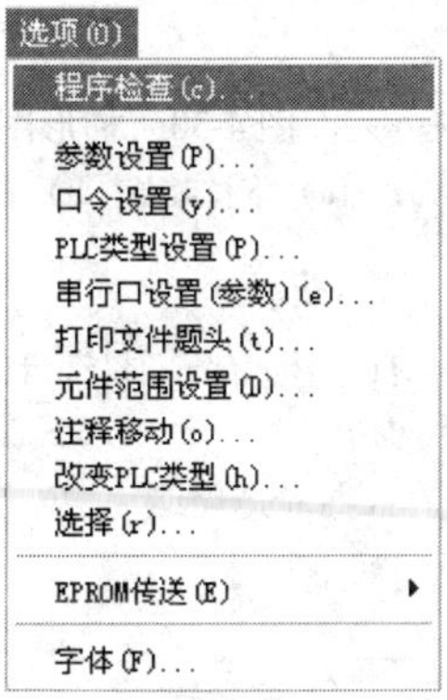

图 4-27　运用 FXGP 软件进行程序检查菜单图

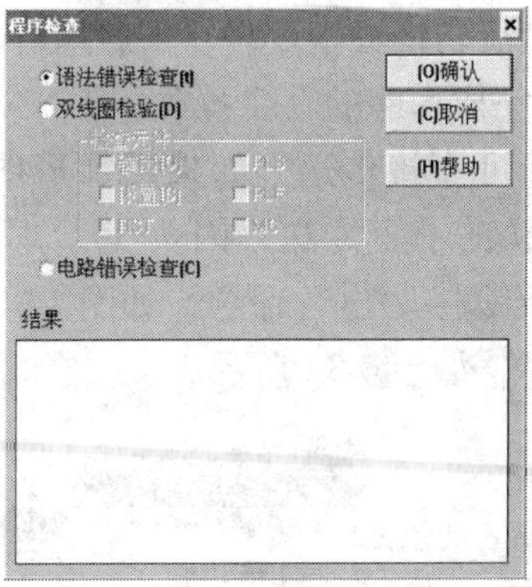

图 4-28　运用 FXGP 软件进行程序检查对话框

②“梯形图”编辑程序　梯形图编辑状态，可以让用户用梯形图形式编辑程序，以输入如图 4-29 所示的一段梯形图为例。

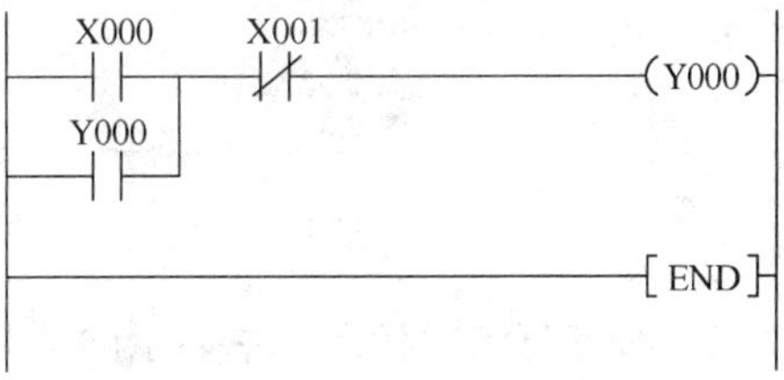

图 4-29　梯形图编程举例

a. 单击菜单“文件”中的“新文件”或“打开”，选择 PLC 类型设置，选择“FXON”或“FX2N”后单击“确认”按钮，弹出“梯形图”（注：如果不是梯形图，可从菜单“视图”内选择“梯形图”）。

b. 首先将小光标移到左边母线最上端处。

c. 按“F5”或单击右边的功能图中的常开，弹出“输入元件”对话框，键入“X000”然后按“Enter”键。

d. 按“F6”或单击功能图中的常闭，弹出“输入元件”对话框，键入“X001”然后按“Enter”键。

e. 按“F7”或单击功能图中的输出线圈，键入“Y000”然后按“Enter”键。

f. 单击功能图中带有连接线的常开，弹出“输入元件”对话框，键入“Y000”然后按“Enter”键。

g. 按“F8”或单击功能图中的“功能”元件“—［］—”，弹出“输入元件”对话框。

h. 键入“END”然后按“Enter”键。

“梯形图”程序编辑结束后，应该进行程序检查，FXGP 能提供自检，单击“选项”下拉子菜单，选中“程序检查”弹出“程序检查”对话框，根据提示可以检查是否有语法错误，电路错误以及双线圈检验。进行下一步：“转换”、“传送”、“运行”。

注意：“梯形图”编辑程序必须经过“转换”成指令表格式才能被 PLC 认可运行。但有时输入的梯形图无法将其转换为指令格式。梯形图转换成指令表格式的操作用鼠标单击按钮或按下快捷键“F4”，也可单击工具栏的下拉菜单“转换”，如图4-30所示。

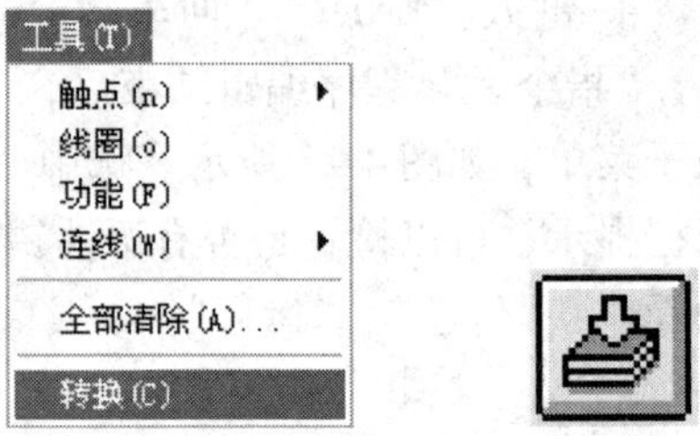

a) b)

图4-30 梯形图转换

a）下拉菜单 b）转换按钮

梯形图和指令表编程比较：梯形图编程比较简单、明了，接近电路图，所以一般PLC程序都用梯形图来编辑，然后转换成指令表，下载运行。

4）完成程序的写出操作。若FXGP中的程序用指令表编辑可直接传送，如果用梯形图编辑的则要求转换成指令表才能传送，因为PLC只识别指令。单击“PLC→传送→写出”命令，如图4-31所示，弹出对话框，有“所有范围”和“范围设置”两个选择，如图4-32所示。

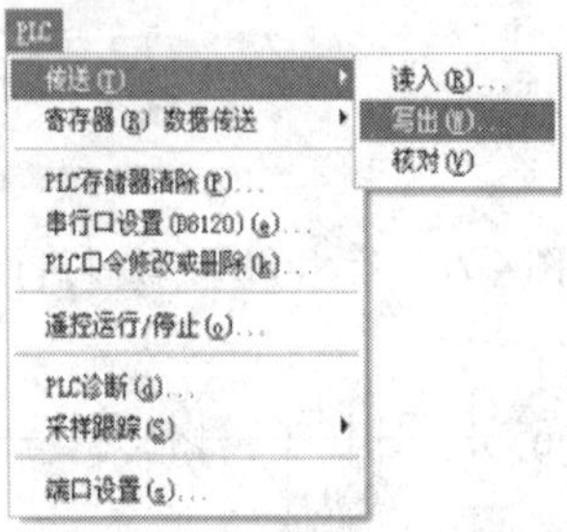

图4-31 传送方法图

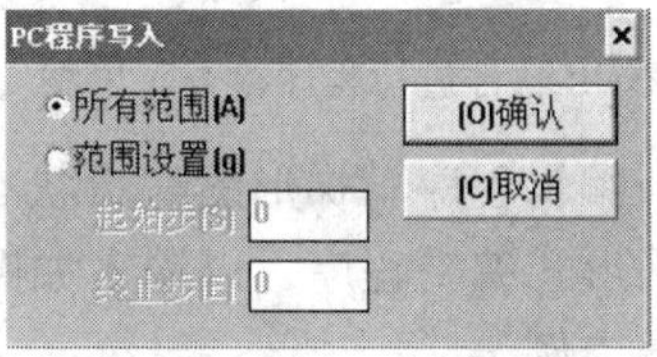

图4-32 所有范围传输

① 所有范围即状态栏中显示的“程序步”（FX_{2N}-8000）会全部写入PLC，时间比较长。此功能可以用来刷新PLC的内存。

② 设置范围。先确定“程序步”的“起始步”和“终止步”的步长，然后把确定的步长指令写入PLC，时间相对比较短。程序步的长短都在状态栏中明确显示。在“状态栏”会出现“程序步”（或“已用步”）写入FX_{2N}等字符。单击“确认”按钮，如果这时PLC处于“STOP”状态，则可以进行程序写入，如图4-33所示；如果这时PLC处于“RUN”状态，通信不能进行，屏幕会出现“PLC正在运行，无法写入”的文字说明提示，这时应该先将PLC的“RUN、STOP”的开关拨到“STOP”或单击菜单“PLC”的“遥控运行/停止”，如图4-34所示，然后才能进行通信。

“写入结束”后软件会自动“核对”，如图4-35所示，核对正确后PLC才能运行。注意这时的“核对”只是核对程序是否写入了PLC，电路的正确与否由PLC判定，与通信无关。若“通信错误”提示符出现，可能有两个问题要检查：① 在状态检查中看“PLC类型”是

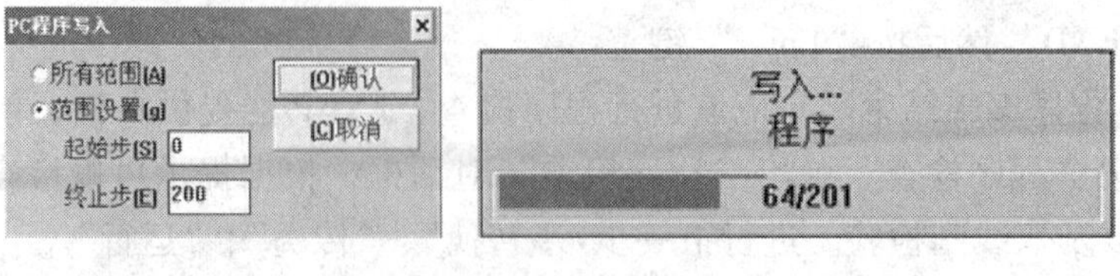

图4-33 设置范围传送程序

否正确，例：运行机型是 FX_{2N}，但设置的是 FXON，就要更改成 FX_{2N}。② PLC 的“端口设置”（即 COM 口）是否正确。排除了两个问题后，重新“写入”直到“核对”完成表示程序已输送到 PLC 中。

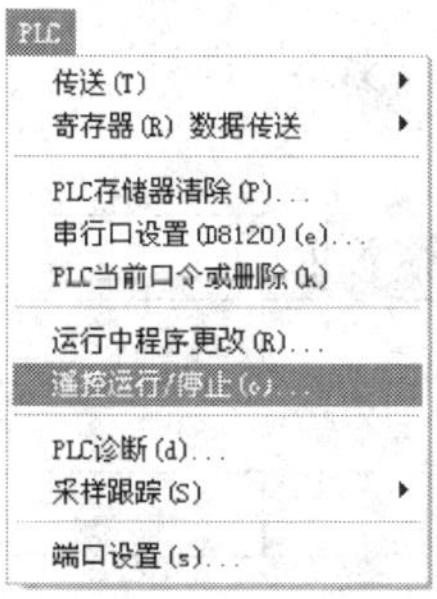

图 4-34　遥控 PLC 运行状态

图 4-35　程序的核对

5）完成程序的读入操作。若要把 PLC 中的程序读回 FXGP，首先要设置好通信端口，单击“PLC”子菜单“读入”，弹出“PLC 类型设置”对话框，选择 PLC 类型，单击“确认”按钮读入开始，如图 4-36、图 4-37 所示。FX_{2N}系列 PLC 会读入 PLC 的最大范围即 8000 步程序，结束后状态栏中显示程序步数。这时在 FXGP 中可以阅读 PLC 中的运行程序。

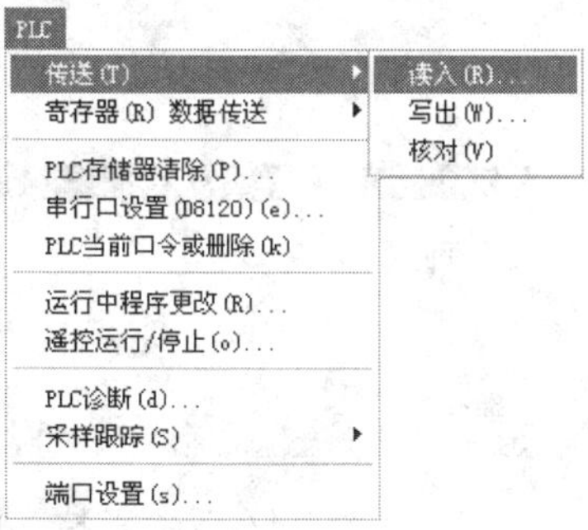

图 4-36　程序读入菜单

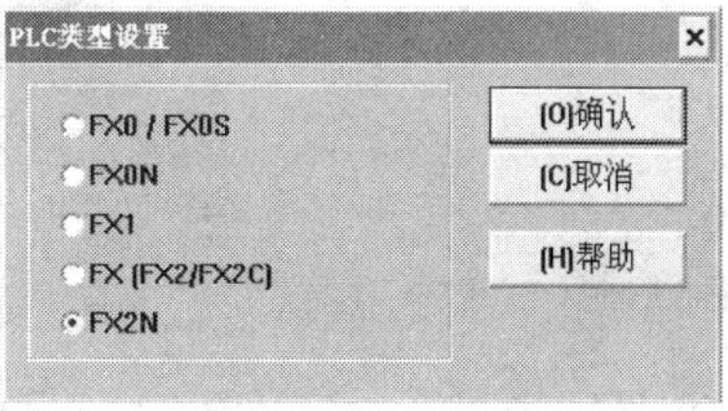

图 4-37　程序读入对话框

注意：FXGP 和 PLC 之间的程序传送，有可能原程序会被当前程序覆盖，假如不想覆盖原有程序，应该注意文件名的设置。最好新建一个空白文件用于暂存 PLC 中读入的文件。

6）完成程序的监控操作。当程序写入 PLC 后，按照设计要求可用 FXGP 来调试 PLC 程序。如果有问题，可以通过 FXGP 提供的调试工具来确定问题所在。调试工具：监控/测试。监控主要可以分为两部分“程序监控”、“元件监控”。

“程序监控”可以单击菜单栏中的“监控/测试（M）”，选择“开始监控”来实现，如图 4-38 所示。程序进行到被监控模式，此时如果元件被接通时，则显示绿色背景，未被接通的元件背景成白色，如图 4-39 所示。

当定时器元件或计数器元件接通后，它自动计时（元件上方的数字）当计时达到元件指定值时其触点做出相应变换。当监控发现程序的输入、输出达到编程要求时可以再次单击菜单栏中的“监控/测试”选择“停止监控”来结束程序的监控，如图 4-40 所示。

元件监控，在 PLC 运行时单击菜单栏中的“监控/测试”，选择“进入元件监控”如图 4-41 所示，可以对 PLC 中相应的元件参数进行监控，如图 4-42 所示。

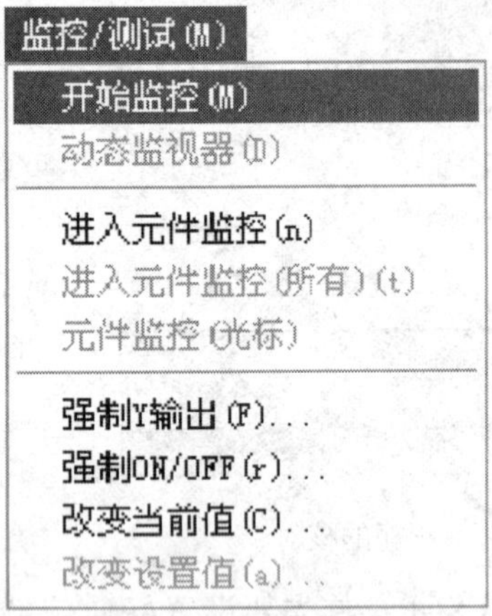

图 4-38　程序监控菜单

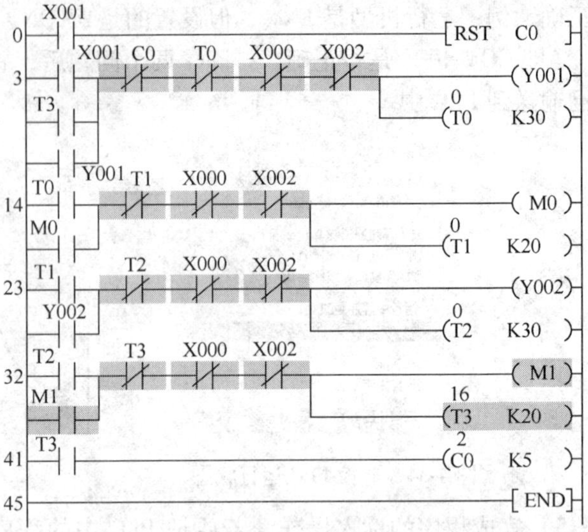

图 4-39　程序监控情况

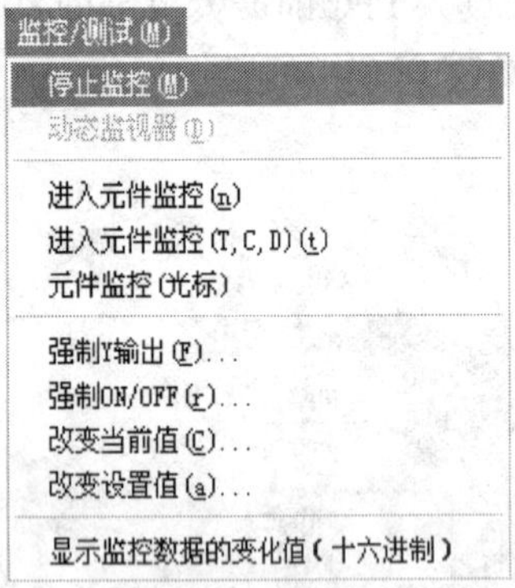

图 4-40　停止监控

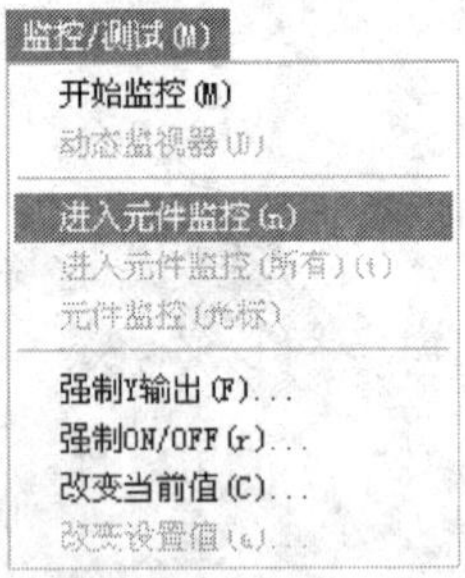

图 4-41　元件监控

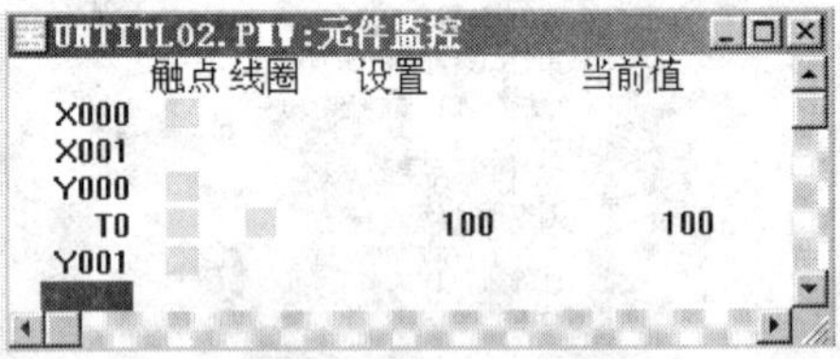

图 4-42　元件监控情况

7）完成程序的修改操作。如果在监控时发现程序与编程目的不同时，就应该对程序做出相应的修改。程序的修改可以分为两种情况：“基于指令表的修改”、“基于梯形图的修改”。由于 PLC 是只识别指令，所以如果运用“基于梯形图的修改”来修改程序，在修改之后必须进行转换然后再传送至 PLC 进行调试。

① 基于指令表的修改。

a. 指令的插入。例如要在第 18 步与第 19 步指令之间插入语句，可以用鼠标把光标移至第 19 步然后直接输入要插入的语句，程序会自己把原来的第 19 步往后推移，这样就能把要插入的语句插入到相应位置。

b. 指令的删除。单条指令的删除：只需把光标移至要删除的指令上，然后单击菜单栏中的“编辑”，再选择“删除”，或者可以直接按键盘上的“Del”键删除。

用户程序中 NOP 指令的删除：单击菜单栏中的“编辑”，再选择“NOP 删除”会弹出对话框可以设置范围内的 NOP 指令删除也可以选择所有范围，如图 4-43 所示。

指定范围的程序删除：用鼠标把要删除的程序选中然后按“Del”键删除即可。

所有程序的删除：单击菜单栏中的“工具”，选择“全部清除”，单击“确认”即可。

c. 程序的查找。程序的查找方式很多，这里对常用的“元件查找”、“指令查找”、“程序步查找”、“元件名查找”作简要介绍。

图 4-43　删除指定范围内的程序

程序步查找：单击菜单栏中的“查找”选择“到指定程序步”，输入步数后再单击“确认”按钮，如图 4-44 所示。由于 PLC 中程序步是由 0 开始计数，所以查找的步数会比显示的步序号数值上少 1。

指令查找：单击菜单栏中的“查找”选择“指令查找”，在输入相应的指令即可。查找到相应指令后会弹出“向下”或“向上”继续查找，如图 4-45 所示。

图 4-44　查找到指定程序步

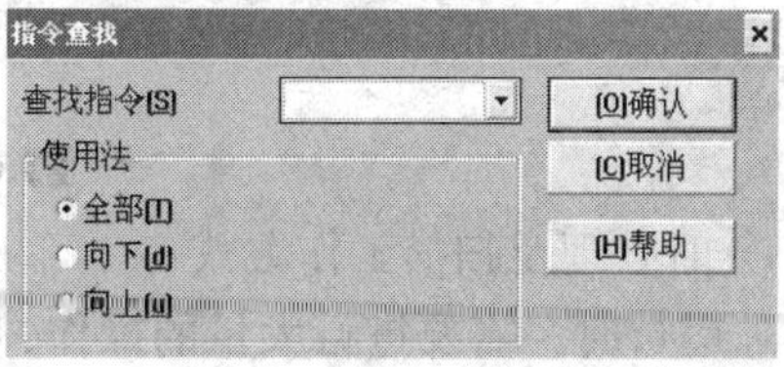

图 4-45　指令查找

元件查找：单击菜单栏中的“查找”选择“元件查找”，再输入相应的元件即可，如图 4-46 所示。

元件名查找：要使用此功能，必须在编写程序时对每个元件冠名。然后单击菜单栏中的“查找”，再选择“元件名查找”，输入前面的元件名即可查找，如图 4-47 所示。

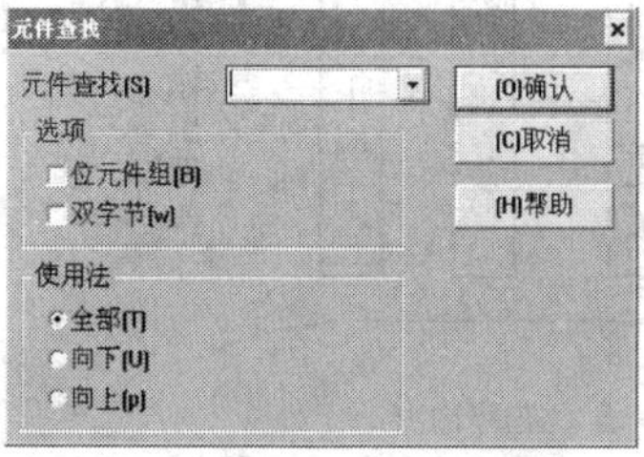

图 4-46　元件查找

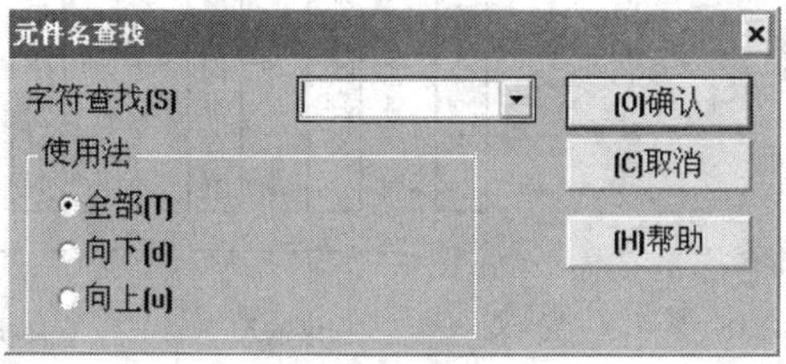

图 4-47　元件名查找

② 基于梯形图的修改。

a. 元件修改。用鼠标选中所要修改的元件，双击选中该元件，修改元件。

b. 元件插入。在梯形图模式下的元件插入有如下两种方法：

单击菜单栏中的“视图”，选择“功能图”，在屏幕中会显示元件的快捷键工具栏，如图 4-48 所示，要插入元件可以直接单击要插入的位置，然后单击要插入的触点（或输出），再输入元件即可完成元件插入。用鼠标把光标移至要插入元件的位置，然后直接输入指令语句也可插入相应元件。

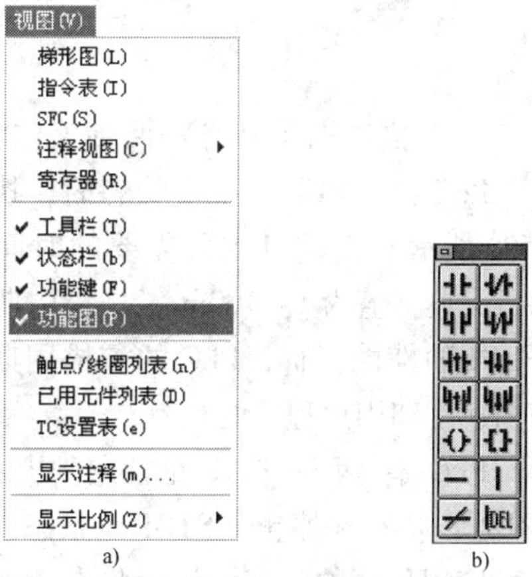

图 4-48　元件插入

a）视图菜单　b）功能图工具栏

c. 元件删除。在梯形图模式下的元件删除，必须在删除该元件后用连接线补充使梯形图完整贯通。

d. 元件查找。元件查找方式和在指令表模式下查找几乎相同，详细参考指令表中的元件查找。

注：再修改过程序后必须进行转换，不然不能进行程序传送。

【检查评价】

根据以下三部分的完成情况，对学生进行综合评定，检查评分表见附录表 D-1。

1）完成指定语句表或梯形图的软件录入。

2）完成对录入的语句表或梯形图进行程序的写出、程序的读入、程序的监控、程序的修改步骤完成相应的操作。

3）成对录入的语句表或梯形图进行程序的监控、程序的修改操作。

扩展知识

PLC 的基本原理

1. 分时处理及扫描工作方式

PLC 运行时，需要进行大量的操作，所以 PLC 中的 CPU 只能根据分时操作原理，按一定的顺序，每一时刻执行一个操作，这种分时操作的方式，成为 CPU 的扫描工作方式。当 PLC 运行时，在经过初始化后，即进入扫描工作方式，且周而复始的重复进行，因此，PLC 的工作方式为循环扫描工作方式。

PLC 运行时按照用户程序指令存放的先后顺序周期性循环扫描。PLC 的扫描工作过程可分为程序输入、程序执行、程序输出三个阶段，如图 4-49 所示。

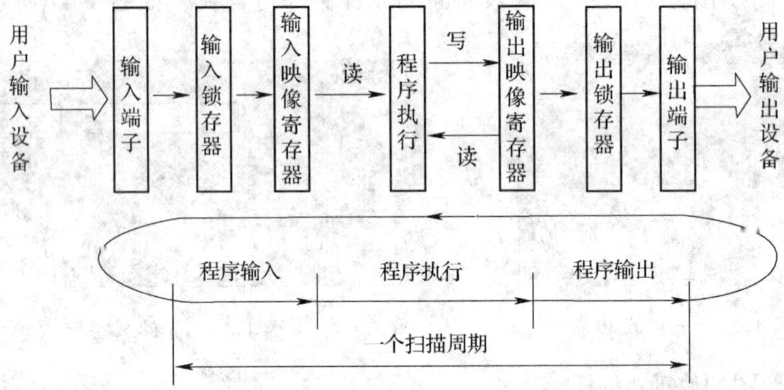

图 4-49　PLC 的循环扫描过程

2. 扫描周期及 PLC 的两种工作状态

PLC 在“RUN”工作状态时，执行一次如图 4-50a 所示的扫描过程所需要的时间称为扫描周期，其典型值为 1～100ms。扫描周期是 PLC 的一个重要的性能指标，PLC 的扫描周期主要取决于扫描速度和用户程序的长短。

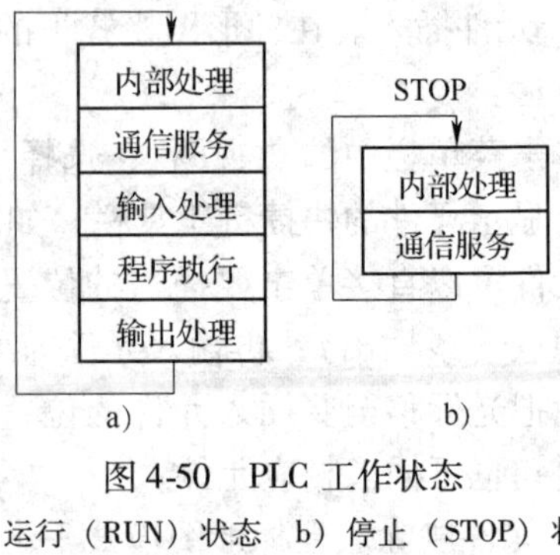

图 4-50　PLC 工作状态

a）运行（RUN）状态　b）停止（STOP）状态

PLC 有两种基本的工作状态，即运行（RUN）状态和停止（STOP）状态。运行状态是执行应用程序的状态。停止状态一般用于程序的编制与修改。图 4-50 给出了运行和停止两种状态 PLC 不同的扫描周期。由图可知，在这两个不同的工作状态中，扫描过程所要完成的任务是不尽相同的。

项目3 PLC 的基本指令

FX_{2N}系列 PLC 的指令系统共有 107 条指令，其中基本指令 20 条，步进指令 2 条，功能指令 85 条。

FX_{2N}系列 PLC 编程语言主要有梯形图及指令表。

指令表编程语言又称为语句表或布尔助记符，它是一种类似汇编语言的低级语言，属于传统的编程语言，用布尔助记符表示的指令来描述程序。FX_{2N}系列 PLC 的指令表由指令集合而成，指令由三部分组成：步序号、指令符、数据，且和梯形图有严格的对应关系。

梯形图来源于继电器逻辑控制系统的描述，是 PLC 编程中被最广泛使用的一种图形化语言，由于梯形图类似于继电器控制的电气接线图，便于理解，因此许多编程人员和维护人员都选择了这一编程方式。而且图形结构类似于登高用的梯子故名梯形图。梯形图的每个梯级表示一个因果关系，事件发生的条件表示在梯级的左面，事件发生的结果表示在梯级的右面。FX_{2N}系列 PLC 梯形图是用图形符号及图形符号间的相互关系来表达控制思想的一种图形程序，而指令表则是图形符号及它们之间关联的语句表述。

任务1 认识连接驱动指令

任务描述

连接驱动指令是 FX_{2N}系列 PLC 最广泛应用的指令，掌握连接驱动指令是正确使用 PLC 编程的基础，本任务的具体要求是：能够熟记连接驱动指令的符号、名称、程序步；能够理解连接驱动指令的功能、梯形图表示及数据表示；了解连接驱动指令的使用说明；掌握连接驱动指令的使用；熟记连接驱动指令的编写规则；掌握连接驱动指令的梯形图和指令表之间的转换。

相关知识

LD、LDI、OUT、AND、ANI、OR、ORI、ORB、ANB 九条指令的符号、名称、功能、梯形图表示和程序步见表 4-5。

表 4-5 指令的符号、名称、功能、梯形图表示和程序步

符号、名称	功 能	梯形图表示和数据范围
LD 取	常开触点逻辑运算开始，即读入逻辑行的第一个常开触点	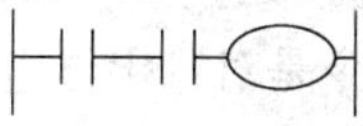 X，Y，M，S，T，C
LDI 取反	常闭触点逻辑运算开始，即读入逻辑行的第一个常闭触点	 X，Y，M，S，T，C
OUT 输出	线圈驱动指令	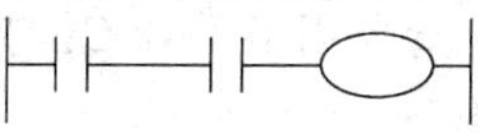 Y，M，S，T，C

（续）

符号、名称	功　能	梯形图表示和数据范围
AND 与	常开触点串联连接	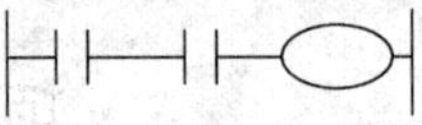 X, Y, M, S, T, C
ANI 与非	常闭触点串联连接	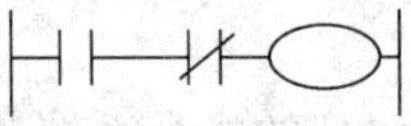 X, Y, M, S, T, C
OR 取	常开触点并联连接	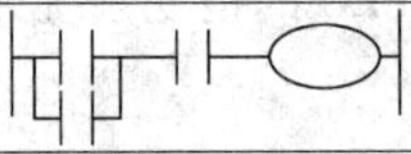 X, Y, M, S, T, C
ORI 取反	常闭触点并联连接	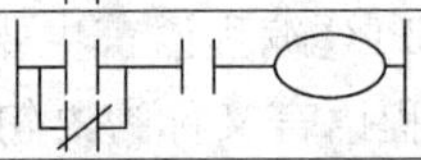 X, Y, M, S, T, C
ORB 电路块或	串联电路块的并联连接	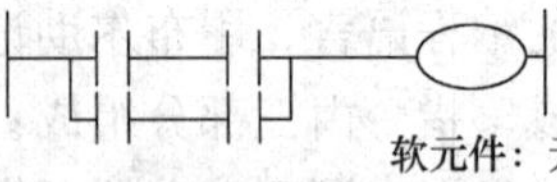 软元件：无
ANB 电路块与	并联电路块的串联连接	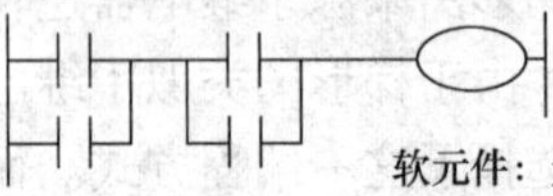 软元件：无

任务实施

1）学生完成实训用计算机的启动和相关软件的启动，进入三菱 PLC 编程系统。

2）完成 LD、LDI、OUT 指令的操作。图 4-51 所示为 LD、LDI、OUT 指令的应用，请在理解程序的基础上完成操作。

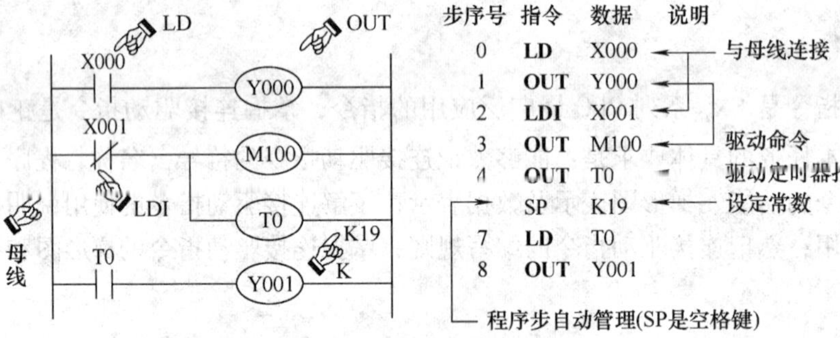

图 4-51　LD、LDI、OUT 指令的应用

LD、LDI、OUT 指令使用说明如下：

① LD、LDI 指令用于将触点连接到左母线上，LD 是将常开触点连接到左母线上，LDI 是将常闭触点连接到左母线上。并且 LD、LDI 指令也可以与后面介绍的 ANB、ORB 指令配合使用于分支起点处。

② OUT 指令是对输出继电器 Y、辅助继电器 M、状态继电器 S、定时器 T、计数器 C 等线圈进行驱动的指令，但不能用于输入继电器 X。

③ OUT 指令可连续使用无数次，相当于线圈的并联。

④ OUT 指令用于 T 和 C，其后须跟常数 K，K 为延时时间或计数次数，如图 4-51 中的 OUT T0 K19。

想一想

OUT 指令是否可以串联使用？请使用 FXGP-WIN 编程软件检验。

3）完成 AND、ANI 指令操作。图 4-52 所示为 AND、ANI 指令的应用，请在理解程序的基础上完成操作。

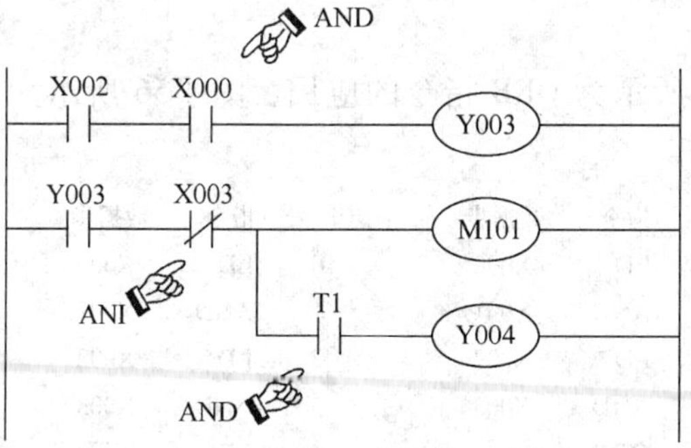

步序号	指令	数据	说明
0	LD	X002	
1	**AND**	X000	串联常开触点
2	OUT	Y003	
3	LD	Y003	
4	**ANI**	X003	串联常闭触点
5	OUT	M101	
6	**AND**	T1	串联常开触点
7	OUT	Y004	纵接输出

图 4-52　AND、ANI 指令的应用

AND、ANI 指令使用说明如下：

① AND、ANI 指令为单个触点的串联连接指令。AND 用于常开触点，ANI 用于常闭触点。串联触点的数量不受限制。

② 执行 OUT 指令后，可以通过触点对其他线圈使用 OUT 指令，称之为纵接输出或连续输出。例如，图 4-52 中就是在 OUT　M101 之后，通过触点 T1，对 Y004 线圈使用 OUT 指令，这种纵接输出，只要顺序正确可多次重复。但如果顺序改成图 4-53 所示，则必须采用后面介绍的 MPS 指令。

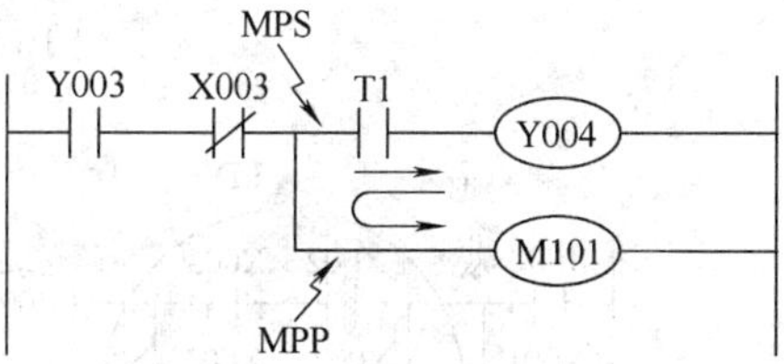

图 4-53　不能使用纵接输出的例子

4）完成 OR、ORI 指令操作。图 4-54 所示为 OR、ORI 指令的应用，请在理解程序的基础上完成操作。

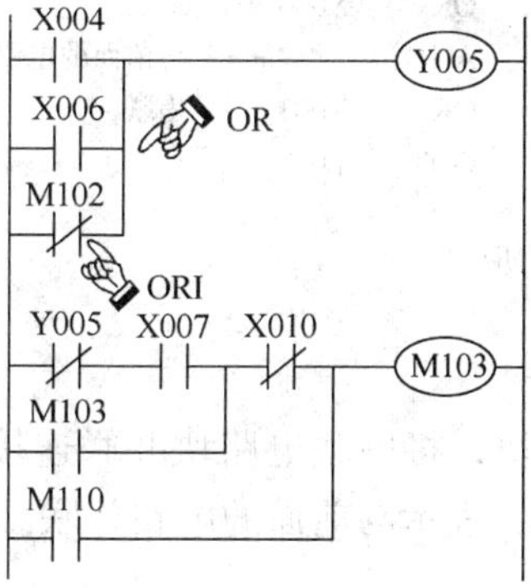

步序号	指令	数据	说明
0	LD	X004	
1	**OR**	X006	
2	**ORI**	M102	并联连接
3	OUT	Y005	
4	LDI	Y005	
5	AND	X007	
6	**OR**	M103	
7	ANI	X010	
8	**OR**	M110	并联连接
9	OUT	M103	

图 4-54　OR、ORI 指令的应用

OR、ORI 指令使用说明如下：

① OR、ORI 指令是单个触点的并联连接指令。OR 为常开触点的并联，ORI 为常闭触点的并联。

② OR、ORI 指令紧接在 LD 和 LDI 指令后使用，即对 LD 和 LDI 指令规定的触点再并联一个触点。

③ 若两个以上触点的串联支路与其他回路并联时，应采用后面介绍的电路块或（ORB）指令。

5）完成 ORB、ANB 指令操作。图 4-55 所示为 ORB 指令的应用，图 4-56 所示为 ANB 指令的应用，请在理解程序的基础上完成操作。

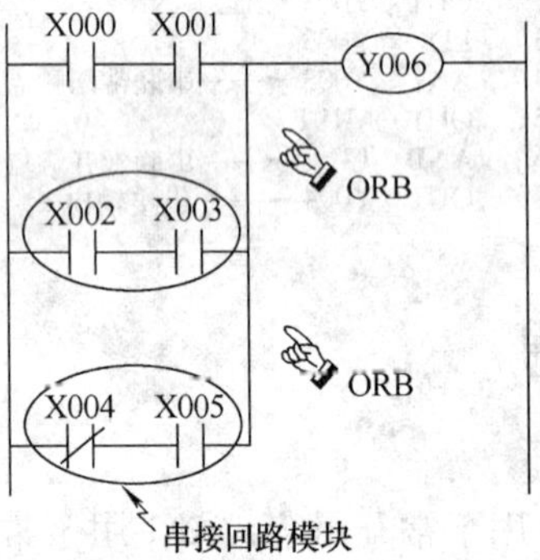

步序号	指令	数据步	
0	LD	X000	
1	AND	X001	
2	LD	X002	
3	AND	X003	
4	**ORB**		←
5	LDI	X004	
6	AND	X005	
7	**ORB**		←
8	OUT	Y006	

方法一

步序号	指令	数据步	
0	LD	X000	
1	AND	X001	
2	LD	X002	
3	AND	X003	
4	LDI	X004	
5	AND	X005	
6	**ORB**		←
7	**ORB**		←
8	OUT	Y006	

方法二

图 4-55　ORB 指令的应用

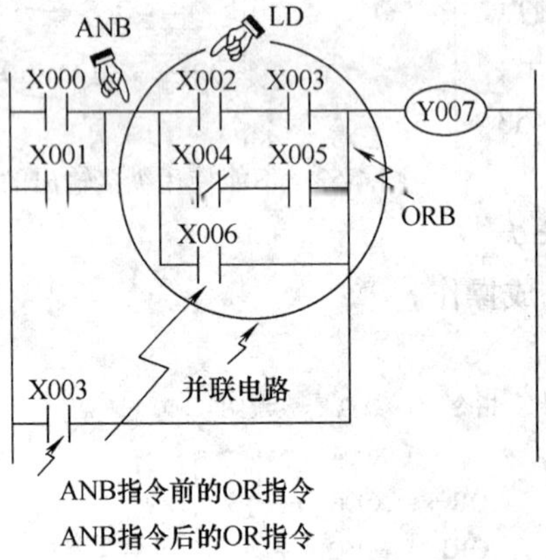

步序号	指令	数据	说明
0	LD	X000	
1	OR	X001	
2	LD	X002	分支起点
3	AND	X003	
4	LDI	X004	
5	AND	X005	
6	ORB		并联电路快结束
7	OR	X006	
8	**ANB**		与前面的电路串联
9	OR	X003	
10	OUT	Y007	

图 4-56　ANB 指令的应用

ORB 指令使用说明如下：

① 两个以上触点串联连接的支路称为串联电路块，将串联电路块并联连接时，分支开始用 LD、LDI 指令表示，分支结束用 ORB 指令表示，表示与前面的电路并联。

② ORB 指令是不带软组件地址号的指令。

③ 有多条串联电路块并联时，可对每个电路块使用 ORB 指令，对并联电路数没有限制。

④ 对多条串联电路块并联电路，也可成批使用 ORB 指令，但考虑到 LD、LDI 指令的重复使用限制在 8 次，因此 ORB 指令的连续使用次数也应限制在 8 次。

ANB 指令使用说明如下：

① 两个或两个以上触点并联连接的电路称为并联电路块。当分支电路并联电路块与前面的电路串联连接时，使用 ANB 指令。分支起点用 LD、LDI 指令，并联电路块结束后使用 ANB 指令，表示与前面的电路串联。

② ANB 指令是不带操作组件编号的指令。

③ 若多个并联电路块按顺序和前面的电路串联连接时，则 ANB 指令的使用次数没有限制。

④ 对多个并联电路块串联时，ANB 指令可以集中成批地使用，但在这种场合，与 ORB 指令一样，LD、LDI 指令的使用次数只能限制在 8 次以内，ANB 指令成批使用次数也应限制在 8 次。

【任务评价】

根据以下三部分的完成情况，对学生进行综合评定，包括操作和口述，检查评分表见附录表 D-2。

1）软件使用的熟练度。

2）LD、LDI、OUT、AND、ANI 指令的应用。

3）OR、ORI、ORB、ANB 指令的应用。

任务 2　认识多路输出指令

任务描述

多路输出指令是 FX_{2N} 系列 PLC 基本指令中比较难的指令，掌握多路输出指令是正确编写指令表的重点，本任务的具体要求是：能够熟记多路输出指令的符号、名称、程序步；能够理解多路输出指令的功能、梯形图表示及数据表示；掌握多路输出指令的使用；熟记多路输出指令的编写规则；掌握多路输出指令的梯形图和指令表之间的转换。

相关知识

MPS 进栈指令、MRD 读栈指令、MPP 指令出栈指令、MC 主控指令和 MCR 主控复位指令的指令助记符及功能见表 4-6。

表 4-6　指令助记符及功能

符号、名称	功　能	梯形图表示和数据范围
MPS 进栈	将连接点数据入栈	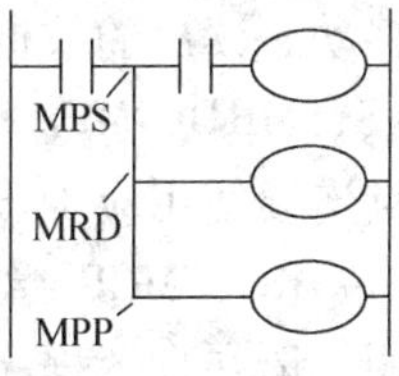
MRD 读栈	读栈存储器栈顶数据	
MPP 出栈	取出栈存储器栈顶数据	

（续）

符号、名称	功　能	梯形图表示和数据范围
MC 主控	主控电路块起点	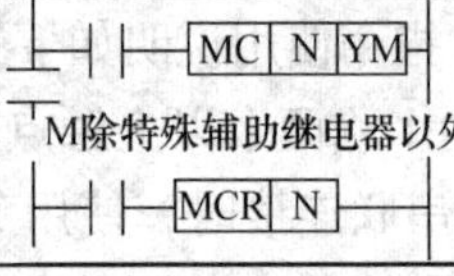
MCR 主控复位	主控电路块终点	

任务实施

1）学生完成实训用计算机的启动和相关软件的启动，进入三菱 PLC 编程系统。

2）完成 MPS、MRD、MPP 指令的操作。

图 4-57 所示为 MPS、MRD、MPP 指令的应用，请在理解程序的基础上完成操作。

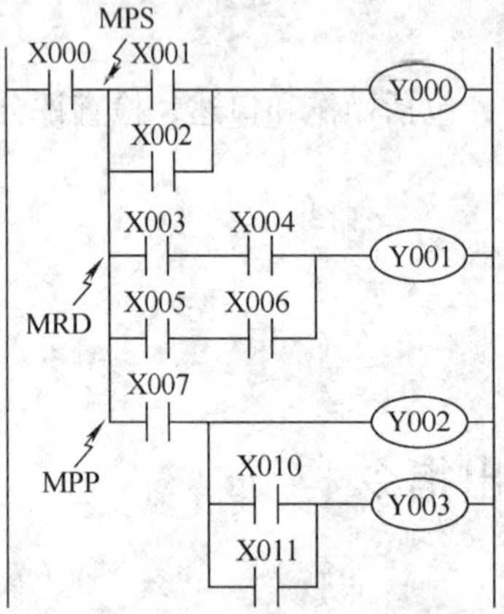

步序号	指令	数据	步序号	指令	数据
0	LD	X000	12	ANB	
1	**MPS**		13	OUT	Y001
2	LD	X001	14	**MPP**	
3	OR	X002	15	AND	X007
4	ANB		16	OUT	Y002
5	OUT	Y000	17	LD	X010
6	**MRD**		18	OR	X011
7	LD	X003	19	ANB	
8	AND	X004	20	OUT	Y003
9	LD	X005			
10	AND	X006			
11	ORB				

图 4-57　MPS、MRD、MPP 指令的应用（一层堆栈和 ANB，ORB 指令）

MPS、MRD、MPP 指令使用说明如下：

① 这组指令分别为 MPS（Push）进栈、MRD（Read）读栈、MPP（Pop）出栈指令，用于分支多重输出电路中将连接点数据先存储，便于连接后面电路时读出或取出该数据。

② 在 FX_{2N}系列 PLC 中有 11 个用来存储运算中间结果的存储区域，称为栈存储器。栈指令操作如图 4-58 所示，由图可知，使用一次 MPS 指令，便将此刻的中间运算结果送入堆栈的第一层，而将原存在堆栈第一层的数据移往堆栈的下一层。

MRD 指令是读出栈存储器最上层的最新数据，此时堆栈内的数据不移动。可对分支多重输出电路多次使用，但分支多重输出电路不能超过 24 行。

使用 MPP 指令，栈存储器最上层的数据被读出，各数据顺次向上一层移动。读出的数据从堆栈内消失。

③ MPS、MRD、MPP 指令都是不带软组件的指令，必须成对使用，而且连续使用应少于 11 次。

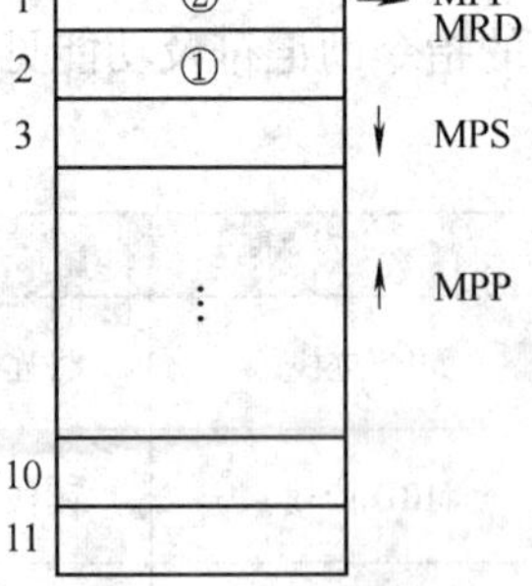

图 4-58　栈指令操作

3）完成 MC、MCR 指令的操作。图 4-59 所示为 MC、MCR 指令的应用，请在理解程序的基础上完成操作。

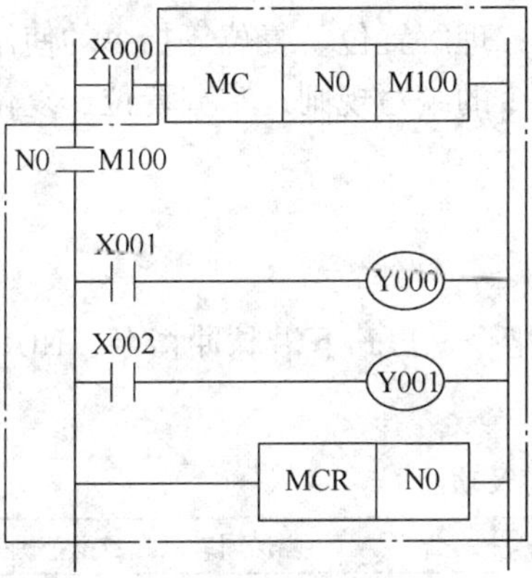

步序号	指令	数据	
0	LD	X000	
1	**MC**	N0	3 步指令
	SP	M100	
4	LD	X001	
5	OUT	Y000	
6	LD	X002	
7	OUT	Y001	
8	**MCR**	N0	← 2 步指令

← 母线返回 (N0 为嵌套等级)

图 4-59　MC、MCR 指令的应用

MC、MCR 指令使用说明如下：

① MC 为主控指令，用于公共串联触点的连接，MCR 为主控复位指令，即 MC 的复位指令。

主控触点可以解决编程时经常遇到多个线圈同时受一个或一组控制，若在每个线圈的控制电路中都串入同样的触点将多占存储单元的问题。

主控指令控制的操作组件的常开触点要与主控指令后的母线垂直串联连接，控制一组梯形图电路的总开关。当主控指令控制的操作组件的常开触点闭合时，激活所控制的一组梯形图电路，如图 4-59 所示。

② 在图 4-59 中，若输入 X000 接通，则执行 MC 至 MCR 之间的梯形图电路的指令。若输入 X000 断开，则跳过主控指令控制的梯形图电路，这时 MC/MCR 之间的梯形图电路根据软组件性质不同有以下两种状态：

积算定时器、计数器、置位/复位指令驱动的软组件保持断开前状态不变。

非积算定时器、OUT 指令驱动的软组件均变为 OFF 状态。

③ MC 指令母线后接的所有起始触点均以 LD/LDI 指令开始，最后由 MCR 指令返回到 MC 指令后的母线，向下继续续执行新的程序。

【任务评价】

根据以下两部分的完成情况，对学生进行综合评定，包括操作和口述，检查评分表见附录表 D-2 所示。

1）软件使用的熟练度。

2）MPS、MRD、MPP 指令的应用。

3）MC、MCR 指令的应用。

任务 3　认识置位、复位等指令

任务描述

置位、复位等指令是 FX_{2N} 系列 PLC 比较常用的指令，掌握这些是正确使用 PLC 编程的基础，本任务的具体要求是：能够熟记置位、复位等指令的符号、名称、程序步；能够理解置位、复位等指令的功能、梯形图表示及数据表示；理解置位、复位等指令的使用说明；掌握置位、复位等指令的使用；熟记置位、复位等指令的编写规则；掌握置位、复位等指令的梯形图和指令表之间的转换。

相关知识

SET 置位指令、RET 复位指令、PLS 上沿脉冲指令、PLF 下沿脉冲指令、NOP 空操作指令和 END 结束指令助记符及功能见表 4-7。

表 4-7　指令助记符及功能

符号、名称	功　能	梯形图表示和数据范围
SET 置位	线圈接通保持指令	SET　Y,M,S
RST 复位	线圈接通清除指令	RST　Y,M,S,T,C,D,V,Z
PLS 上沿脉冲	上升沿微分输出	PLS　Y,M　除特殊的M以外
PLF 下沿脉冲	下降沿微分输出	PLF　Y,M　除特殊的M以外
NOP 空操作	无动作	NOP　软元件：无
END 结束	输入输出处理回到第“0”步	END　软元件：无

任务实施

1）学生完成实训用计算机的启动和相关软件的启动，进入三菱 PLC 编程系统。

2）完成 SET 置位指令、RET 复位指令的操作。

图 4-60 所示为 SET、RET 指令的应用，请在理解程序的基础上完成操作。

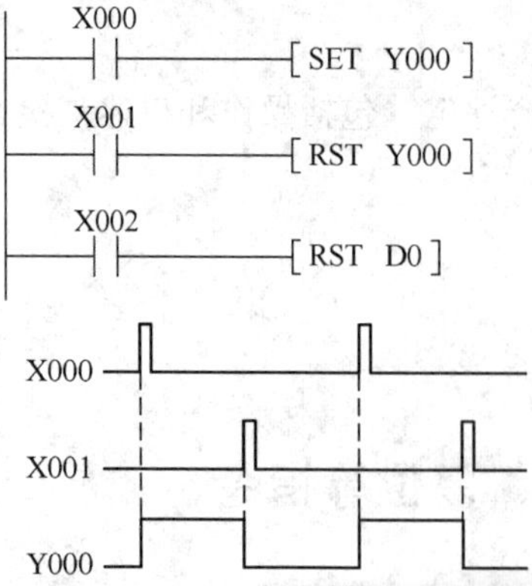

步序号	指令	数据
0	LD	X000
1	**SET**	Y000
2	LD	X001
3	**RST**	Y000
4	LD	X002
5	**RST**	D0

图 4-60　SET、RST 指令的应用

SET、RET 指令使用说明如下：

① SET 为置位指令，使线圈接通保持（置 1）。RST 为复位指令，使线圈断开复位（置 0）。

② 对同一软组件，SET、RST 可多次使用，不限制使用次数，但最后执行者有效。

③ 对数据寄存器 D、变址寄存器 V、Z 的内容清零，既可以用 RST 指令，也可以用常数 K0 经传送指令清零，效果相同。RST 指令也可以用于积算定时器 T246 ~ T255 和计数器 C 的当前值的复位和触点复位。

3）完成 PLS 上升沿脉冲指令、PLF 下降沿脉冲指令的操作。

图 4-61 所示为 PLS、PLF 指令的应用，请在理解程序的基础上完成操作。

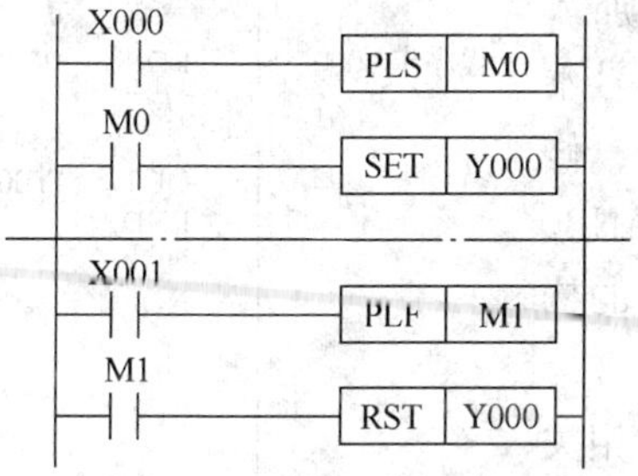

步序号	指令	数据	说明
0	LD	X000	
1	**PLS**	M0	← 2 步指令
3	LD	M0	
4	SET	Y000	
5	LD	X001	
6	**PLF**	M1	← 2 步指令
8	LD	M1	
9	RST	Y000	

图 4-61　PLF、PLS 指令的应用

PLF、PLS 指令使用说明如下：

① PLS、PLF 为微分脉冲输出指令。PLS 指令使操作组件在输入信号上升沿时产生一个扫描周期的脉冲输出。PLF 指令则使操作组件在输入信号下降沿产生一个扫描周期的脉冲输出。

② 图 4-61 所示程序的时序图如图 4-62 所示，可以看出，PLS、PLF 指令可以将输入组件脉宽较宽的输入信号变成脉宽等于 PLC 的扫描周期的触发脉冲信号，相当于对输入信号进行了微分。

③ 特殊辅助继电器不能用做 PLS 和 PLF 的操作元件。

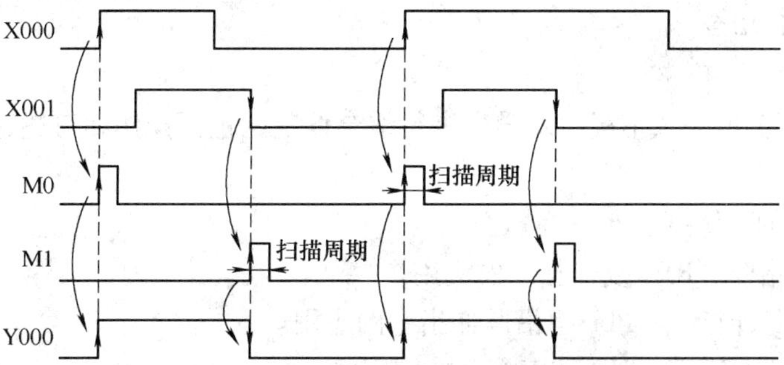

图 4-62　图 4-61 所示程序的时序图

4）完成 NOP 空操作指令和 END 结束指令的操作。

图 4-63 和图 4-64 所示为 NOP 指令的应用。图 4-65 所示为 END 指令的应用，请在理解程序的基础上完成操作。

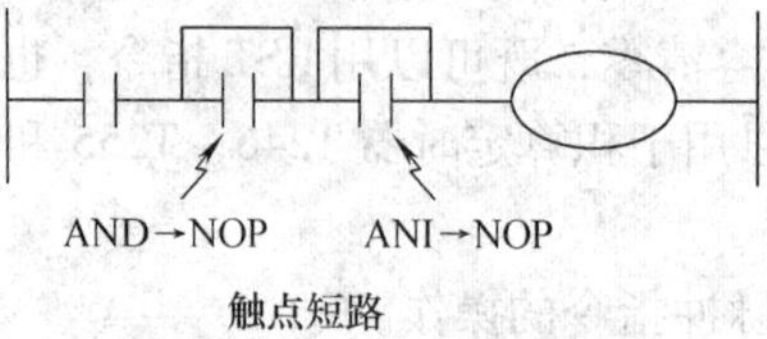

图 4-63　NOP 指令的应用一

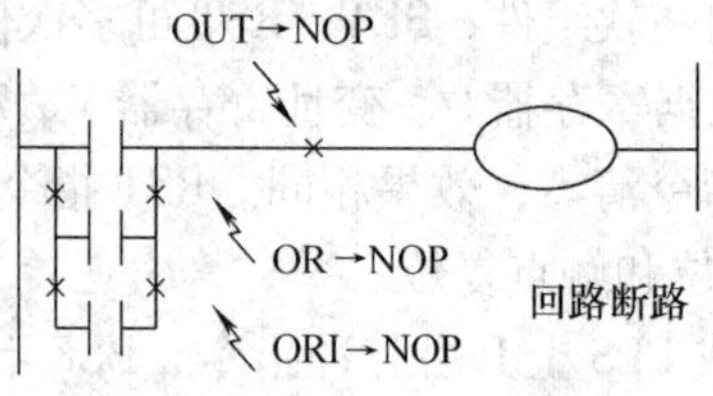

图 4-64　NOP 指令的应用二

NOP、END 指令使用说明如下：

① NOP 指令就是使该步无操作。在程序中加入 NOP 指令，在变更程序或增加指令时可以使步序号不变化。用 NOP 指令也可以替换一些已写入的指令，修改梯形图或程序。但要注意，若将 LD、LDI、ANB、ORB 等指令换成 NOP 指令后，会引起梯形图电路的构成发生很大的变化，导致出错。

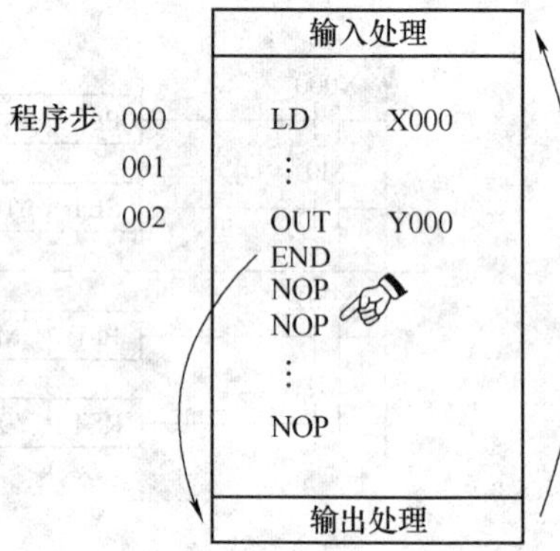

图 4-65　END 指令的应用

例如：AND、ANI 指令改为 NOP 指令时会使相关触点短路，如图 4-63 所示；OR 指令改为 NOP 时使相关电路切断，如图 4-64 所示。

② 当执行程序全部清零操作时，所有指令均变成 NOP 指令。

③ END 为程序结束指令。PLC 总是按照指令进行输入处理、执行程序到 END 指令结束，进入输出处理工作。若在程序中不写入 END 指令，则 PLC 从用户程序的第 0 步扫描到程序存储器的最后一步。若在程序中写入 END 指令，则 END 以后的程序步不再扫描执行，而是直接进行输出处理，如图 4-42 所示。也就是说，使用 END 指令可以缩短扫描周期。

④ END 指令还有一个用途是可以对较长的程序分段调试。调试时，可将程序分段后插入 END 指令，从而依次对各程序段的运算进行检查。然后在确认前面电路块动作正确无误之后依次删除 END 指令。

【任务评价】

根据以下两部分的完成情况，对学生进行综合评定，包括操作和口述，检查评分表见附录表 D-2。

1）软件使用的熟练度。

2）SET 置位指令、RET 复位指令的应用。

3）PLS 上沿脉冲指令、PLF 下沿脉冲指令的应用。

4）NOP 空操作指令和 END 结束指令的应用。

扩展知识

1. 定时器（T）

定时器相当于继电器电路中的时间继电器，可在程序中用于延时控制。FX_{2N} 系列 PLC 中的定时器有四种类型，其地址编号按十进制数分配，见表 4-8。

表 4-8　定时器地址分配表

100ms 型 0.1 ~ 3276.7s	10ms 型 0.01 ~ 327.67s	1ms 积算型 0.001 ~ 32.767s	100ms 积算型 0.1 ~ 3276.7s
T0 ~ T199（200 点）	T200 ~ T245（46 点）	T246 ~ T249（4 点） 执行中断电池备用	T250 ~ T25（6 点） 电池备用

PLC 中的定时器是对机内 1ms，10ms，100ms 等不同规格时钟脉冲累加计时的。定时器除了占有自己编号的存储器外，还占有一个设定值寄存器和一个当前值寄存器。设定值寄存器存放程序赋予的定时设定值，当前值寄存器记录计时的当前值。这些寄存器均为 16 位二进制存储器，其最大值乘以定时器的计时单位值即是定时器的最大计时范围值。定时器满足计时条件时当前寄存器开始计时，当它的当前计数值与设定值寄存器中设定值相等时，定时器的输出触点动作。定时器可采用程序存储器内的十进制常数（K）作为定时设定值，也可在数据寄存器（D）的内容中进行间接指定。不用作定时的定时器，可作为数据寄存器使用。

图 4-66 是定时器在梯形图中的应用。图 4-66a 为非积算定时器的梯形图程序及工作波形，图中 X000 为计时条件，当 X000 接通时定时器 T10 开始计时。K20 为定时设定值。十进制数 “20” 定时时间为 0.1 × 20 = 2s。图中 Y000 为定时器的被控对象。当计时时间到，定时器 T10 的常开触点接通，Y000 置 1。在计时中，若计时条件 X000 断开或 PLC 电源停电，计时过程中止且当前值寄存器复位（置 0）。若 X000 断开或 PLC 电源停电发生在计时过程完成且定时器的触点已动作时，触点的动作也不能保持。

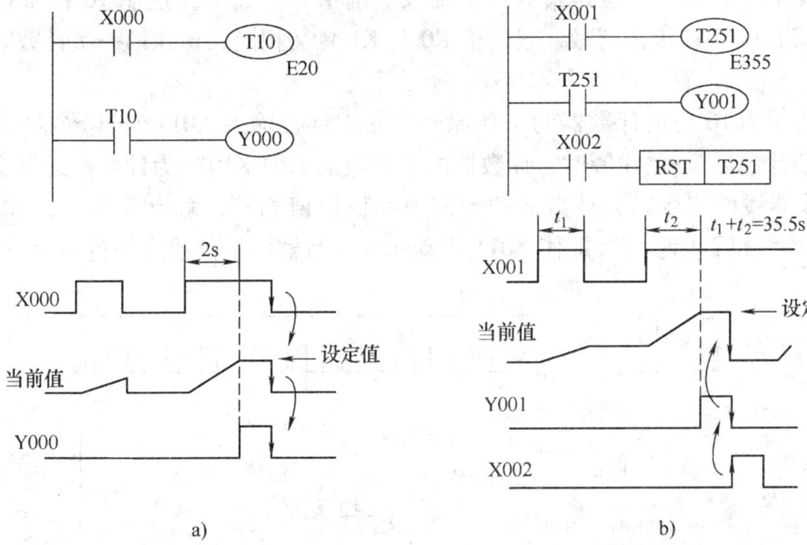

图 4-66　定时器在梯形图中的应用
a）非积算定时器　b）积算定时器

图 4-66b 为积算定时器的梯形图程序及工作波形。定时器 T10 已换成积算式定时器 T251，情况就不一样了。积算式定时器 T251 在计时条件失去或 PLC 失电时，其当前值寄存器的内容及触点状态均可保持，当计时条件恢复或来电时可 “累计” 计时，故称为 “积算”

式定时。因积算式定时器的当前值寄存器及触点都有记忆功能，其复位时必须在程序中加入专门的复位指令 RST 才能消除记忆。

图中 X002 即为复位条件。当 X002 接通，执行“RST T251”指令时，T251 的当前值寄存器及触点同时置 0。如果定时器的设定值在数据寄存器 D10 中，D10 中的内容为 100，则定时器的设定值为 100。用数据寄存器内容作为设定值时，一般使用具有停电保持功能的数据寄存器。

2. 计数器（C）

计数器在程序中用作计数控制。FX_{2N} 系列 PLC 中计数器可分为内部信号计数器和外部信号计数器两类。内部计数器是对机内组件（X、Y、M、S、T 和 C）的时钟信号计数，由于机内组件信号的频率低于扫描频率，因而是低速计数器，也称为普通计数器。对高于机器扫描频率的外部信号进行计数，需要用机内的高速计数器。

（1）内部计数器的分类及地址分配　内部计数器有 16 位增计数器和 32 位增/减双向计数器两类，它们又可分为普通用途和停电保持用的两种计数器，其地址（以十进制数）分配见表 4-9。不用作计数的计数器也可作为数据寄存器使用。

表 4-9　计数器地址分配表

16 位增计数型计数器（1 ~ 32 767）		32 位增/减型双向计数器（ –2 147 483 648 ~ 2 147 483 647）	
普通用途	停电保持型	普通用途	停电保持型
C0 ~ C99（100 点）	C100 ~ C199（100 点）	C200 ~ C219（20 点）	C220 ~ 234（15 点）

（2）16 位增计数器　16 位是指其设定值及当前值寄存器为二进制 16 位寄存器，其设定值在 K1 ~ K32，767 范围内有效。设定值 K0 与 K1 意义相同，均在第一次计数时，其触点动作。

图 4-67 所示为 16 位增计数器的工作原理。图中计数输入 X011 是计数器的计数条件，X011 每次驱动计数器 C0 的线圈时，计数器的当前值加 1。“K10”为计数器的设定值。当第 10 次驱动计数器线圈指令时，计数器的当前值和设定值相等，触点动作，Y000 = ON。在 C0 的常开触点闭合后（置 1），即使 X011 再动作，计数器的当前状态保持不变。

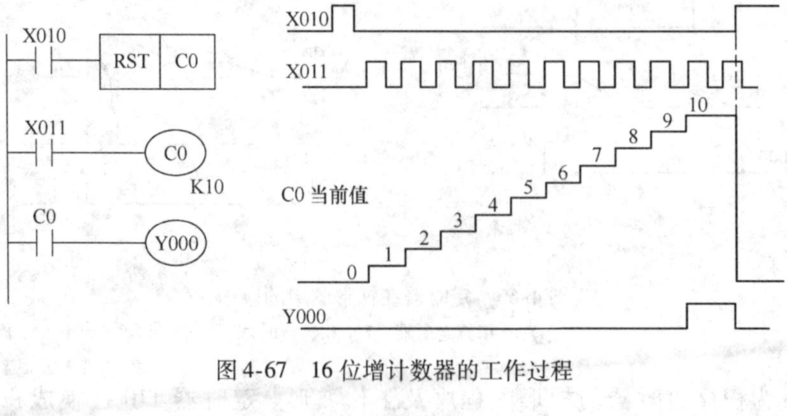

图 4-67　16 位增计数器的工作过程

电源正常情况下，即使是非停电保持型计数器的当前值寄存器也具有记忆功能，因而计数器重新开始计数前要用复位指令才能对当前值寄存器复位。图 4-67 中，X010 就是计数器

C0 复位的条件，当 X010 接通时，执行复位（RST）指令，计数器的当前值复位为 0，输出触点也复位。

计数器的设定值，除了常数外，也可以间接通过数据寄存器设定。若使用计数器 C100～C199，即使停电，当前值和输出触点状态，也能保持不变。

（3）32 位增/减双向计数器　32 位是指计数器的设定值寄存器为 32 位，其首位为符号位。设定值的最大绝对值是 31 位二进制数所表示的十进制数，即为 -2 147 483 648～2 147 483 647。设定值可直接用常数 K 或间接用数据寄存器 D 的内容设定。间接设定值时，要用两个连号组件的数据寄存器存放，例如，C200 用数据寄存器设定初值的表示方法是 D0（D1）。

增/减计数的方向由特殊辅助继电器 M8200～M8234 设定，例如当 M8200 接通（置 1）时，C200 为减计数计数器，M8200 断开（置 0）时，C200 为增计数器。

3. 辅助继电器（M）

PLC 内有很多辅助继电器，可分为通用辅助、停电保持及特殊辅助继电器三大类，其地址是按十进制分配的，见表 4-13。需要说明的是，哪些辅助继电器具有停电保持功能可由用户在全部辅助继电器编号内自由设置，表 4-10 中有关编号范围的划分，只是 PLC 出厂时的一种设置。

表 4-10　辅助继电器地址分配表

通用辅助继电器	停电保持辅助继电器	特殊辅助继电器
M0～M499（500 点）	M500～M1023（524 点）	M8000～M8255（256 点）

（1）通用辅助继电器　通用辅助继电器的作用与继电器电路中的中间继电器类似，可作为中间状态存储及信号变换。辅助继电器线圈只能被 PLC 内的各种软组件的触点驱动。辅助继电器有无数的电子常开与常闭触点，在程序中可以无限次地使用，但是不能直接驱动外部负载，外部负载应通过输出继电器进行驱动。

通用辅助继电器与停电保持用的辅助继电器的比例可通过外围设备设定参数进行调整。

（2）具有停电保持用途的辅助继电器　如果在 PLC 运行过程中停电，输出继电器与普通辅助继电器都断开，再运行时，除了输入条件为 ON（接通）的以外，也都断开。但根据控制对象的不同，也可能需要记忆停电前的状态，再运行时将其再现的情况。停电保持用的辅助继电器就能满足这样的需要，利用 PLC 内的后备电池进行供电，可以保持停电前的状态。

（3）特殊辅助继电器　PLC 内有很多的特殊辅助继电器，按使用方式可分为两类。

1）触点利用型特殊辅助继电器。其线圈由 PLC 自行驱动，用户只能用其触点。这类特殊辅助继电器常用作时基、状态标志或专用控制组件出现的程序中。

M8000：运行监控用，PLC 运行时 M8000 接通。

M8002：仅在运行开始瞬间接通的初始脉冲特殊辅助继电器。

M8012：产生 100ms 时钟脉冲的特殊辅助继电器。

M8013：1ms 时钟脉冲。

2）线圈驱动型特殊辅助继电器。这类继电器由用户驱动线圈后，PLC 作特定的运动。

M8030：锂电池电压指示灯特殊继电器。

M8033：PLC 停止时输出保持特殊辅助继电器。

M8034：禁止全部输出特殊辅助继电器。

M8039：时扫描特殊辅助继电器。

注意：用户不可使用尚未定义的特殊辅助继电器。

项目4　PLC 控制三相异步电动机Y-△起动主电路控制

任务描述

图 4-68 所示为三相交流异步电动机Y-△起动主电路。在起动时，首先使接触器 KM1、KM2 的常开触点闭合，电动机的定子绕组成Y联结。电动机起动旋转，经过 5s 时间后，再使接触器 KM1 的常开触点从接通到断开，而接触器 KM3 的常开触点闭合，电动机的定子绕组改为△联结，达到了Y起动△运转的目的。按停止按钮，电动机停止运行。

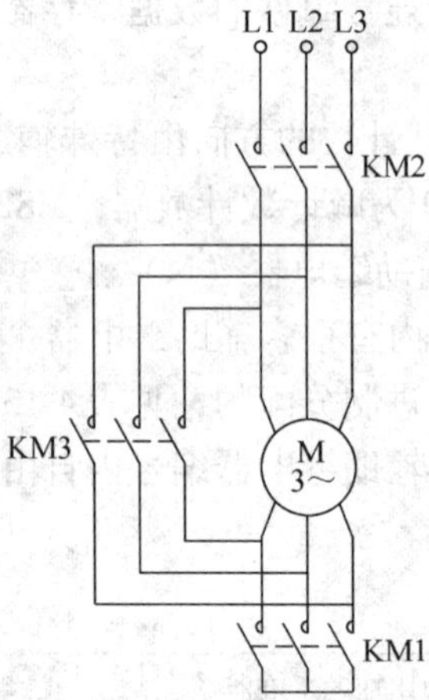

图 4-68　三相异步电动机Y-△起动主电路

根据继电器控制的三相异步电动机Y-△起动控制电路的控制过程，用 PLC 的基本指令编写程序实现该控制功能。程序的编写采用梯形图和语句表两种方式。在模拟装置上调试程序的功能。

相关知识

1. Y-△减压起动控制电路原理

正常运行时，定子绕组应做△联结的笼型异步电动机在起动时接成Y联结，从而减小起动电流，待转速上升后，再改接成△联结，投入正常运行。这种起动方式称为Y-△减压起动，适用于空载或轻载起动的场合。

2. 电气控制电路中自锁、互锁保护的作用及实现

自锁，是在接触器线圈得电后，利用自身的常开辅助触点保持回路的接通状态，一般对象是对自身回路的控制。如把常开辅助触点与起动按钮并联，这样，当起动按钮按下，接触器动作，辅助触点闭合，进行状态保持，此时再松开起动按钮，接触器也不会失电断开。一般来说，在起动按钮和辅助触点并联之外，还要在串联一个按钮，起停止作用。

互锁，指的是几个回路之间，利用某一回路的辅助触点，去控制对方的线圈回路，进行状态保持或功能限制。一般对象是对其他回路的控制。例如：在三相异步电动机正反转控制回路中就是利用正反转交流接触器的常闭触点来实现正反转交流接触器不能同时动作，防止三相交流电源被短路。

任务实施

1）输入/输出端口分配见表 4-11。PLC 的外部接线图如图 4-69 所示。

表 4-11　输入/输出端口分配

输入设备	输入端口编号	输出设备	输出端口编号
起动按钮 SB1	X000	接触器 KM1	Y000
停止按钮 SB2	X001	接触器 KM2	Y001
		接触器 KM3	Y002

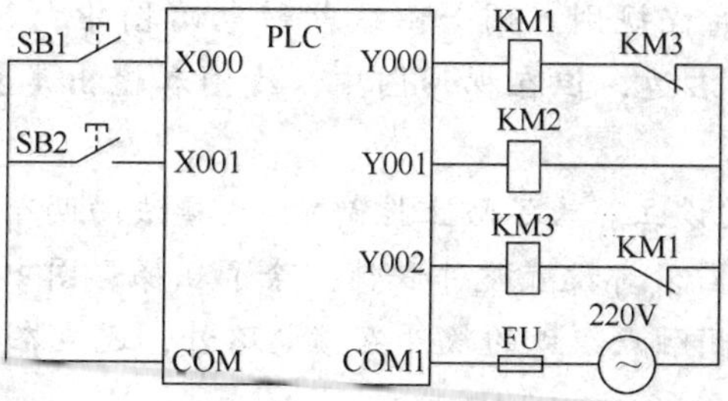

图 4-69　PLC 外部接线图

2）用 FX_{2N}系列 PLC 将三相异步电动机Y-△起动主电路控制电路图改成 PLC 梯形图、写出语句表如图 4-70 所示。

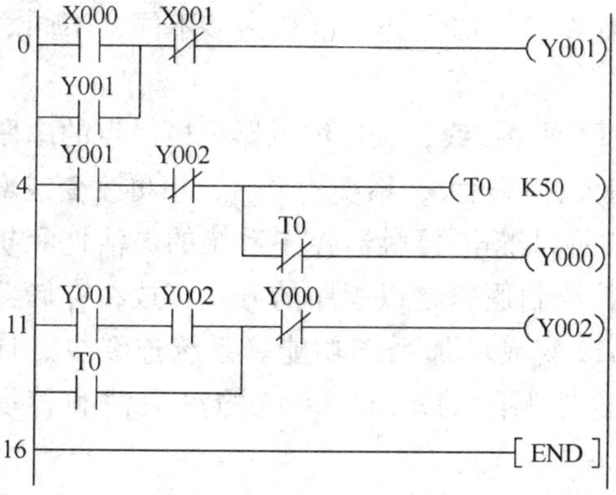

a)

0	LD	X000		10	OUT	Y000
1	OR	Y001		11	LD	Y001
2	ANI	X001		12	AND	Y002
3	OUT	Y001		13	OR	T0
4	LD	Y001		14	ANI	Y000
5	ANI	Y002		15	OUT	Y002
6	OUT	T0	K50	16	END	
9	ANI	T0				

b)

图 4-70　三相异步电动机Y-△起动主电路控制参考梯形图和语句表

a）梯形图　b）语句表

3）按基本指令编制程序，在装有三菱编程软件（SWOPC-FXGP-WIN-C）的计算机上进行程序输入，并完成系统调试。

4）用模拟装置监控三相异步电动机Y-△起动主电路运行过程。

检查评议

根据以下各部分的完成情况，对学生进行综合评定，包括操作和口述，检查评分表见附录表 D-3。

1）Y-△减压起动控制电路的接线。

2）Y-△减压起动控制电路的梯形图设计。

3）Y-△减压起动控制电路程序梯形图编写语句表。

4）用编程器或用计算机软件输入“Y-△减压起动控制电路”的程序。

5）“Y-△减压起动控制电路”的调试及功能实现。

想一想

根据继电器电路图设计梯形图时注意问题：

1）应遵守梯形图编程规则。例如：继电器电路图中，触点可以放在线圈的左边，也可以放在线圈的右边，但在梯形图中，线圈和输出类指令必须放在梯形图的最右边。

2）外部联锁电路的设立。为了防止控制Y、△接法的两个接触器同时动作，造成三相电源短路，应在PLC外部设置硬件联锁。除了在梯形图中设置与它们对应的输出继电器的线圈串联的常闭触点组成的软件互锁电路外，还应在PLC外部设置硬件互锁电路。

扩展知识

PLC与继电-接触器控制的区别

PLC控制系统与继电-接触器控制系统相比，有许多相似之处，也有许多不同，不同之处主要有以下几个方面：

1）从控制方法上看，继电-接触器控制逻辑采用硬件接线，利用继电器机械触点的串联或并联等组合成控制逻辑，其连线多且复杂、体积大、功耗大，系统构成后，想再改变或增加功能较为困难。另外，继电器的触点数量有限，所以继电-接触器控制系统的灵活性和扩展性受到很大限制。而PLC采用了计算机技术，其控制逻辑是以程序的方式存放在存储器中，要改变控制逻辑只需改变程序，因而很容易改变或增加系统功能。系统连线少、体积小、功耗小，而且PLC“软继电器”触点数量是无限的，PLC系统的灵活性和扩展性好。

2）从工作方式上看，在继电器-接触器控制电路中，当电源接通时，电路中所有继电器都处于受制约状态，即该吸合的继电器都同时吸合，不该吸合的继电器受某种条件限制而不能吸合，这种工作方式称为并行工作方式。而PLC的用户程序是按一定顺序循环执行，所以各“软继电器”都处于周期循环扫描接通中，受同一条件制约的各个继电器的动作次序决定于程序扫描顺序，这种工作方式称为串行工作方式。

3）从控制速度上看，继电器-接触器控制系统依靠机械触点的动作以实现控制，工作频率低，机械触点还会出现抖动问题。而PLC通过程序指令控制半导体电路来实现控制的，速度快，程序指令执行时间在微秒级，且不会出现触点抖动问题。

4）从定时和计数控制上看，继电-接触器控制采用时间继电器的延时动作进行时间控制，时间继电器的延时时间易受环境温度和温度变化的影响，定时精度不高。而PLC采用半导体集成电路作定时器，时钟脉冲由晶体振荡器产生，精度高，定时范围宽，用户可根据需要在程序中设定定时值，修改方便，不受环境的影响，且PLC具有计数功能，而继电-接触器控制系统一般不具备计数功能。

5）从可靠性和可维护性上看，由于继电-接触器控制系统使用了大量的机械触点，其存在机械磨损、电弧烧伤等问题，寿命短，系统的连线多，所以可靠性和可维护性较差。而 PLC 大量的开关动作由无触点的半导体电路来完成，其寿命长，可靠性高，PLC 还具有自诊断功能，能查出自身的故障，随时显示给操作人员，并能动态的监视控制程序的执行情况，为现场调试和维护提供了方便。

项目 5　PLC 控制 4/2 极双速电动机控制电路

任务描述

图 4-71 所示为继电器控制 4/2 极双速电动机起动控制电路，其中 SB2 为起动按钮，SB1 为停止按钮，KT 为时间继电器，延时时间为 5s。

当按下起动按钮 SB2，接触器 KM1 和时间继电器 KT 吸合，电动机△联结 4 极起动，经过 5s 延时后，KT 的延时触点动作，接触器 KM1 释放，接触器 KM2、KM3 吸合，电动机改结成YY联结，进入 2 极起动运行。按停止按钮 SB1，电动机停止运行。

根据继电器控制的 4/2 极双速电动机起动控制电路的控制过程，用 PLC 的基本指令编写程序实现该控制功能。程序的编写采用梯形图和语句表两种方式。在模拟装置上调试程序的功能。

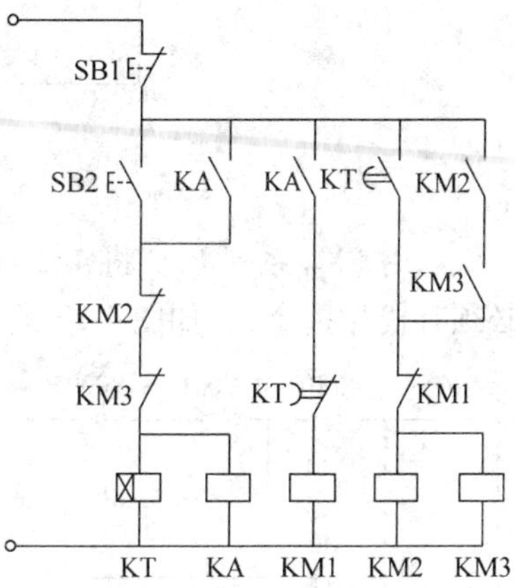

图 4-71　4/2 极双速电动机控制电路

相关知识

1. 4/2 极双速电动机控制电路工作原理

双速电动机属于异步电动机变极调速，是通过改变定子绕组的连接方法达到改变定子旋转磁场磁极对数，从而改变电动机的转速。

根据公式 $n_1 = 60f/p$ 可知，异步电动机的同步转速与磁极对数成反比，磁极对数增加一倍，同步转速 n_1 下降至原转速的一半，电动机额定转速 n 也将下降近似一半，所以改变磁极对数可以达到改变电动机转速的目的。这种调速方法是有级的，不能平滑调速，而且只适用于笼型电动机。

2. 栈存指令（MPS/MRD/MPP）

栈存指令用于多重输出电路，专门用来存储程序运算的中间结果。使用时应注意：

1）栈存指令没有目标元件。

2）MPS 和 MPP 必须配对使用。

3）由于栈存储单元只有 11 个，所以栈的层次最多 11 层。

任务实施

1）输入/输出端口分配见表 4-12，PLC 的外部接线图如图 4-72 所示。

表 4-12　输入/输出端口分配

输入设备	输入端口编号	输出设备	输出端口编号
停止按钮 SB1	X000	接触器 KM1	Y000
起动按钮 SB2	X001	接触器 KM2	Y001
		接触器 KM3	Y002

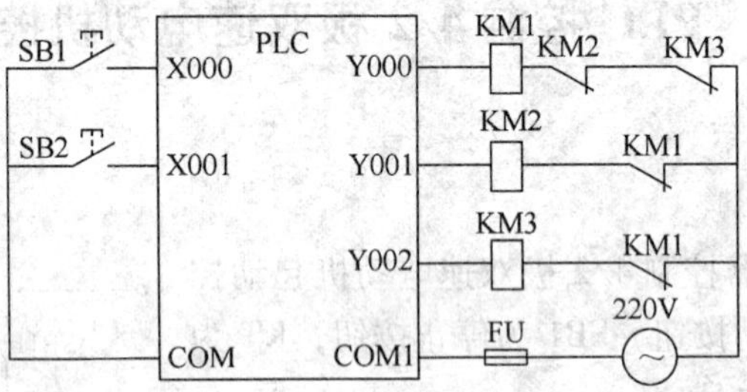

图 4-72　PLC 外部接线图

2）用 FX_{2N}系列 PLC 将 4/2 极双速电动机控制电路图改成 PLC 梯形图，并写出语句表（必须有栈存指令），如图 4-73 所示。

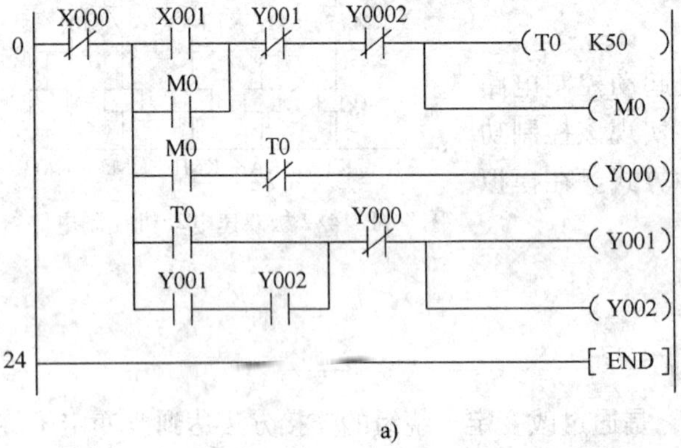

0	LDI	X000	
1	MPS		
2	LD	X001	
3	OR	M0	
4	ANB		
5	ANI	Y001	
6	ANI	Y002	
7	OUT	T0	K50
10	OUT	M0	
11	MRD		
12	AND	M0	
13	ANI	T0	
14	OUT	Y000	
15	MPP		
16	LD	T0	
17	LD	Y001	
18	AND	Y002	
19	ORB		
20	ANB		
21	ANI	Y000	
22	OUT	Y001	
23	OUT	Y002	
24	END		

b)

图 4-73　参考梯形图和语句表
a）梯形图　b）语句表

3）按基本指令编制程序，在装有三菱编程软件（SWOPC-FXGP-WIN-C）的计算机上进行程序输入，并完成系统调试。

4）用模拟装置监控 4/2 极双速电动机控制电路运行过程。

检查评议

根据以下各部分的完成情况，对学生进行综合评定，包括操作和口述，检查评分表见附录表 D-3。

1）PLC 控制 4/2 极双速电动机控制电路的接线。

2）PLC 控制 4/2 极双速电动机控制电路的梯形图设计。

3）PLC 控制 4/2 极双速电动机控制电路程序梯形图编写语句表。

4）用编程器或用计算机软件输入 PLC 控制 4/2 极双速电动机控制电路的程序。

5）PLC 控制 4/2 极双速电动机控制电路的调试及功能实现。

问题及防治

1）根据任务实施中的要求，在编程过程中必须使用栈存指令，所以在梯形图编程过程中要注意程序的格式应符合栈存指令的格式要求。

2）注意 ANB 指令的应用及编程方法。

扩展知识

PLC 的应用

目前，PLC 在国内外已广泛用于各个领域，它的使用情况大致可归纳为以下几类：

1. 开关量的逻辑控制

这是 PLC 最基本、最广泛的应用领域，它取代传统的继电器电路，实现逻辑控制、顺序控制，既可用于单台设备的控制，也可用于多机群控制及自动化流水线。

2. 模拟量控制

在工业生产过程中，有许多连续变化的量，如温度、压力等。为了使 PLC 处理模拟量，必须实现模拟量和数字量之间的 A-D、D-A 转换。

3. 运动控制

PLC 可以用于圆周或直线运动的控制。现在一般使用专门的运动控制模块。广泛用于各种机械、机床、机器人、电梯等场合。

4. 过程控制

过程控制是指对温度、压力、流量等模拟量的闭环控制。作为工业控制计算机，PLC 能编制各种各样的控制算法程序，完成闭环控制。过程控制在冶金、化工、热处理、锅炉控制等场合有非常广泛的应用。

5. 数据处理

PLC 具有数字运算、数据传送比较、数值的转换以及对数据进行采集分析和处理等功能。

6. 通信及联网

PLC 具有通信及联网的功能，可以进行远程 I/O 控制，随着计算机控制的发展，工厂自动化网络发展很快，各 PLC 厂商纷纷推出各自的网络系统。

项目 6　PLC 控制水塔水位自动控制电路

任务描述

图 4-74 所示为水池水塔自动控制电路。当水池水位低于水池低水位界限时，液面传感器的开关 SQ1 接通（ON），发出低位信号，指示灯 1 闪烁（以每隔 1s 为一脉冲）。电磁阀门 Y 打开，水池进水。水位高于低水位界时，开关 SQ1 断开（OFF）。指示灯 1 停止闪烁。

当水位升高到高于水池高水位界时，液面传感器使开关 SQ2 接通（ON），电磁阀门 Y 关闭，停止进水。

如果水塔水位低于水塔低水位界时，液面传感器的开关 SQ3 接通（ON），发出低位信号，指示灯 2 闪烁（以每隔 2s 为一脉冲）。当此时水池水位高于水池低水位界限时，则电动机 M 运转，水泵抽水。水位高于低水位界时，开关 SQ3 断开（OFF）。指示灯 2 停止闪烁。水塔水位上升到高于水塔高水界时，液面传感器使开关 SQ4 接通（ON）电动机停止运行，水泵停止抽水。电动机由接触器 KM 控制。

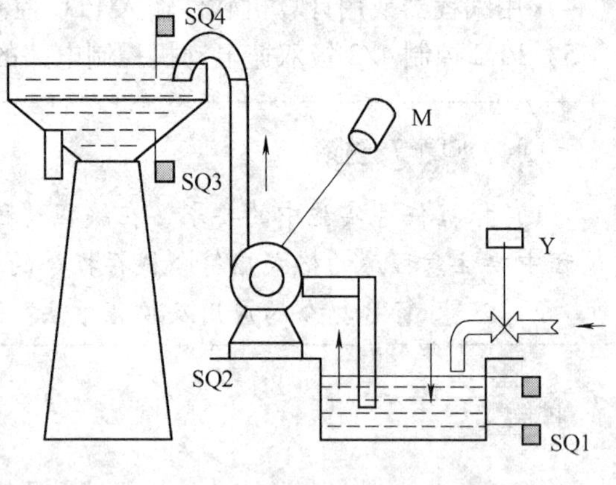

图 4-74 水池水塔自动控制电路

根据水池水塔自动控制电路的自动运行过程，用 PLC 的基本指令编写程序实现该控制功能。程序的编写采用梯形图和语句表两种方式。在模拟装置上调试程序的功能。

相关知识

1. 定时器的延时功能扩展

由于受系统存储容量的限制，三菱 FX_{2N} 系列 PLC 定时器的最大设定值为 32767s，不足 1h，为了扩展定时器的延时时间，可以采用如下方法：

（1）定时器串联　如图 4-75 所示，触点 X000 闭合，定时器 T0 开始计时，延时时间为 3000s，到达延时时间后，T0 动作，定时器 T1 开始计时，延时时间为 600s，到达延时时间后，T1 动作，T1 常开触点闭合，Y001 输出。总延时时间为 3000 + 600 = 3600s。可见，可以利用两个定时器实现延时。

（2）定时器与计数器配合使用　如果要实现更长时间的延时，可以采用定时器和计数器配合使用来完成，如图 4-76 所示。

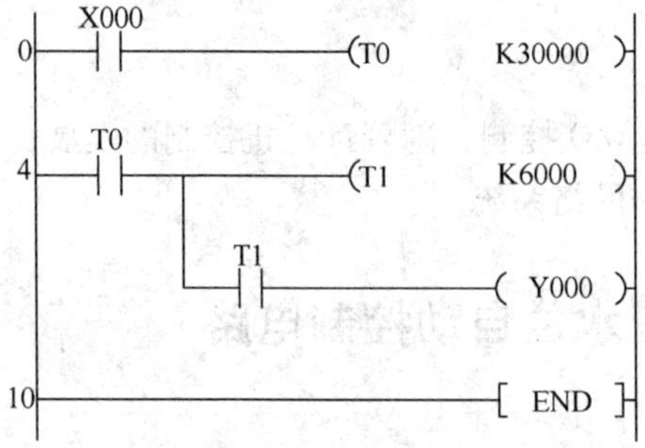

图 4-75 定时器串联

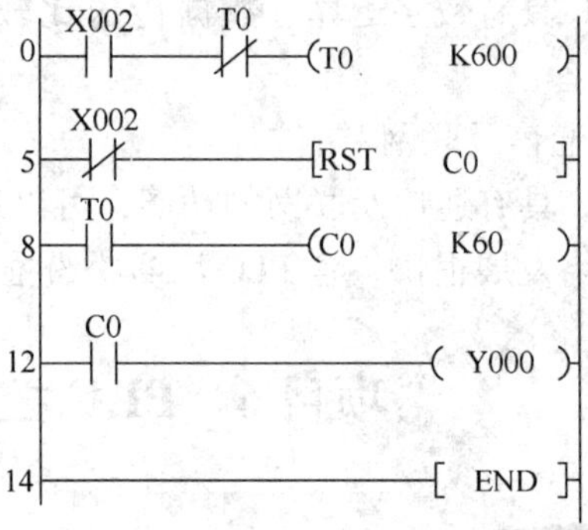

图 4-76 定时器和计数器配合使用

2. 定时器的振荡电路

图 4-77 所示为定时器组成的振荡电路。当输入 X000 接通时，输出 Y000 以 1s 周期闪烁变化（如果 Y000 接指示灯，则灯灭 0.5s，亮 0.5s，交替进行）。

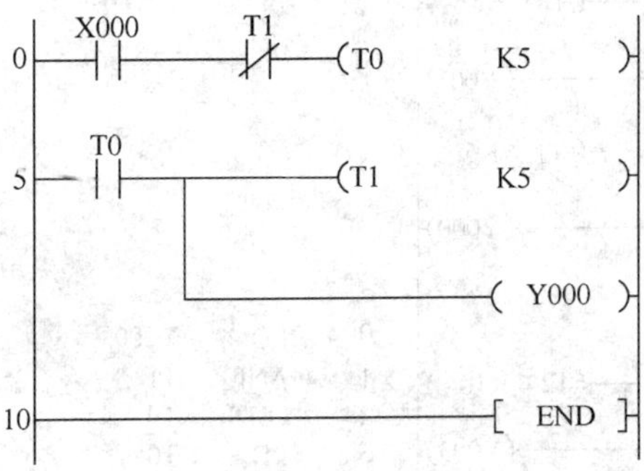

图 4-77　振荡电路

任务实施

1）输入/输出端口分配见表 4-13，PLC 的外部接线图如图 4-78 所示。

表 4-13　输入/输出端口分配

输 入 设 备	输入端口编号	输 出 设 备	输出端口编号
水池低水位液面传感器开关 SQ1	X000	电磁阀 Y	Y000
水池高水位液面传感器开关 SQ2	X001	水池低水位指示灯 1	Y001
水塔低水位液面传感器开关 SQ3	X002	接触器 KM	Y002
水塔高水位液面传感器开关 SQ4	X003	水塔低水位指示灯 2	Y003

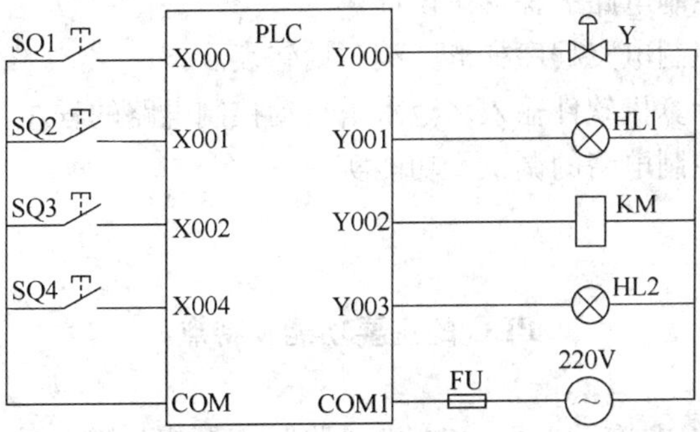

图 4-78　PLC 外部接线图

2）用 FX_{2N} 系列 PLC 按工艺流程写出梯形图、语句表，如图 4-79 所示。

3）按基本指令编制程序，在装有三菱编程软件（SWOPC-FXGP-WIN-C）的计算机上进行程序输入，并完成系统调试。

4）用模拟装置监控水池水塔控制自动运行过程。

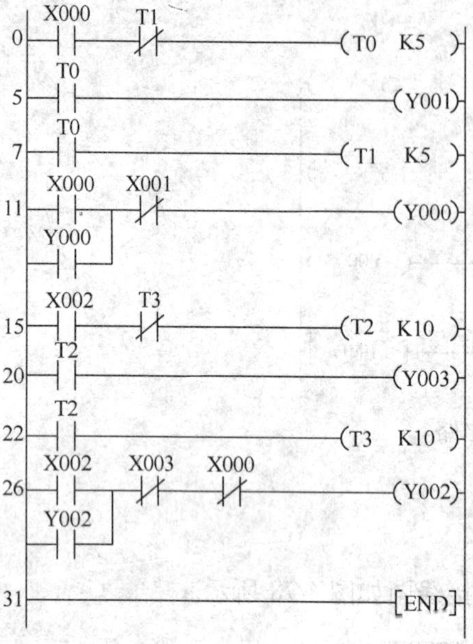

a)

0	LD	X000		16	ANI	T3	
1	ANI	T1		17	OUT	T2	K10
2	OUT	T0	K5	20	LD	T2	
5	LD	T0		21	OUT	Y003	
6	OUT	Y001		22	LD	T2	
7	LD	T0		23	OUT	T0	K10
8	OUT	T1	K5	26	LD	X002	
11	LD	X000		27	OR	Y002	
12	OR	Y000		28	ANI	X003	
13	ANI	X001		29	ANI	X000	
14	OUT	Y000		30	OUT	Y002	
15	LD	X002		31	END		

b)

图 4-79 参考梯形图和语句表

a）梯形图 b）语句表

检查评议

根据以下各部分的完成情况，对学生进行综合评定，包括操作和口述，检查评分表见附录表 D-2 所示。

1）水池水塔自动控制电路的接线。

2）水池水塔自动控制电路的梯形图设计。

3）水池水塔自动控制电路程序梯形图编写语句表。

4）用编程器或用计算机软件输入水池水塔自动控制电路的程序。

5）水池水塔自动控制电路的调试及功能实现。

扩展知识

PLC 的主要功能及特点

1. PLC 的主要功能

（1）控制功能 PLC 具有“与”、“或”、“非”等逻辑运算功能，还可以进行开关量控制。PLC 还为用户提供了若干个定时器，用户可自行设定接通延时、断开延时等控制方式。同时利用脉冲控制 PLC 可以实现加、减计数模式。PLC 还可以实现顺序控制。

（2）数据采集、存储于处理功能 PLC 能完成基本算术运算、算术扩展运算及比较等功能，还能对数据进行选择、组织、规格化、移动、先入先出等处理，同时对模拟数据可以进行 PID、积分和滤波处理。

（3）输入/输出接口处理功能 PLC 具有 A-D、D-A 转换功能，通过 I/O 模块完成对模拟量的控制和调节，位数和精度可以根据用户要求选择，具有温度测量接口，直接连接各种热电阻或热电偶。

（4）通信及联网功能　用 RS232 或 RS485 接口，PLC 可以进行远程 I/O 控制，多台 PLC 之间可以相互联网、通信和数据处理。通过 MELSEC NET 网络，可实现主控站与 64 个本地站或远程 I/O 站进行数据通信，传输速度为 1.25Mbit/s。

（5）编程、调试　使用复杂程度不同的手持、便携和桌面式编程器、工作站和操作屏，进行编程、调试、监视、试验和记录，并通过打印机打印出程序文件。

2. PLC 的特点

（1）可靠性高，抗干扰能力强　高可靠性是电气控制设备的关键性能。PLC 采用大规模集成电路技术，内部电路采用了先进的抗干扰技术，具有很高的可靠性。

一些使用冗余 CPU 的 PLC 平均无故障工作时间则更长。从 PLC 的机外电路来说，用 PLC 构成的控制系统，电气接线及开关接点可以大大减少，故障也将随之大大降低。此外，PLC 具有硬件故障的自我检测功能，出现故障时可及时发出报警信息。

在应用软件中，用户还可以编写外围元器件的故障自诊断程序，使系统中除 PLC 以外的电路及设备也获得故障自诊断保护。这样整个系统具有极高的可靠性。

（2）配套齐全，功能完善，适用性强　PLC 发展到今天，已经形成了大、中、小各种规模的系列化产品，可用于各种规模的工业控制场合。除了逻辑处理功能外，现代 PLC 大多具有完善的数据运算能力，可用于各种数字控制领域。近年来 PLC 的功能模块大量涌现，使 PLC 渗透到了位置控制、温度控制、计算机数控（CNC）等各种工业控制中。加上 PLC 通信能力的增强及人机界面技术的发展，使用 PLC 组成各种控制系统变得非常容易。

（3）易学易用，深受工程技术人员欢迎　PLC 作为通用工业控制计算机，是面向工矿企业的工控设备，编程语言易于为工程技术人员接受。像梯形图语言的图形符号和表达方式与继电器电路图非常接近，只用 PLC 的少量开关逻辑控制指令就可以方便地实现各种电气控制电路的功能。

（4）系统设计周期短，维护方便，改造容易　PLC 用存储逻辑代替接线逻辑，可以大大地减少外部的接线，使控制系统设计周期大大缩短。同时维护也变得容易。更重要的是同一设备经过改变程序来改变生产过程已成为可能。这很适合多品种、小批量的生产场合。

（5）体积小，重量轻，能耗低　超小型 PLC，其底部尺寸小于 100mm × 100mm，质量小于 150g，功耗仅数瓦，装入机械内部方便，是实现机电一体化的理想控制设备。

项目 7　PLC 控制装卸料小车的自动控制电路

任务描述

图 4-80 所示为装卸料小车的自动控制电路。起动按钮 SB1 用来开启运料小车，停止按钮 SB2 用来立即停止运料小车。工作流程如下：

1）按 SB1 起动按钮，小车在 1 号仓停留（装料）10s 后，第一次由 1 号仓送料到 2 号仓碰限位开关 SQ2 后，停留（卸料）5s，然后空车返回到 1 号仓碰限位开关 SQ1 停留（装料）10s。

2）小车第二次由1号仓送料到3号仓，经过限位开关SQ2不停留，继续向前，当到达3号仓碰限位开关SQ3停留（卸料）8s，然后空车返回到1号仓碰限位开关SQ1停留（装料）10s。

3）然后再重新工作上述工作过程。

4）按下SB2，小车在任意状态立即停止工作。

根据装卸料小车的自动控制电路的自动运行过程，用PLC的基本指令编写程序实现该控制功能。程序的编写采用梯形图和语句表两种方式。在模拟装置上调试程序的功能。

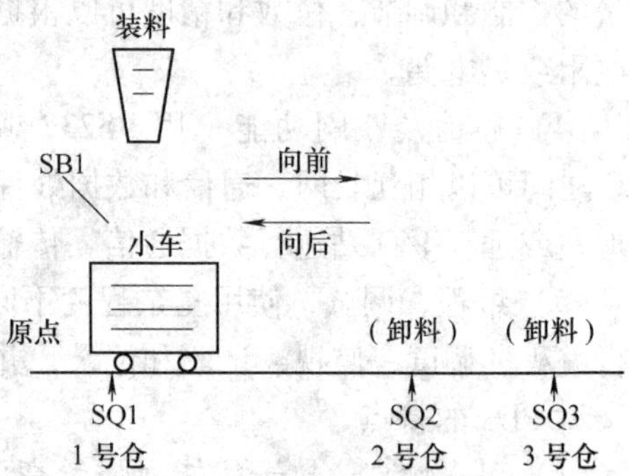

图4-80　装卸料小车的自动控制电路

相关知识

通过改变三相电源的相序改变电动机的转动方向，能够实现此功能的电路称为正反转控制电路。正反转控制有手动和自动控制两种。手动控制是通过按钮来实现正反转切换。但是在某些场合需要电动机正反转的切换可以自动进行，即给定起动信号后，电动机可以根据不同的信号实现正反转的自动切换。比如，小车自动往返控制电路中，就是通过应用这种方式实现自动循环的。

任务实施

1）输入/输出端口分配见表4-14，PLC的外部接线图如图4-81所示。

表4-14　输入/输出端口分配

输入设备	输入端口编号	输出设备	输出端口编号
起动按钮SB1	X000	向前接触器KM1	Y000
停止按钮SB2	X001	向后接触器KM2	Y001
限位开关ST1	X002		
限位开关ST2	X003		
限位开关ST3	X004		

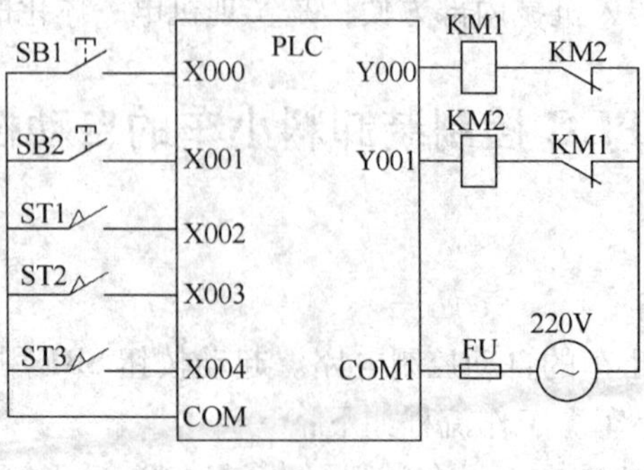

图4-81　PLC外部接线图

2）用FX_{2N}系列PLC按工艺流程写出梯形图、语句表，如图4-82所示。

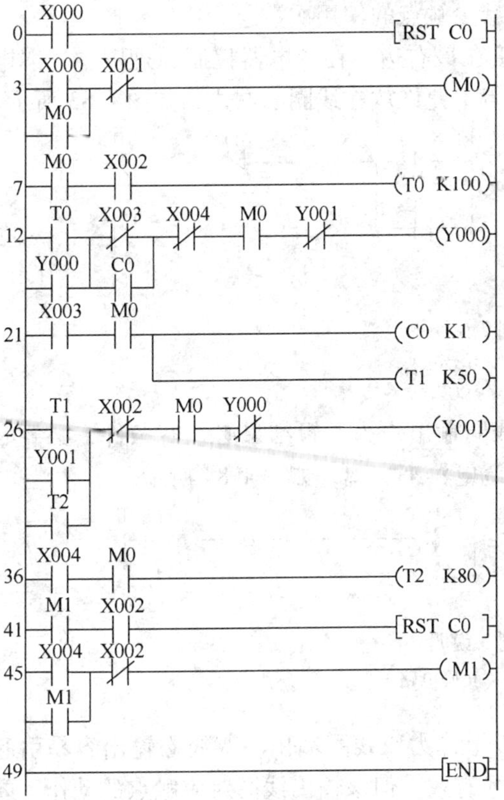

a)

0	LD	X000	
1	RST	C0	
3	LD	X000	
4	OR	M0	
5	ANI	X001	
6	OUT	M0	
7	LD	M0	
8	AND	X002	
9	OUT	T0	K100
12	LD	T0	
13	OR	Y000	
14	LDI	X003	
15	OR	C0	
16	ANB		
17	ANI	X004	
18	AND	M0	
19	ANI	Y001	
20	OUT	Y000	
21	LD	X003	
22	AND	M0	
23	OUT	C0	K1
26	OUT	T1	K50
29	LD	T1	
30	OR	Y001	
31	OR	T2	
32	ANI	X002	
33	AND	M0	
34	ANI	Y000	
35	OUT	Y001	
36	LD	X004	
37	AND	M0	
38	OUT	T2	K80
41	LD	M1	
42	AND	X002	
43	RST	C0	
45	LD	X004	
46	OR	M1	
47	ANI	X002	
48	OUT	M1	
49	END		

b)

图 4-82　参考梯形图和语句表

a）梯形图　b）语句表

3）按基本指令编制程序，在装有三菱编程软件（SWOPC-FXGP-WIN-C）的计算机上进行程序输入，并完成系统调试。

4）用模拟装置监控装料小车自动运行过程。

检查评议

根据以下各部分的完成情况，对学生进行综合评定，包括操作和口述，检查评分表见附录表 D-3。

1）装料小车控制电路的接线。

2）装料小车控制电路的梯形图设计。

3）装料小车控制电路程序梯形图编写语句表。

4）用编程器或用计算机软件输入装料小车控制电路的程序。

5）装料小车控制电路的调试及功能实现。

扩展知识

梯形图的基本规则（一）

1）外部输入继电器线圈、输出继电器线圈、内部继电器、定时器、计数器等软元件的触点可重复使用，没有必要特意采用复杂结构来减少触点的使用次数。

2）梯形图每一行都是从左母线开始，线圈接在最右边。在继电器控制原理图中，继电器的触点可以放在线圈的右边，但在梯形图中触点不允许放在线圈的右边，如图 4-83 所示。

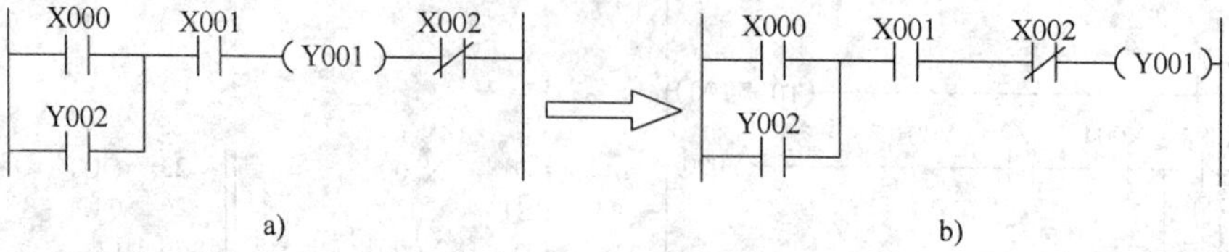

图 4-83　规则 2 说明
a）不正确电路　b）正确电路

3）线圈不能直接与左母线相连，也就是说线圈输出作为逻辑结果必须有条件，必要时可以使用一个内部继电器的动断触点或内部特殊继电器来实现，如图 4-84 所示。

图 4-84　规则 3 说明
a）不正确电路　b）正确电路

4）同一编号的线圈在一个程序中使用两次以上称为双线圈输出。双线圈输出容易引起误操作，这时前面的输出无效，只有最后的输出才有效。但该输出线圈对应触点的动作，要根据该逻辑运算之前的输出状态来判断。如图 4-85 所示，由于 M1 双线圈输出，所以，M1 输出随最后一个 M1 输出变化，Y1 随第一个 M1 线圈变化，而 Y2 随第二个 M1 输出变化。所以，一般情况下，应尽可能避免双线圈输出。

图 4-85　规则 4 说明
a）双线圈输出电路　b）时序图

项目 8　PLC 控制彩灯闪烁控制电路

任务描述

图 4-86 所示为三彩灯闪烁系统示意图。彩灯电路受起动开关 SB 控制，当 SB 接通时，

彩灯系统 LD1 ~ LD3 开始顺序工作。当 SB 断开时，彩灯全熄灭。彩灯工作循环工作流程如下：

LD1 彩灯亮，延时 8s 后→闪烁 3 次（每一周期为熄 1s 亮 1s）→LD2 彩灯亮，延时 2s 后→LD3 彩灯亮，LD2 彩灯继续亮，延时 2s 后熄灭→LD3 彩灯延时 10s 后→进入再循环。

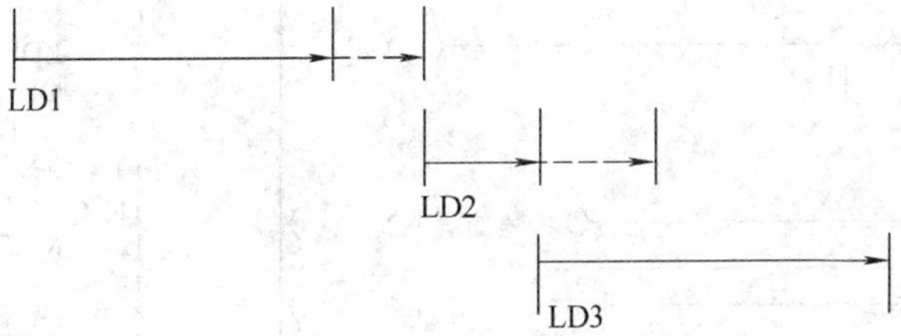

图 4-86 三彩灯闪烁系统示意图

根据彩灯闪烁的自动控制电路的自动运行过程，用 PLC 的基本指令编写程序实现该控制功能。程序的编写采用梯形图和语句表两种方式。在模拟装置上调试程序的功能。

相关知识

根据控制要求可以分析：当开关 SB（X0）接通后通过定时器 T0 延时 8s，定时器 T1、T2 构成闪烁电路，8s 内由于 T0 常闭触点闭合，则 Y0 亮 8s，8s 后 T0 常闭触点断开，T1 触点控制 Y0 闪烁。当 T0 延时 8s 后，计数器对闪烁电路计数，计数 3 次到后 C0 常闭断开，使 Y0 停止输出，同时起动 Y1，并起动 T3 延时 2s，2s 后起动 Y2 及 T4、T5 延时，T4 延时 2s 后断开 Y1，T5 延时 10s 后，复位计数器 C0 并断开 T0，由于计数器 C0 复位使得 T3、T4、T5 均复位，T5 常闭触点重新接通，电路开始下一次循环。当中途断开开关 X0，则复位计数器为下次起动做好准备

任务实施

1）输入/输出端口分配见表 4-15，PLC 的外部接线图如图 4-87 所示。

表 4-15 输入/输出端口分配

输入设备	输入端口编号	输出设备	输出端口编号
起动按钮 SB	X000	彩灯 LD1	Y000
		彩灯 LD2	Y001
		彩灯 LD3	Y002

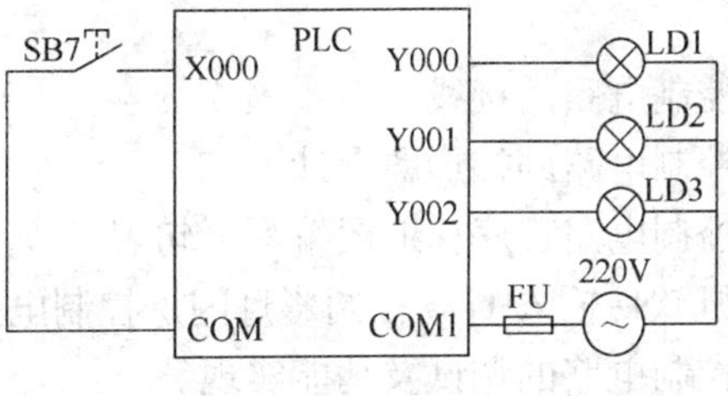

图 4-87 PLC 外部接线图

2）FX_{2N}系列 PLC 按工艺流程写出梯形图、语句表，如图 4-88 所示。

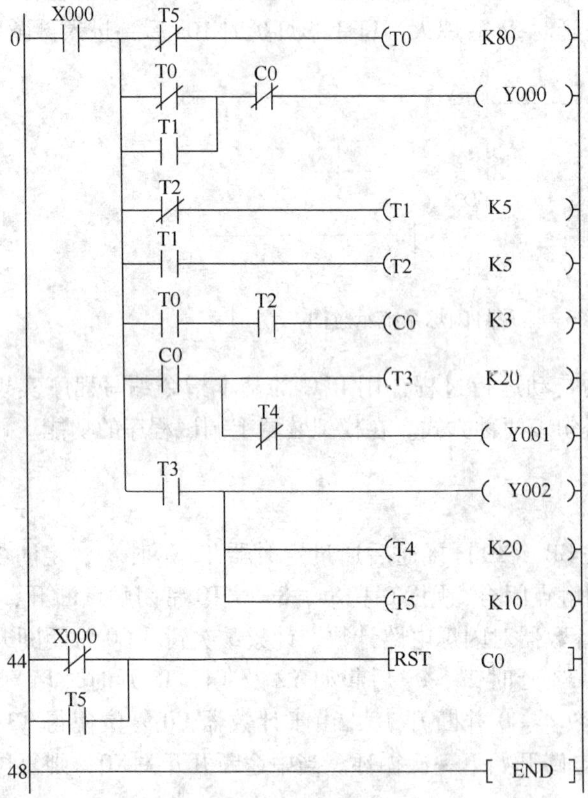

a）

0	LD	X000	
1	MPS		
2	ANI	T5	
3	OUT	T0	K80
6	MRD		
7	LDI	T0	
8	OR	T1	
9	ANB		
10	ANI	C0	
11	OUT	Y000	
12	MRD		
13	ANI	T2	
14	OUT	T1	K5
17	MRD		
18	AND	T1	
19	OUT	T2	K5
22	MRD		
23	AND	T0	
24	AND	T2	
25	OUT	C0	K3
28	MRD		
29	AND	C0	
30	OUT	T3	K20
33	ANI	T4	
34	OUT	Y001	
35	MPP		
36	AND	T3	
37	OUT	Y002	
38	OUT	T4	K20
41	OUT	T5	K10
44	LDI	X000	
45	OR	T5	
46	RST	C0	
48	END		

b）

图 4-88　参考梯形图和语句表

a）梯形图　b）指令语句表

3）本指令编制程序，在装有三菱编程软件（SWOPC-FXGP-WIN-C）的计算机上进行程序输入，并完成系统调试。

4）用模拟设置控制三彩灯闪烁电路运行过程。

检查评议

根据以下各部分的完成情况，对学生进行综合评定，包括操作和口述，检查评分表见附录表 D-3。

1）PLC 控制彩灯闪烁控制电路的接线。

2）PLC 控制彩灯闪烁控制电路的梯形图设计。

3）PLC 控制彩灯闪烁控制电路程序梯形图编写语句表。

4）用编程器或用计算机软件输入 PLC 控制彩灯闪烁控制电路的程序。

5）PLC 控制彩灯闪烁控制电路的调试及功能实现。

扩展知识

梯形图的基本规则（二）

梯形图程序必须符合顺序执行的原则，即从左到右，从上到下执行，如不符合顺序执行的电路不能直接编程，如图 4-89 所示电路不能直接编程；梯形图中串、并联的触点次数没有限制，可以无限制的使用，如图 4-90 所示；两个或两个以上的线圈可以并联输出，如图 4-91 所示。

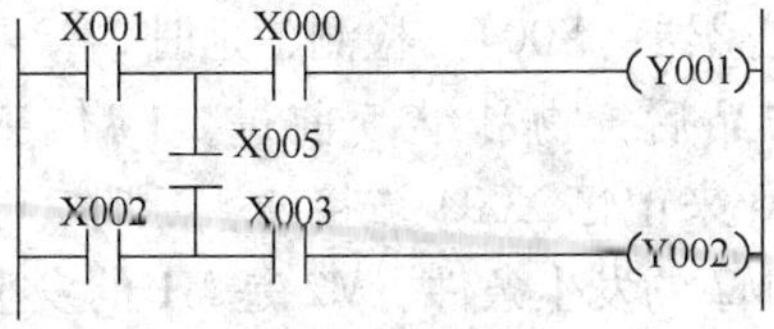

图 4-89 规则 1 说明

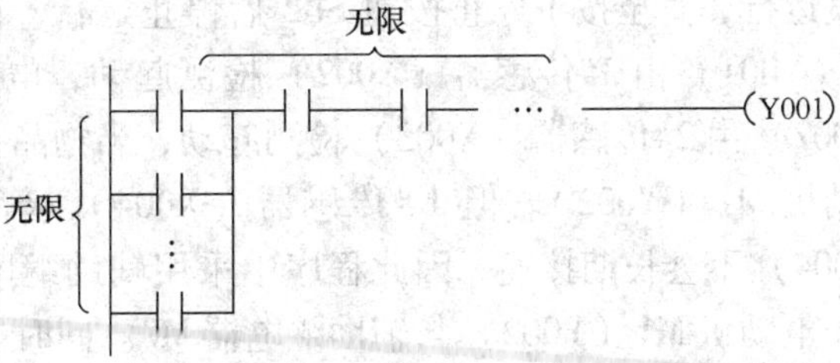

图 4-90 规则 2 说明

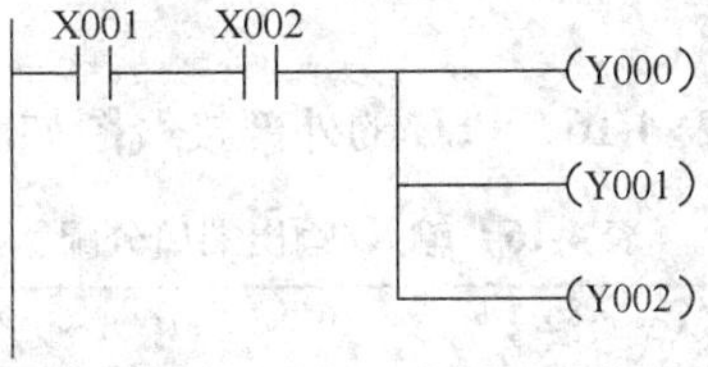

图 4-91 规则 3 说明

项目 9 PLC 控制传送带电动机的控制电路

任务描述

图 4-92 所示为传送带电动机的运行系统示意图，某车间运料传送带分为 3 段，由 3 台电动机分别驱动。使载有物品的传送带运行，没载物品的传送带停止运行，以节省能源。但是要保证物品在整个运输过程中连续地从上段运行到下段。所以既不能使下段电动机起动太早，又不能使上段电动机停止太迟。

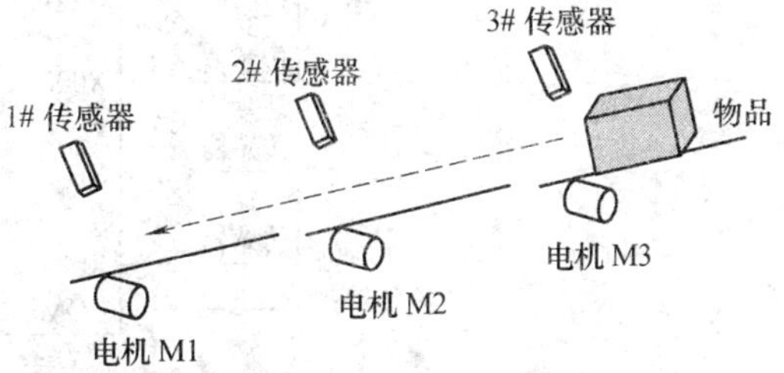

图 4-92 传送带电动机的运行系统示意图

1）按起动按钮 SB1，电动机 M3 开始运行并保持连续工作，被运送的物品前进。

2）物品被 3#传感器检测，起动电动机 M2 运载物品前进。

3）被 2#传感器检测，起动电动机 M1 运载物品前进。延时 2s，停止电动机 M2。

4）物品被 1#传感器检测，延时 2s，停止电动机 M1。

5）上述过程不断进行，直到按下停止按钮 SB2 传送（M3）立刻停止。

根据传送带电机的运行系统的自动控制电路的自动运行过程，用 PLC 的基本指令编写程序实现该控制功能。程序的编写采用梯形图和语句表两种方式。在模拟装置上调试程序的功能。

相关知识

根据控制要求可以分析：对于电动机 M3（Y000）按下起动按钮 SB1（X000）后电动机一直运行，直至按下停止按钮 SB2 后停止运行，因此就是一个自锁控制电路。对于电动机 M2（Y001）由 3#传感器（X002）检测起动，电动机 M1 起动 2s 后停止。对于电动机 M1（Y002）由 2#传感器（X003）检测起动，当物品被 1#传感器（X004）检测，延时 2s，停止电动机 M1（Y002）。但 1#传感器（X004）检测到物品后，物品继续前进，1#传感器（X004）不会长期接通，因此程序中采用辅助继电器 M0 来记忆 X004 被接通，延时 2s 后，停止电动机 M1（Y002）与辅助继电器 M0。同时 M3 是 M2 的发生条件、M2 是 M1 的发生条件，体现了一个顺序控制。

任务实施

1）输入/输出端口分配见表 4-16，PLC 的外部接线图如图 4-93 所示。

表 4-16　输入/输出端口分配

输入设备	输入端口编号	输出设备	输出端口编号
起动按钮 SB1	X000	电动机 M3	Y000
停止按钮 SB2	X001	电动机 M2	Y001
3#传感器	X002	电动机 M1	Y002
2#传感器	X003		
1#传感器	X004		

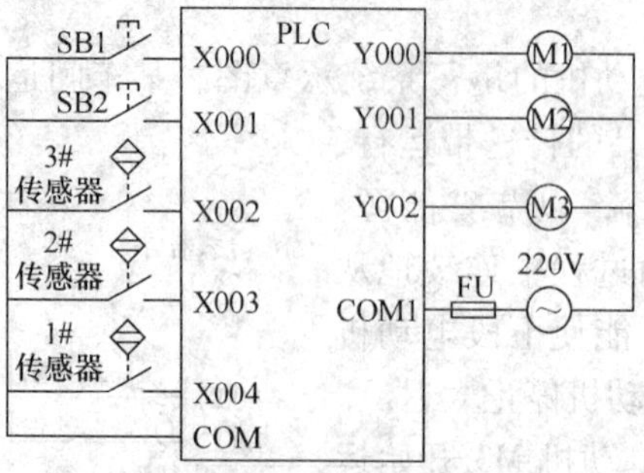

图 4-93　PLC 外部接线图

2）用 FX_{2N}系列 PLC 按工艺流程写出梯形图、语句表，如图 4-94 所示。

3）按基本指令编制程序，在装有三菱编程软件（SWOPC-FXGP-WIN-C）的计算机上进行程序输入，并完成系统调试。

4）用模拟装置监控传送带电动机的控制系统自动运行过程。

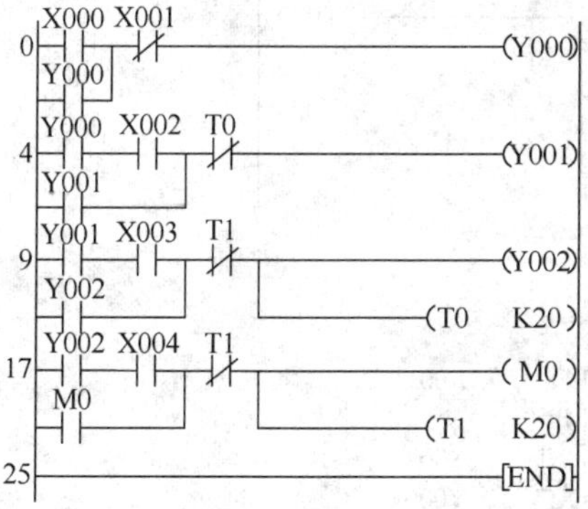

a)

0	LD	X000		11	OR	Y002	
1	OR	Y000		12	ANI	T1	
2	ANI	X001		13	OUT	Y002	
3	OUT	Y000		14	OUT	T0	K20
4	LD	Y000		17	LD	Y002	
5	AND	X002		18	AND	X004	
6	OR	Y001		19	OR	M0	
7	ANI	T0		20	ANI	T1	
8	OUT	Y001		21	OUT	M0	
9	LD	Y001		22	OUT	T1	K20
10	AND	X003		25	END		

b)

图 4-94　参考梯形图和语句表

a）梯形图　b）指令语句表

【检查评议】

根据以下各部分的完成情况，对学生进行综合评定，检查评分表见附录表 D-3 所示。

1）PLC 控制传送带电动机的控制系统的接线。

2）PLC 控制传送带电动机的控制系统的梯形图设计。

3）PLC 控制传送带电动机的控制系统程序梯形图编写语句表。

4）用编程器或用计算机软件输入 PLC 控制传送带电动机的控制系统的程序。

5）PLC 控制传送带电动机的控制系统的调试及功能实现。

扩展知识

PLC 的编程技巧

1）并联电路上下位置可调，应将单个触点的支路放下面，这样可节省一条 ORB 指令，如图 4-95 所示。串联电路左右位置可调，应将单个触点放在右边，这样可节省一条 ANB 指令，如图 4-96 所示。

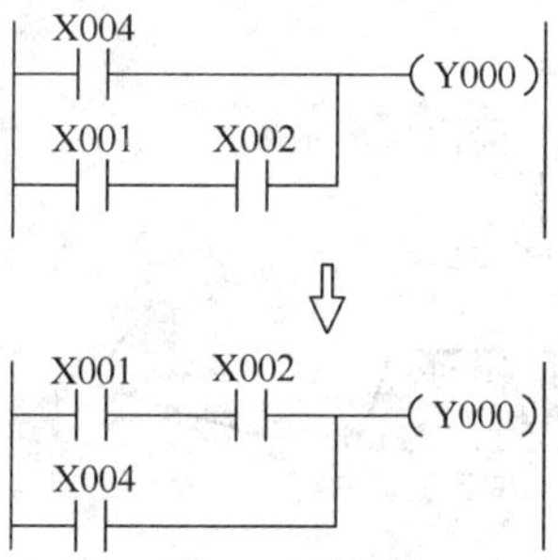

0	LD	X004
1	LD	X001
2	AND	X002
3	ORB	
4	OUT	Y000

⇩

0	LD	X001
1	AND	X002
2	OR	X001
3	OUT	Y000

图 4-95　梯形图的简化一

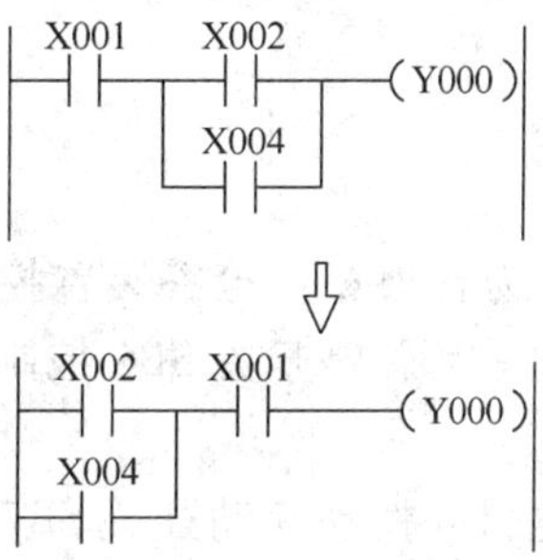

0	LD	X001
1	LD	X002
2	OR	X004
3	AND	
4	OUT	Y000

⇩

0	LD	X002
1	OR	X004
2	AND	X001
3	OUT	Y000

图 4-96　梯形图的简化二

2）双线圈输出的处理，如图 4-97 所示。

3）线圈并联电路中，应将单个线圈放在上边，这样可节省进出栈指令，如图 4-98 所示。

4）对桥形电路的化简，找出每条输出路径进行并联，如图 4-99 所示。

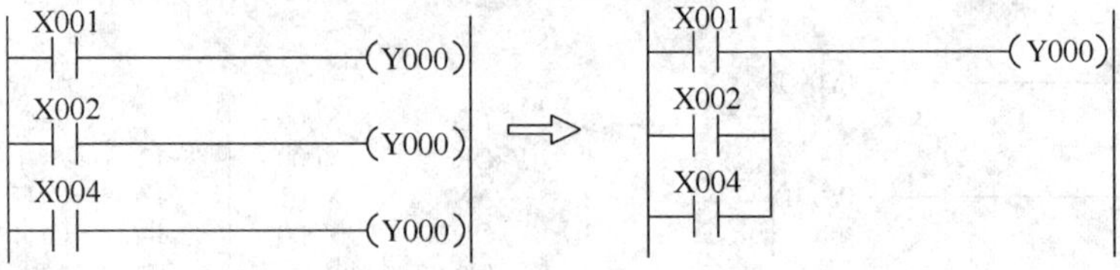

图 4-97　双线圈的输出

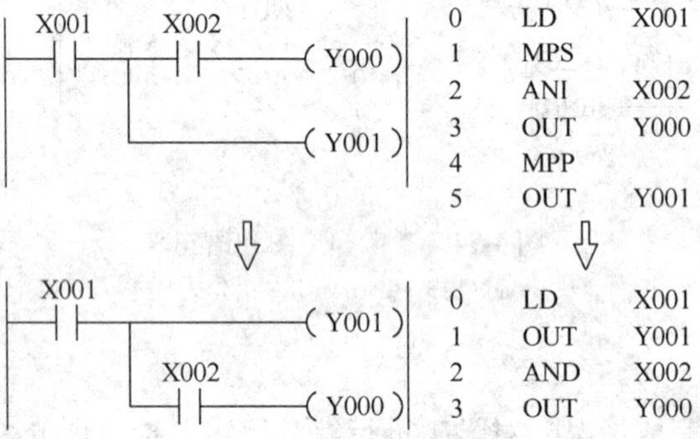

图 4-98　线圈并联电路

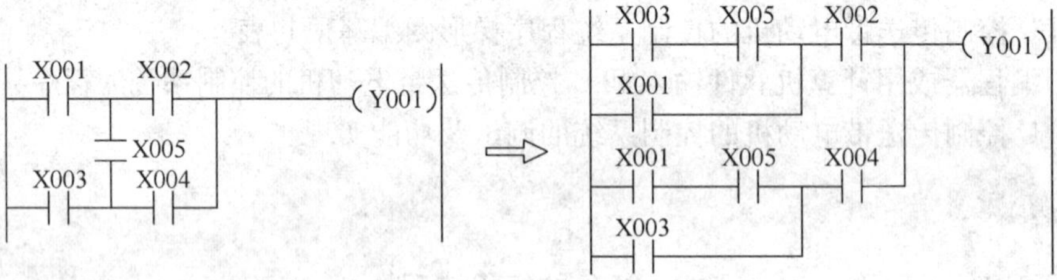

图 4-99　桥形电路的化简

项目 10　PLC 控制智力竞赛抢答装置电路

任务描述

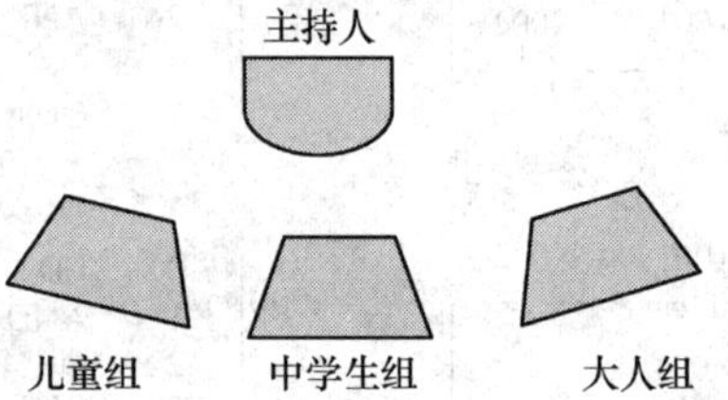

图 4-100　智力竞赛抢答装置控制系统示意图

图 4-100 所示为智力竞赛抢答装置控制系统示意图。主持人的一个总停开关 SB6 控制三个抢答桌。

主持人说出题目并按动起动开关 SB7 后，谁先按按钮，谁的桌子上的灯即亮。当主持人按总停开关 SB6 后，灯才灭，否则一直亮着。

三个抢答桌的按钮是这样安排的：一是儿童组，抢答桌上有两只按钮 SB1 和 SB2 是并联形式，无论按哪一个，桌上的灯 LD1 即亮。二是中学生组，抢答桌上有一个按钮 SB3，且只有一个人，一按灯 LD2 即亮。三是大人组，抢答桌上也有两只按钮 SB4 和 SB5，是串联形式，只有两只按钮都按下，抢答桌上的灯 LD3 才亮。

当主持人按了起动开关 SB7 后，10s 之内抢答有效，电铃 DL 响。

根据传送带电动机的运行系统的自动控制电路的自动运行过程，用 PLC 的基本指令编写程序实现该控制功能。程序的编写采用梯形图和语句表两种方式。在模拟装置上调试程序的功能。

相关知识

根据控制要求可以分析：当主持人说出题目并按动起动开关 SB7 后，输入继电器 X006 得电，X006 常开触点闭合，接通三个抢答桌，开始抢答，10s 之内有人抢答按按钮，电铃 DL 即响。如果儿童组抢答，抢答桌上的两只按钮 SB1 和 SB2 是并联，无论按哪一个，输入继电器 X000 或 X001 得电，X000 或 X001 常开触点闭合，输出继电器 Y000 得电，指示灯 LD1 亮，同时 Y000 常开触点闭合，输出继电器 Y003 得电，电铃 DL 响。如果中学生组抢答，抢答桌上只有一个按钮 SB3，且只有一个人，一按按钮 SB3，输入继电器 X002 得电，X002 常开触点闭合，输出继电器 Y001 得电，指示灯 LD2 亮，同时 Y001 常开触点闭合，输出继电器 Y003 得电，电铃 DL 响。如果大人组抢答，抢答桌上有两个按钮 SB4 和 SB5，是串联连接，只有两个按钮都按下，输入继电器 X003 和 X004 得电，X003 和 X004 常开触点闭合，输出继电器 Y002 得电，指示灯 LD3 亮，同时 Y002 常开触点闭合，输出继电器 Y003 得电，电铃 DL 响。当主持人按总开关 SB6，输入继电器 X005 得电，X005 动断触点断开，使所有输出继电器失电。

任务实施

1）输入/输出端口分配见表 4-17。PLC 的外部接线图如图 4-101 所示。

表 4-17　输入/输出端口分配

输 入 设 备	输入端口编号	输 出 设 备	输出端口编号
儿童按钮 SB1	X000	儿童组指示灯 LD1	Y000
儿童按钮 SB2	X001	中学生组指示灯 LD2	Y001
中学生按钮 SB3	X002	大人组指示灯 LD3	Y002
大人按钮 SB4	X003	电铃 DL	Y004
大人按钮 SB5	X004		
主持人总停开关 SB6	X005		
主持人起动开关 SB7	X006		

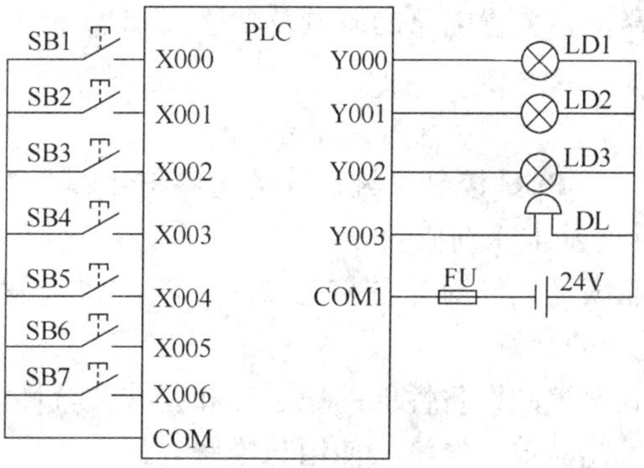

图 4-101　PLC 外部接线图

2）用 FX_{2N}系列 PLC 按工艺流程写出梯形图、语句表，如图 4-102 所示。

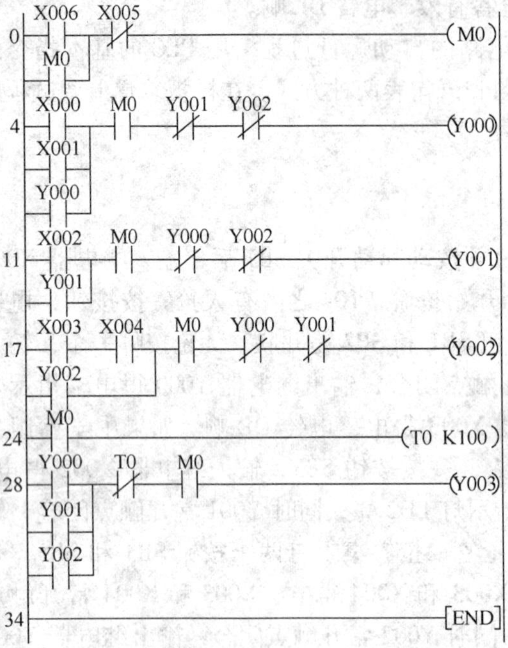

a)

0	LD	X006	17	LD	X003	
1	OR	M0	18	AND	X004	
2	ANI	X005	19	OR	Y002	
3	OUT	M0	20	AND	M0	
4	LD	X000	21	ANI	Y000	
5	OR	X001	22	ANI	Y001	
6	OR	Y000	23	OUT	Y002	
7	AND	M0	24	LD	M0	
8	ANI	Y001	25	OUT	T0	K100
9	ANI	Y002	28	LD	Y000	
10	OUT	Y000	29	OR	Y001	
11	LD	X002	30	OR	Y002	
12	OR	Y001	31	ANI	T0	
13	AND	M0	32	AND	M0	
14	ANI	Y000	33	OUT	Y003	
15	ANI	Y002	34	END		
16	OUT	Y001				

b)

图 4-102　参考梯形图和语句表

a）梯形图　b）语句表

3）按基本指令编制程序，在装有三菱编程软件（SWOPC-FXGP-WIN-C）的计算机上进行程序输入，并完成系统调试。

4）用模拟装置监控智力抢答装置自动运行过程。

检查评议

根据以下各部分的完成情况，对学生进行综合评定，检查评分表见附录表 D-3。

1）PLC 控制智力竞赛抢答装置电路的接线。

2）PLC 控制智力竞赛抢答装置电路的梯形图设计。

3）PLC 控制智力竞赛抢答装置电路程序梯形图编写语句表。

4）用编程器或用计算机软件输入 PLC 控制智力竞赛抢答装置电路的程序。

5）PLC 控制智力竞赛抢答装置电路的调试及功能实现。

扩展知识

PLC 控制系统设计的内容与步骤

1. PLC 控制系统设计的基本原则

1）PLC 控制系统要能满足被控对象的控制要求，考虑将来发展的需要，PLC 选用功能较强的新产品，并留有适当的余量。

2）PLC 控制系统要确保控制设备性能的稳定性和公共安全性、可靠性等。

3）PLC 控制系统尽可能简单、经济、使用与维修方便。

4）PLC 控制系统具有高的性能价格比。

2. PLC 控制系统设计的内容

1）根据设计任务书的形式，确定控制系统设计的技术条件。

2）选择电气传动形式和相关执行机构。

3）确定 PLC 的型号。

4）编制 PLC 的 I/O 地址分配表，绘制 I/O 端子接线图。

5）根据系统设计的要求编写软件规格说明书，然后进行程序设计。

6）设计人机界面、操作台、电气柜。

7）编写设计说明书和使用说明书。

3. PLC 控制系统设计步骤

1）分析被控对象，提出控制要求。被控对象是指被控的机械、电气设备、生产线或生产过程。控制要求只要是指控制的基本方式、应完成的动作、自动工作循环的组成、必要的保护和联锁等。

2）确定输入、输出设备。根据被控对象的要求，确定所需要的用户输入、输出设备。常用的输入设备有控制按钮、选择开关、行程开关、传感器等，常用的输出设备有继电器、接触器、指示灯、电磁阀等。

3）选择 PLC 机型。根据确定的用户输入、输出设备，统计需要的 I/O 的点数，选择适合的 PLC 类型。

4）分配 I/O 点数，绘制 PLC 控制系统输入、输出端子接线图。分配 PLC 的 I/O 点数，编制 PLC 的 I/O 地址分配表，绘制 I/O 端子接线图，然后就可以进行 PLC 程序设计。

5）程序设计，绘制工作循环图或状态转移图。

① 初始化程序。

② 控制程序。

③ 检测、故障诊断和显示等程序。

④ 保护和联锁程序。

6）程序调试。

先进行模拟调试，再进行现场联机调试。先进行局部、分段调试，再进行整体、系统调试。

7）调试过程结束，整理技术资料，投入使用。

项目 11 PLC 控制加热炉自动上料控制电路

任务描述

图 4-103 所示是加热炉自动上料装置示意图。加热炉自动上料装置的工艺流程如图 4-104 所示，可分为以下几个步骤：

1）按 SB1 起动按钮→KM1 得电，炉门电动机正转→炉门开。

2）压限位开关 SQ1→KM1 失电，炉门电动机停转。KM3 得电，推料机电动机正转→推料机进，送料入炉到料位。

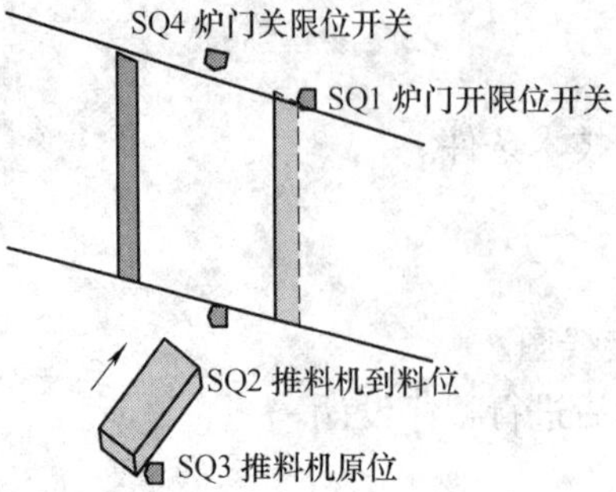

图 4-103　加热炉自动上料装置示意图

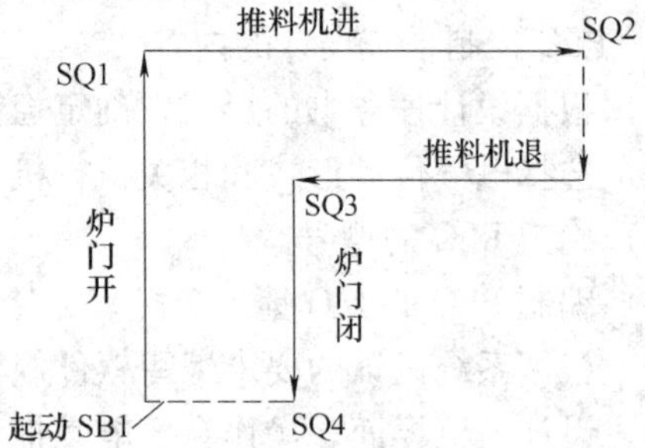

图 4-104　加热炉自动上料装置工艺流程图

3）压限位开关 SQ2→KM3 失电，推料机电动机停转，延时 3s 后，KM4 得电，推料机电动机反转→推料机退到原位。

4）压限位开关 SQ3→KM4 失电，推料机电动机停转。KM2 得电，炉门电机反转→炉门闭。

5）压限位开关 SQ4→KM2 失电，炉门电动机停转。SQ4 常开触点闭合，并延时 3s 后才允许下次循环开始。

6）上述过程不断运行，若按下停止按钮 SB2 后，工作立即停止。

相关知识

1. 程序设计原理分析

用 PLC 控制加热炉自动上料装置的程序设计原理是：按起动按钮 SB1，输入继电器 X000 得电，X000 常开触点闭合，输出继电器 Y000 得电，使交流接触器 KM1 线圈得电，KM1 主触点闭合，炉门电动机正转，带动炉门打开，炉门打开到极限位置压限位开关 SQ1，输入继电器 X002 得电，X002 常闭触点断开，输出继电器 Y000 失电，使交流接触器 KM1 线圈失电，KM1 主触点断开，炉门电动机停转。同时，X002 常开触点闭合，输出继电器 Y002 得电，使交流接触器 KM3 线圈得电，KM3 主触点闭合，带动推料机电动机正转，使推料机前进，送料入炉，料到位，压限位开关 SQ2，输入继电器 X003 得电，X003 常闭触点断开，输出继电器 Y002 失电，使交流接触器 KM3 线圈失电，KM3 主触点断开，推料机电动机停转，定时器延时 3s 钟后，输出继电器 Y003 得电，使交流接触器 KM4 线圈得电，KM4 主触点闭合，带动推料机电动机反转，使推料机退回到原位压限位开关 SQ3，输入继电器 X004 得电，X004 常闭触点断开，输出继电器 Y003 失电，使交流接触器 KM4 线圈失电，KM4 主触点断开，推料机电动机停转。同时，X004 常开触点闭合，输出继电器 Y001 得电，使交流接触器 KM2 线圈得电，KM2 主触点闭合，炉门电动机反转，带动炉门关闭，炉门关闭到极限位置压限位开关 SQ4，输入继电器 X005 得电，X005 常闭触点断开，输出继电器 Y001 失电，使交流接触器 KM2 线圈失电，KM2 主触点断开，炉门电动机停转，同时，X005 常开触点闭合，定时器延时 3s 钟，为下次循环做准备。上述过程不断运行。若按下停止按钮 SB2 后，输入继电器 X001 得电，X001 常闭触点断开，切断所有电路，工作立即停止。

2. 程序编写思路分析

由于 PLC 是循环扫描，程序开始可先检测有起动信号（X000），若没有则继续检测，若有起动信号则保持输出开门信号 Y000，驱动开门电动机工作，炉门开启并清空记忆信号 M0（由于起始位置与送料完毕后的加热等待位置相同，为了避免误起动）。接着检测炉门是否开到最大，若没检测到开门上限开关 SQ1（X002），炉门继续开启，若检测到 SQ1（X002），清除开门信号 Y000 使炉门停止开启，同时保持输出 Y002，使推料机送料。然后检测推料机是否压合推料机到送料位的限位开关 SQ2（X003），若没检测到 SQ2 则继续推料，若检测到 SQ2，停止输出送料信号 Y002，计时器 T0 计时 3s，再检测 T0 计时是否到 3s，若没到继续检测，若 T0 计时到 3s，输出推料机倒退信号 Y003，使推料机退回原位，并记录送料完成信号 M0，推料机倒退过程中检测是否压合限位开关 SQ3（X004），若没有则继续倒退，若压合 SQ3（X004），说明推料机退回原位，清除 Y003 输出。检测是否有送料完成信号 M0 若有 M0 信号则保持输出炉门关闭信号 Y001，并检测是否压合炉门关闭的限位开关 SQ4（X005），若没检测到 SQ4，则继续输出 Y001，若检测到 SQ4 信号，清除 Y001 信号输出，计时器 T1 计时 3s，接着检测 T1 计时是否达到，若没达到继续检测，若 T1 计时到 3s，清除 M0 信号再次输出炉门开起信号 Y000 进行下一个循环。在任何时刻只要按下停止按钮 X1 程序立即停止。

以上是简单的编程思路分析，但没有包括到保护电路，若要实际应用必须在电路中增加相应的保护措施，防止出现同一个电动机正反接触器同时吸合造成电源短路而损坏设备。

想一想

如果要使推料机送料两次后炉门再关闭，程序要如何改动？

任务实施

1）输入/输出端口分配见表 4-18，PLC 的外部接线图如图 4-105 所示。

表 4-18　输入/输出端口分配

输入设备	输入端口编号	输出设备	输出端口编号
起动按钮 SB1	X000	炉门开接触器 KM1	Y000
停止按钮 SB2	X001	炉门闭接触器 KM2	Y001
限位开关 SQ1	X002	推料机进接触器 KM3	Y002
限位开关 SQ2	X003	推料机退接触器 KM4	Y004
限位开关 SQ3	X004		
限位开关 SQ4	X005		

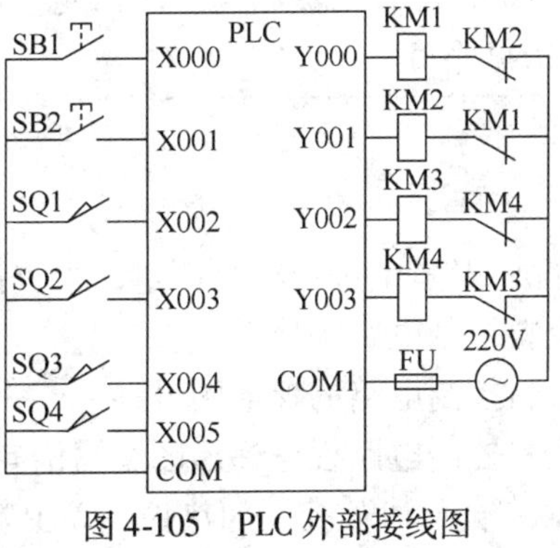

图 4-105　PLC 外部接线图

2）用 FX_{2N} 系列 PLC 按工艺流程写出梯形图、语句表，如图 4-106 所示。

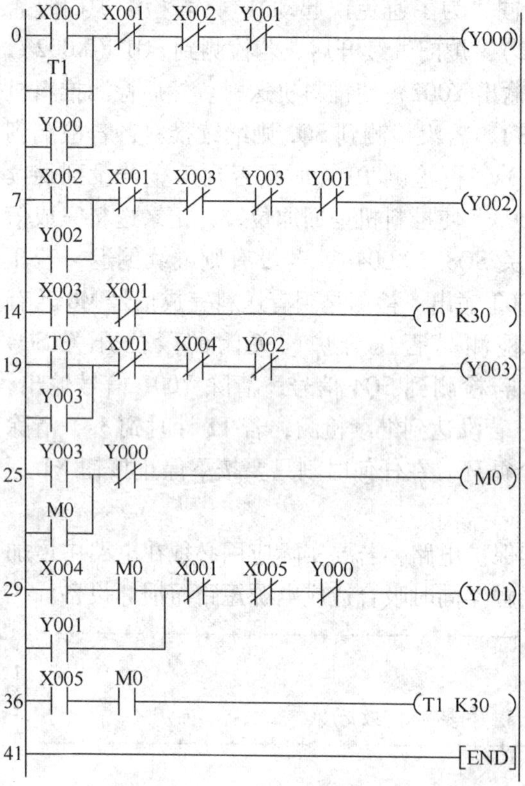

a)

0	LD	X000	
1	OR	T1	
2	OR	Y000	
3	ANI	X001	
4	ANI	X002	
5	ANI	Y001	
6	OUT	Y000	
7	LD	X002	
8	OR	Y002	
9	ANI	X001	
10	ANI	X003	
11	ANI	Y003	
12	ANI	Y001	
13	OUT	Y002	
14	LD	X003	
15	ANI	X001	
16	OUT	T0	K30
19	LD	T0	
20	OR	Y003	
21	ANI	X001	
22	ANI	X004	
23	ANI	Y002	
24	OUT	Y003	
25	LD	Y003	
26	OR	M0	
27	ANI	Y000	
28	OUT	M0	
29	LD	X004	
30	AND	M0	
31	OR	Y001	
32	ANI	X001	
33	ANI	X005	
34	ANI	Y000	
35	OUT	Y001	
36	LD	X005	
37	AND	M0	
38	OUT	T1	K30
41	END		

b)

图 4-106　参考梯形图和语句表

a）梯形图　b）语句表

3）按基本指令编制程序，在装有三菱编程软件（SWOPC-FXGP-WIN-C）的计算机上进行程序输入，并完成系统调试。

4）用模拟装置监控加热炉自动上料控制电路运行过程。

小提示

梯形图第一行中 Y001 常闭触点与第六行中的 Y000 常闭触点是用于起到联锁保护作用，对外部电路进行联锁保护，防止电源相间短路问题。同理，第二行与第四行中的 Y003 和 Y002 也是起到联锁保护作用。

检查评议

根据以下各部分的完成情况，对学生进行综合评定，检查评分表见附录表 D-3 所示。

1）PLC 控制加热炉自动上料控制电路的接线。

2）PLC 控制加热炉自动上料控制电路的梯形图设计。

3）PLC 控制加热炉自动上料控制电路程序梯形图编写语句表。

4）用编程器或用计算机软件输入 PLC 控制加热炉自动上料控制电路的程序。

5）PLC 控制加热炉自动上料控制电路的调试及功能实现。

扩展知识

PLC 的硬件设计

PLC 的硬件设计是 PLC 应用设计中很重要的一步，在进行 PLC 硬件设计时应考虑以下几方面：

1. 规模要适当

在功能满足的前提下，力争最好的性价比，并有一定的可升级性。输入、输出点数以及软件对 PLC 功能及指令的要求是选择 PLC 机型规模大小的重要依据。

首先根据被控对象的输入、输出信号的实际需要，再加上 10% ~15% 的余量来确定 I/O 的点数。如果只是为了实现单机自动化，或机电一体化产品，可选用小型 PLC。如果控制系统较大，输入、输出点数较多，被控设备较分散，可以选用中型或大型 PLC。

还应确定用户程序存储器的容量。一般粗略的估计方法是：（输入 + 输出） ×（10 ~ 12） = 指令步数。特别要注意因控制较复杂，数据处理量较大，可能出现存储容量不够的问题。

2. 功能要相当，结构要合理

对于以开关量进行控制的系统，一般的低档机就能满足要求。

对于以开关量控制为主，带少量模拟量控制的系统，应选用带 A-D、D-A 转换、加减运算、数据传送功能的低档机。

对于控制比较复杂，控制性能要求较高的系统，例如要求实现 PID 运算、闭环控制、通信联网等，可视控制规模及复杂的程度，选用中档或高档机。其中高档机主要用于大规模过程控制、全 PLC 的分布式控制系统以及整个工厂自动化等。

对于工艺过程比较固定、环境条件较好（维修量较小）的场合，选用整体式结构 PLC。其他情况则选用模块式结构 PLC。

3. 输入、输出功能及负载能力的选择

选择哪一种功能的输入、输出形式或模块，取决于控制系统中输入和输出信号的种类、参数要求和技术要求，选用具有相应功能的模块。为了提高抗干扰能力，输入、输出均应选用具有光电隔离的模块。对于输出形式，有无触点和有触点之分。无触点输出大多使用大功率晶体管（直流输出）或双向晶闸管（交流输出）电路，其优点是可靠性高、响应速度快、寿命长，缺点为价格高、过载能力差些。有触点输出是使用继电器触点输出，其优点是适用电压范围宽、导通电压降损失小、价格便宜，缺点是寿命短、响应速度慢。

此外，还应考虑输入、输出的负载能力，要注意承受的电压值和电流值。应该指出的是，输出电流值和导通负载电流值是不同的概念。输出电流值是指每一个输出点的驱动能力，导通负载电流值是指整个输出模块驱动负载时所允许的最大电流值，即整个输出模块的满负荷能力。

4. 使用环境条件

在选择 PLC 时，要考虑使用现场的环境条件是否符合它的规定。一般考虑的环境条件有环境温度、相对湿度、电源允许波动范围和抗干扰等指标。

项目12　PLC控制钻孔动力头控制电路

任务描述

图4-107所示为某一冷加工自动线的一个钻孔动力头的工艺流程示意图。该动力头的加工过程如下：

1）动力头在原位，并加以起动信号，这时接通电磁阀YV1，动力头快进。

2）动力头碰到限位开关SQ1后，接通电磁阀YV1和YV2，动力头由快进转为工进，同时动力头电动机转动（由KM1控制）。

3）动力头碰到限位开关SQ2后，电磁阀YV1和YV2失电，并开始延时10s。

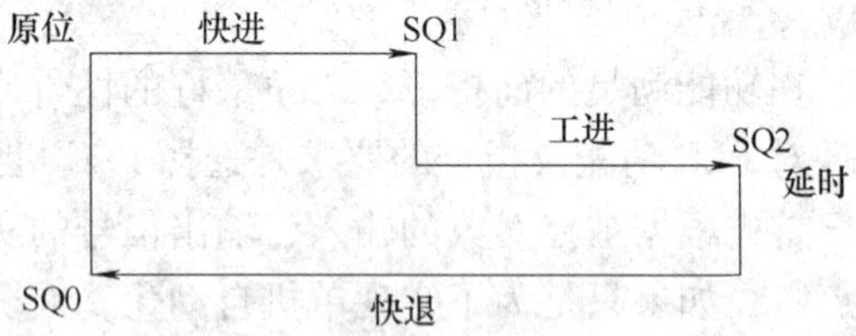

图4-107　钻孔动力头的工艺流程示意图

4）延时时间到，接通电磁阀YV3，动力头快退。

5）动力头回到原位即停止电磁阀YV3及动力头电动机。

相关知识

1. 程序设计原理分析

PLC控制钻孔动力头电路的程序设计原理是：按起动按钮SB1，输入继电器X000得电，X000常开触点闭合，输出继电器Y000得电，接通电磁阀YV1，动力头快进，当动力头碰到限位开关SQ1后，输入继电器X002得电，X002常开触点闭合，输出继电器Y000和Y001同时得电，接通电磁阀YV1和YV2，动力头由快进转为工进。同时，输出继电器Y003也得电，使交流接触器KM1线圈得电，KM1主触点闭合，带动动力头电动机转动加工工件，当动力头碰到限位开关SQ2后，输入继电器X003得电，X003常闭触点断开，输出继电器Y000和Y001同时失电，断开电磁阀YV1和YV2，动力头停止工进，并且定时器开始延时10s钟，延时时间到，输出继电器Y002得电，接通电磁阀YV3，动力头快退，动力头回到原位碰到SQ0后，输入继电器X001得电，X001常闭触点断开，输出继电器Y002和Y003失电，停止电磁阀YV3及动力头电动机。

2. 程序编写思路分析

由于PLC是循环扫描，程序开始可先检测有无起动信号SB1(X000)，若没有则继续检测，若有起动信号SB1(X000)且动力头在原位（压合限位开关SQ0(X001)），则保持输出动力头快进信号Y000，使钻孔动力快进。接着检测动力头是否达到工件加工位置SQ1处，若没检测到限位开关SQ1(X002)，钻孔动力头继续快进，若检测到SQ1(X002)，动力头从快进模式转换成工进模式，保持输出工进信号Y000以及Y001，同时保持输出动力头主电动机转动信号Y003，使交流接触器KM1的电动力头转动加工工件。加工同时检测是否有停止工进信号SQ2(X003)产生，若没检测到SQ2(X003)信号，钻孔动力头继续工进加工工件，若检测到SQ2(X003)信号，则停止动力头继续工进，清除工进信号Y000和Y001，但继续保持动力头主电动机转动（保持输出Y003信号），同时T0计时器开始计时10s，然后检测

T0计时器计时是否达到，若没到10s则继续保持输出Y003，若T0计时到10s，则清除Y003输出，停止动力头主电动机继续工作。并保持输出动力头快退信号Y002，使钻孔动力头快退，快退过程中再次检测是否压合原位限位开关SQ0（X000），若没压合原位，则动力头继续快退，若压合原位限位开关SQ0，则表示动力头完成一次加工任务，停止所有输出，等待再次起动信号再次运行。

上述是简单的编程思路分析，但没有包括到保护电路，若要实际应用必须在电路中增加相应的保护措施，防止出现Y000和Y002或者Y001和Y002信号同时输出导致外部接触器同时吸合造成电源短路而损坏设备。

想一想

如果要使动力头连续完成两次加工任务后再停止，程序中应该如何改动（小提示：可在停止程序前进行判断）？

任务实施

1）输入/输出端口分配见表4-19，PLC的外部接线图如图4-108所示。

表4-19　输入/输出端口分配表

输入设备	输入端口编号	输出设备	输出端口编号
起动按钮SB1	X000	电磁阀YV1	Y000
限位开关SQ0	X001	电磁阀YV2	Y001
限位开关SQ1	X002	电磁阀YV3	Y002
限位开关SQ2	X003	接触器KM1	Y003

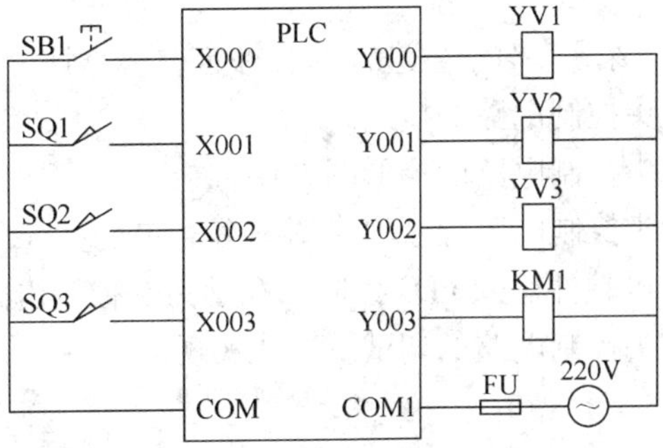

图4-108　PLC外部接线图

2）用FX_{2N}系列PLC按工艺流程写出梯形图、语句表，如图4-109所示。

3）按基本指令编制程序，在装有三菱编程软件（SWOPC-FXGP-WIN-C）的计算机上进行程序输入，并完成系统调试。

4）用模拟装置监控钻孔动力头控制电路运行过程。

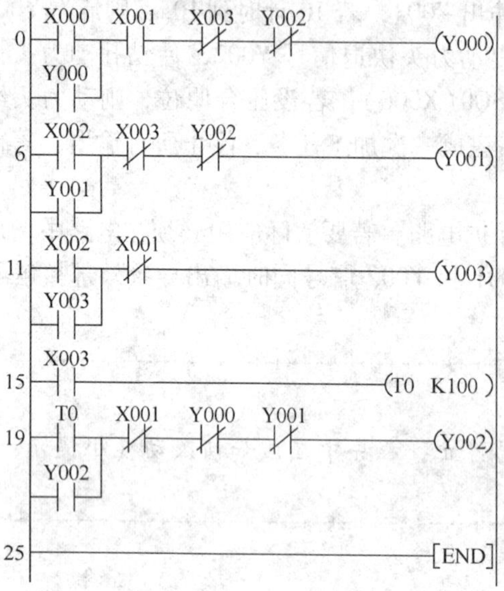

a)

0	LD	X000	12	OR	Y003	
1	OR	Y000	13	ANI	X001	
2	AND	X000	14	OUT	Y003	
3	ANI	X003	15	LD	X003	
4	ANI	Y002	16	OUT	T0	K100
5	OUT	Y000	19	LD	T0	
6	LD	X002	20	OR	Y002	
7	OR	Y001	21	ANI	X001	
8	ANI	X003	22	ANI	Y000	
9	ANI	Y002	23	ANI	Y001	
10	OUT	Y001	24	OUT	Y002	
11	LD	X002	25	END		

b)

图 4-109　参考梯形图和语句表

a）梯形图　b）语句表

小提示

梯形图第一行中 Y002 常闭触点与第五行中的 Y000、Y001 常闭触点是用于起到联锁保护作用，对外部电路进行联锁保护，防止电源相间短路问题。同理，第二行的 Y002 也是起到联锁保护作用。

检查评议

根据以下各部分的完成情况，对学生进行综合评定，检查评分表见附录表 D-3。

1）PLC 控制钻孔动力头控制电路的接线。

2）PLC 控制钻孔动力头控制电路的梯形图设计。

3）PLC 控制钻孔动力头控制电路程序梯形图编写语句表。

4）用编程器或用计算机软件输入 PLC 控制钻孔动力头控制电路的程序。

5）PLC 控制钻孔动力头控制电路的调试及功能实现。

扩展知识

PLC 的软件设计

PLC 控制系统的软件设计就是针对生产工艺要求的控制程序的设计，也就是常说的用户程序设计。用户程序的设计需要分析工艺过程，明确控制要求，列出输入输出分配表的基础上进行。在实际的工作中，软件的实现方法有很多种，具体使用哪种方法，因人因控制对象而异，大致可以分为经验设计法、逻辑设计法和顺序功能图设计法。

经验设计法是根据被控制对象对控制系统的具体要求，凭经验进行选择、组合。有时为了得到一个满意的设计结果，需要进行多次反复地调试和修改，增加一些辅助触点和中间编程元件。这种设计方法具有一定的试探性和随意性，最后得到的结果也不是唯一的，设计所用的时间、设计的质量与设计者经验多少有关。经验设计法对于一些比较简单的控制系统的设计时比较有效的，可以收到快速、简单的效果。但是，由于这种方法主要时依靠设计人员的经验进行设计，所以对设计人员的要求也比较高，特别时要求设计者有一定的实践经验，对工业控制系统和工业上常用的各种典型环节比较熟悉。对于比较复杂的系统，经验设计法一般设计周期长，不易掌握，系统交付使用后，维护困难。所以，经验设计法一般只适合于比较简单的或与某些典型系统相类似的控制系统的设计。

逻辑设计法是用“0”和“1”两种取值的逻辑代数设计电气控制电路。当一个逻辑函数用逻辑变量的基本运算式表达出来后，实现这个逻辑函数的电路就确定了。当这种方法使用熟练后，甚至梯形程序也可以省略，可以直接写出于逻辑函数和表达式对应的指令语句程序。用逻辑设计法设计 PLC 应用程序的一般步骤如下：① 列出执行元件动作节拍表；② 绘制电气控制系统的状态转移图；③ 进行系统的逻辑设计；④ 编写程序；⑤ 对程序检测、修改和完善。

顺序功能图设计法是首先根据系统的工艺流程设计顺序功能图，然后再依据顺序功能图设计顺序控制程序。在顺序功能图中，在实现转换时使前级步的活动结束而使后续步的活动开始，每一步之间没有重叠。这使系统中大量复杂的联锁关系在步的转换中得以解决。而对于每一步的程序段，只需处理极其简单的逻辑关系。因而这种编程方法简单易学，规律性强。设计出的控制程序结构清晰、可读性好，程序的调试和运行也很方便，可以极大地提高工作效率。

项目13 PLC 控制仓库门自动开闭控制电路

任务描述

图 4-110 所示是仓库门自动开闭控制装置示意图。当人或车接近仓库门的某个区域时，仓库门自动打开，人车通过后，仓库门自动关闭，从而实现仓库门的无人管理。

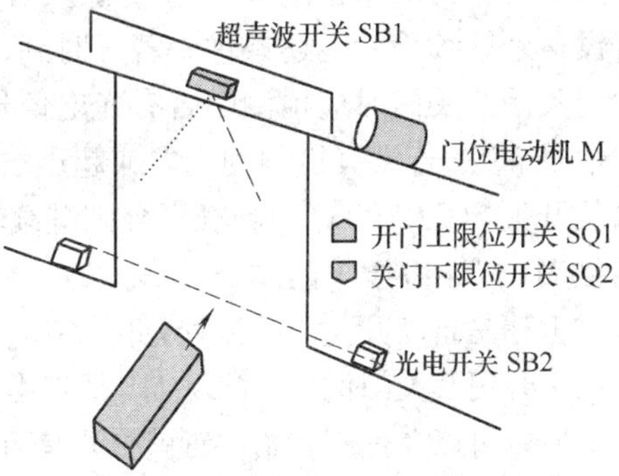

图 4-110 仓库门自动开闭控制装置示意图

库门设计为卷帘式，用一个电动机来拖动卷帘。正转接触器 KM1 使电动机开门，反转接触器 KM2 使电动机关门。在库门的上方装设一个超声波开关 SB1，超声波开关发射超声波，当来人（车）进入超声波发射范围时，超声波开关便检测出超声回波，从而产生输出电信号（SB1 = ON），由该信号起动接触器 KM1，电动机 M 正转使卷帘上升开门，电动机开门时必须开至上限位后延时 6s 再自动关门。为了避免在关门时碰伤人（车），在库门的下方装有一套光电开关 SB2，用以检测到物体时发出信号（高电位），使卷帘门立即转换成开门状态。电动机关门时若超声波开关探测有信号，或接到光电的探测信号时，则立即停止关门并自动打开电动机开门。用两个行程开关 SQ1 和 SQ2 来检测库门的开门上限和关门下限，用按钮 SB3 手动控制开门和 SB4 手动控制关门。

相关知识

1. 程序设计原理分析

用 PLC 控制仓库门自动开闭控制电路的程序设计原理是：当超声波开关检测到有人（车）进入超声波发射范围时，超声波开关便检测出超声回波，从而产生输出电信号（SB1 = ON），输入继电器 X000 得电，X000 常开触点闭合，输出继电器 Y000 得电，使交流接触器线圈通电，电动机 M 正转使卷帘上升开门，当光电开关检测到车（人）遮断了光束，光电开关 SB2 便产生电脉冲，输入继电器 X001 得电，X001 常开触点闭合，输出继电器 Y001 得电，使交流接触器线圈通电，电动机 M 反转，从而使卷帘开始下降关门，电动机关门时若超声波开关探测有信号，则输入继电器 X000 得电，X000 常闭触点断开，输出继电器 Y001 失电，使交流接触器线圈失电，电动机 M 停止关门。同时，X000 常开触点闭合，输出继电器 Y000 得电，使交流接触器线圈通电，电动机 M 正转使卷帘上升开门，手动按钮 SB03 闭合，输入继电器 X004 得电，X004 常开触点闭合，输出继电器 Y000 得电，使交流接触器线圈通电，电动机 M 正转使卷帘上升开门，手动按钮 SB4 闭合，输入继电器 X005 得电，X005 常开触点闭合，输出继电器 Y001 得电，使交流接触器线圈通电，电动机 M 反转使卷帘下降关门。

2. 程序编写思路分析

由于 PLC 是循环扫描，程序开始可先检测有无超声波信号（X000），若没有则继续检测，若有超声波信号则保持输出开门信号 M0，驱动门位电动机工作，仓库门开启。接着检测仓库门是否开到最大，若没检测到开门上限位开关 SQ1(X002)，仓库门继续开启，若检测到 SQ1(X002)，清除开门信号 M0 使仓库门停止开启，同时 T0 计时器计时 6s，计时同时检测是否有光电信号（X001）产生，若检测到光电信号，则重新输出开门信号 M0 驱动仓库门开启，再次做检测 SQ1 等步骤。若没检测到光电信号，继续检测计时器 6s 是否达到，若没达到继续检测上述条件。若计时到，保持输出关门信号 M1，驱动门位电动机工作，仓库门关闭。关门时应检测是否有光电信号或者超声波信号，若有则清除关门信号再次输出开门信号 M0。若没有检测到光电或超声波信号，则检测仓库门是否关到底，是否压合关门下限位开关 SQ2(X003)，若没压合则继续输出 M1，驱动仓库门关闭，若压合 SQ2 则清除关门信号 M1 停止继续关门。

上述是自动开关门的流程分析控制，由于项目要求必须还有手动控制所以为了便于手动控制以上开门及关门信号，M0、M1 都是用于驱动外部接触器 KM1 或 KM2 的。由于 PLC 是循环扫描所以可以在程序开始位置就检测是否有开门或者关门信号，若有此信号则直接驱动相应接触器，同时也应检测是否存在手动开门信号（X004）或者手动关门信号（X005），若有手动信号存在，也应直接驱动外部接触器 KM1（Y000）或 KM2（Y001）控制仓库门运行。

以上是简单的编程思路分析，但没有包括到保护电路，若要实际应用必须在电路中增加相应的保护措施，防止出现 KM1、KM2 接触器同时吸合造成电源短路而损坏设备。

想一想

如果要把两个手动点动控制按钮改成连续开启和关闭按钮，程序是否要做改动？

任务实施

1）输入/输出端口分配见表4-20，PLC的外部接线图如图4-111所示。

表4-20　输入/输出端口分配表

输 入 设 备	输入端口编号	输 出 设 备	输出端口编号
超声波开关SB1	X000	开门（升门）接触器KM1	Y000
光电开关SB2	X001	关门（降门）接触器KM2	Y001
开门上限位开关SQ1	X002		
关门下限位开关SQ2	X003		
手动控制开门按钮SB3	X004		
手动控制关门按钮SB4	X005		

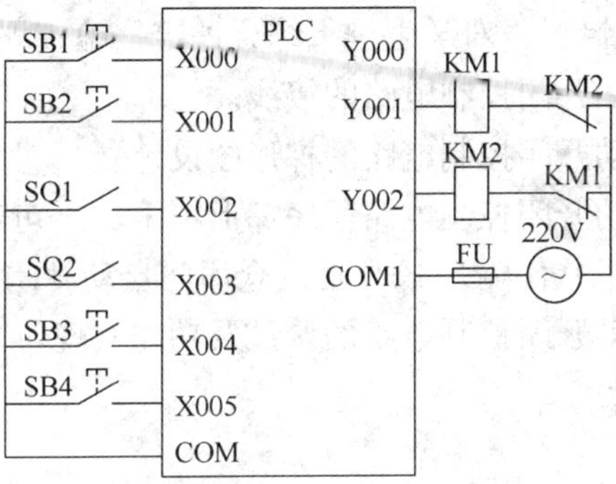

图4-111　PLC外部接线图

2）用FX_{2N}系列PLC按工艺流程写出梯形图、语句表，如图4-112所示。

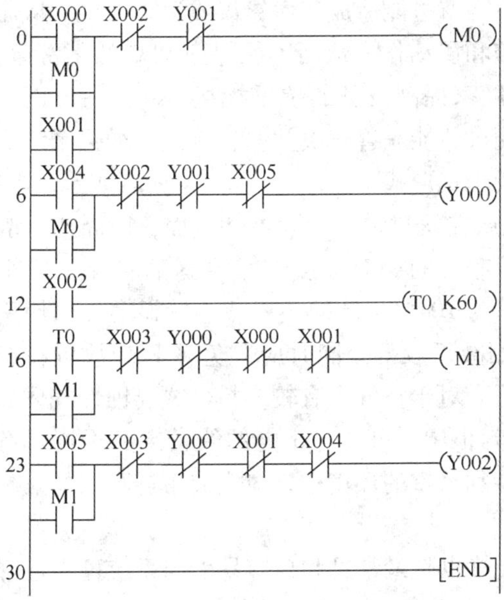

a)

0	LD	X000		17	OR	M1
1	OR	M0		18	ANI	X003
2	OR	X001		19	ANI	Y000
3	ANI	X002		20	ANI	X000
4	ANI	Y001		21	ANI	X001
5	OUT	M0		22	OUT	M1
6	LD	X004		23	LD	X005
7	OR	M0		24	OR	M1
8	ANI	X002		25	ANI	X003
9	ANI	Y001		26	ANI	Y000
10	ANI	X005		27	ANI	X001
11	OUT	Y000		28	ANI	X004
12	LD	X002		29	OUT	Y001
13	OUT	T0	K60	30	END	
16	LD	T0				

b)

图4-112　参考梯形图和语句表

a）梯形图　b）语句表

3）按基本指令编制程序，在装有三菱编程软件（SWOPC-FXGP-WIN-C）的计算机上进行程序输入，并完成系统调试。

4）用模拟装置监控仓库门自动开闭控制电路运行过程。

小提示

梯形图第一行中 Y001 常闭触点与第四行中的 Y000 常闭触点是用于起到联锁保护作用，对外部电路进行联锁保护，防止电源相间短路问题。同理，第二行与第四行中的 X004 和 X005 也是起到联锁保护作用。

检查评议

根据以下各部分的完成情况，对学生进行综合评定，检查评分表见附录表 D-3。

1）PLC 控制仓库门自动开闭控制电路的接线。

2）PLC 控制仓库门自动开闭控制电路的梯形图设计。

3）PLC 控制仓库门自动开闭控制电路程序梯形图编写语句表。

4）用编程器或用计算机软件输入 PLC 控制仓库门自动开闭控制电路的程序。

5）PLC 控制仓库门自动开闭控制电路的调试及功能实现。

扩展知识

PLC 使用中注意的问题

PLC 是一种用于工业生产自动化控制的设备，一般不需要采取什么措施就可以直接在工业环境中使用，然而，尽管有如上所述的可靠性较高、抗干扰能力较强等优点，但当生产环境过于恶劣，电磁干扰特别强烈，或安装使用不当就可能造成程序错误或运算错误，从而产生误输入并引起误输出，这将会造成设备的失控和误动作，从而不能保证 PLC 的正常运行，要提高控制系统可靠性，一方面要求 PLC 生产厂家提高设备的抗干扰能力，另一方面，要求设计、安装和使用维护中引起高度重视多方配合才能完善解决问题，有效地增强系统的抗干扰性能。因此在使用中应注意其工作环境以及干扰形式。

PLC 要求环境温度在 0～55℃，安装时不能放在发热量大的元器件下面，四周通风散热的空间应足够大。为了保证 PLC 的绝缘性能，空气的相对湿度在无凝露的状况下应小于 85%。PLC 应远离强烈的振动源，防止振动频率为 10～55Hz 的频繁或连续振动。当使用环境不可避免振动时，必须采取减振措施，如采用减振胶等。同时应避免将 PLC 放置在有腐蚀和易燃的气体环境中，例如氯化氢、硫化氢等。对于空气中有较多粉尘或腐蚀性气体的环境，可将 PLC 安装在封闭性较好的控制室或控制柜中。PLC 对于电源线带来的干扰具有一定的抵制能力。在可靠性要求很高或电源干扰特别严重的环境中，应安装带屏蔽层的隔离变压器，以减少设备与地之间的干扰。

PLC 控制系统中干扰的因素有很多，电磁干扰也是最常见和最容易引起系统可靠性降低的因素之一。以下为常用的抗干扰方法：

1. 电源的合理处理，抑制电网引入的干扰

对于电源引入的电网干扰可以安装带屏蔽层的变比为 1∶1 的隔离变压器，以减少设备

与地之间的干扰，还可以在电源输入端串接 LC 滤波电路。

2. 正确选择接地点，完善接地系统

良好的接地是保证 PLC 可靠工作的重要条件，可以避免偶然发生的电压冲击危害。接地的目的通常有两个，一是为了安全，二是为了抑制干扰。完善的接地系统是 PLC 控制系统抗电磁干扰的重要措施之一。

3. 对变频器干扰的抑制

变频器的干扰处理一般有下面几种方式：加隔离变压器，主要是针对来自电源的传导干扰，可以将绝大部分的传导干扰阻隔在隔离变压器之前；使用滤波器，滤波器具有较强的抗干扰能力还具有防止将设备本身的干扰传导给电源，有些还兼有尖峰电压吸收功能；使用输出电抗器，在变频器到电动机之间增加交流电抗器，主要是减少变频器输出在能量传输过程中电路产生电磁辐射，影响其他设备正常工作。

总的来说为了能更有效、可靠地利用 PLC 完成工业控制，PLC 必须能稳定地工作。上文中提到的几种方法只是支持 PLC 稳定工作的基本要求。为了使 PLC 在工业控制系统中有更大的发展前景，如何让 PLC 稳定性再度提高还是目前 PLC 生产厂商的主要考虑因素。

附　录

附录 A　单元 1 评分表

表 A-1　元器件检测评分表

任务名称					鉴定时限		60min		
评价要素		配分	等级	评分细则	评定等级				得分
					A	B	C	D	
1	万用表的使用	20	A	正确、熟练使用万用表测量波形					
			B	正确使用万用表测量，欠熟练					
			C	正确使用万用表测量，很不熟练					
			D	不会正确使用万用表测量					
2	元器件检测	30	A	全对					
			B	错一项					
			C	错两项					
			D	错三项以上					
3	结果分析	30	A	理论分析结果正确					
			B	能够说明问题的原因，但理论依据欠缺					
			C	对测量判断不够准确，理论也不足					
			D	无法解释测量的结果					
4	安全生产无事故发生	20	A	安全文明生产，完全符合操作规程					
			B	安全文明生产，基本符合操作规程					
			C	操作过程中损坏元器件					
			D	不经允许擅自通电，造成设备损坏					
合计配分		100	合计得分						

注：阴影处为否决项。　　　　　　　　　　带教老师（签名）：

表 A-2　电路安装检测评分表

任务名称					鉴定时限		30min		
评价要素		配分	等级	评分细则	评定等级				得分
					A	B	C	D	
1	元器件的选择	20	A	完全正确地按照电路的要求选择元器件					
			B	基本能完成元器件的选择，欠熟练					
			C	选择元器件有错误，但能独立更正					
			D	无法完成元器件的选择					
2	元器件的安装	30	A	全对					
			B	错一项					
			C	错两项					
			D	错三项以上					
3	电路连接	30	A	按照焊接工艺独立完成电路的正确连接，无短路					
			B	按照焊接工艺独立完成电路的正确连接，欠美观					
			C	按照焊接工艺基本完成电路的正确连接，出现局部错误					
			D	无法完成电路的安装					
4	安全生产无事故发生	20	A	安全文明生产，完全符合操作规程					
			B	安全文明生产，基本符合操作规程					
			C	操作过程中损坏元器件					
			D	不经允许擅自通电，造成设备损坏					
合计配分		100	合计得分						

注：阴影处为否决项。　　　　　　　　　　带教老师（签名）：

表 A-3　电路的安装、调试及测量检测评分表

任务名称		集成功率放大电路的安装与调试			鉴定时限		90min		
评价要素		配分	等级	评分细则	评定等级				得分
					A	B	C	D	
1	元器件的选择和使用	10	A	完全正确的按照电路的要求选择元器件					
			B	基本能完成元器件的选择，欠熟练					
			C	选择元器件有错误，但能独立更正					
			D	无法完成元器件的选择					
2	集成功率放大电路的安装	20	A	元器件选择和电路安装均正确，无短路					
			B	按照焊接工艺独立完成元器件和电路的正确连接，欠美观					
			C	按照焊接工艺基本完成电路的正确连接，出现局部错误					
			D	无法完成电路的安装，或出现短路现象					

（续）

任务名称		集成功率放大电路的安装与调试			鉴定时限		90min		
评价要素		配分	等级	评分细则	评定等级				得分
					A	B	C	D	
3	集成功率放大电路的调试	20	A	灵活运用仪器仪表熟练完成电路的调试					
			B	基本完成电路的调试，但仪器仪表的操作不符合规范					
			C	不能在规定时间内完成调试工作					
			D	完全不能使用仪器仪表进行电路的调试					
4	集成功率放大电路分析	30	A	各点波形测试和绘制正确，数据测量准确					
			B	基本上完成了测量工作，数据记录欠准确					
			C	不能灵活运用仪器仪表测量电路的波形和数据					
			D	电路的测量和分析错误					
5	安全生产无事故发生	20	A	安全文明生产，完全符合操作规程					
			B	安全文明生产，基本符合操作规程					
			C	操作过程中损坏元器件					
			D	不经允许擅自通电，造成设备损坏					
合计配分		100	合计得分						

注：阴影处为否决项。　　　　　　　　带教老师（签名）：

评分比值：

等级	A(优)	B(良)	C(及格)	D(较差)	E(差或缺考)
比值	1.0	0.8	0.6	0.2	0

评价要素得分＝配分×等级比值

附录B　单元2评分表

表B-1　＿＿＿＿＿＿的相关参数识读

元器件名称及型号	相关参数
＿＿＿＿＿型号：＿＿＿＿＿＿＿＿＿	1. ＿＿＿＿＿＿＿＿＿＿＿＿＿＿ 2. ＿＿＿＿＿＿＿＿＿＿＿＿＿＿ 3. ＿＿＿＿＿＿＿＿＿＿＿＿＿＿ 4. ＿＿＿＿＿＿＿＿＿＿＿＿＿＿
＿＿＿＿＿型号：＿＿＿＿＿＿＿＿＿	1. ＿＿＿＿＿＿＿＿＿＿＿＿＿＿ 2. ＿＿＿＿＿＿＿＿＿＿＿＿＿＿ 3. ＿＿＿＿＿＿＿＿＿＿＿＿＿＿ 4. ＿＿＿＿＿＿＿＿＿＿＿＿＿＿

表 B-2　元器件的识别和检测评分表

任务名称					鉴定时限		30min		
评价要素		配分	等级	评分细则	评定等级				得分
					A	B	C	D	
1	元器件型号和参数识别	20	A	能够根据型号，对照参数表完成参数查找					
			B	能够识读型号，但参数查找有困难					
			C	型号识别不熟练，参数的含义不理解					
			D	不能试读型号，也无法完成参数查找					
			E	差或未答题					
2	万用表的使用	20	A	能够按照操作规范熟练使用万用表					
			B	能够按照操作规范使用万用表，操作不熟练					
			C	基本会用万用表，操作不规范					
			D	只能使用万用表的部分功能，操作不规范					
			E	不会使用万用表					
3	元器件的拆装	40	A	能够按照要求运用仪器仪表完成元器件的拆装					
			B	能够按照要求完成元器件的拆装，仪器仪表使用有欠缺					
			C	不能独立完成元器件的拆装，仪器仪表使用有欠缺					
			D	元器件的拆装操作和仪器仪表使用不规范					
			E	无法完成操作					
4	安全生产无事故发生	20	A	安全文明生产，操作规范，穿电工鞋					
			B	安全文明生产，操作规范，未穿电工鞋					
			C	安全文明生产，操作基本规范，未穿电工鞋					
			D	不能文明生产，不符合操作规程，造成元器件永久损坏					
			E	差或未答题					
合计配分		100	合计得分						

注：阴影处为否决项。　　　　带教老师（签名）：

表 B-3　电气控制操作检查评分表

任务名称					鉴定时限		60min		
评价要素		配分	等级	评分细则	评定等级				得分
					A	B	C	D	
1	根据电路图进行接线安装	30	A	接线完全正确，接线安装规范					
			B	接线安装错一次，能独立纠正，接线安装较规范					
			C	接线安装错两次，能独立纠正，接线安装基本规范					
			D	接线安装错两次以上或未完成接线安装					
			E	差或未答题					

（续）

任务名称					鉴定时限		60min		
评价要素		配分	等级	评分细则	评定等级				得分
					A	B	C	D	
2	通电调试与运行	30	A	通电调试，操作熟练，运行步骤、方法与结果完全正确					
			B	通电调试，操作较熟练，运行步骤、方法较正确，开始通电调试运行未达到要求，能自行修改，通电调试运行结果基本准确					
			C	通电调试，操作不够熟练，运行步骤、方法基本正确，开始通电调试运行未达到要求，能自行两次修改，通电调试运行结果基本准确					
			D	未通电调试运行或通电调试运行步骤、方法与结果不正确，通电调试运行失败					
			E	差或未答题					
3	用书面形式回答问题	20	A	两题回答完全正确					
			B	一题回答正确，另一题回答基本准确或两题回答较正确					
			C	两题回答基本准确，或一题回答正确、另一题回答不够正确完整					
			D	未能回答或两题回答不正确，错误多					
			E	差或未答题					
4	安全生产无事故发生	20	A	安全文明生产，操作规范，穿电工鞋					
			B	安全文明生产，操作规范，未穿电工鞋					
			C	安全文明生产，操作基本规范，未穿电工鞋					
			D	不能文明生产，不符合操作规程					
			E	差或未答题					
合计配分		100		合计得分					

注：阴影处为否决项。　　　　　　　　带教老师（签名）：

评分比值请参考附录A。

附录C　单元3评分表

表C-1　机床设备的认识检查评分表

任务名称		认识__________			鉴定时限		30min		
评价要素		配分	等级	评分细则	评定等级				得分
					A	B	C	D	
1	____的组成	20	A	完全正确					
			B	基本正确，个别知识点遗漏					
			C	回答不够准确，存在明显差错					
			D	回答错误，无法回答					

（续）

任务名称		认识________			鉴定时限		30min		
评价要素		配分	等级	评分细则	评定等级				得分
					A	B	C	D	
2	____的型号意义	20	A	完全正确					
			B	基本正确，个别知识点遗漏					
			C	回答不够准确，存在明显差错					
			D	回答错误，无法回答					
3	____的运动方式	20	A	完全正确					
			B	基本正确，个别知识点遗漏					
			C	回答不够准确，存在明显差错					
			D	回答错误，无法回答					
4	____的控制要求	20	A	全部正确					
			B	错一项					
			C	错两项					
			D	错三项以上					
5	安全生产无事故发生	20	A	安全文明生产，完全符合操作规程					
			B	安全文明生产，基本符合操作规程					
			C	安全文明生产存在问题					
			D	不能安全文明生产，不符合操作规程					
合计配分		100		合计得分					

注：阴影处为否决项。　　　　　　　　带教老师（签名）：

表 C-2　机床设备电气原理图阅读检查评分表

任务名称		________电气原理图的阅读			鉴定时限		30min		
评价要素		配分	等级	评分细则	评定等级				得分
					A	B	C	D	
1		20	A	全部正确					
			B	错一项					
			C	错两项					
			D	三项全错					
2		20	A	完全正确					
			B	基本正确，个别知识点遗漏					
			C	回答不够准确，存在明显差错					
			D	回答错误，无法回答					
3		25	A	全部正确					
			B	错一项					
			C	错两项					
			D	错三项以上					

（续）

任务名称		电气原理图的阅读			鉴定时限		30min		
评价要素		配分	等级	评分细则	评定等级				得分
					A	B	C	D	
4		15	A	完全正确					
			B	基本正确，个别知识点遗漏					
			C	回答不够准确，存在明显差错					
			D	回答错误，无法回答					
5	安全生产无事故发生	20	A	安全文明生产，完全符合操作规程					
			B	安全文明生产，基本符合操作规程					
			C	安全文明生产存在问题					
			D	不能安全文明生产，不符合操作规程					
合计配分		100	合计得分						

注：表中“评价要素”由教师根据内容自行填写。

表 C-3　机床设备电气控制电路的调试检查评分表

任务名称		电气控制电路的调试			鉴定时限		30min		
评价要素		配分	等级	评分细则	评定等级				得分
					A	B	C	D	
1		20	A	操作正确，熟练掌握					
			B	操作正确，欠熟练					
			C	操作正确，很不熟练					
			D	不会正确操作					
2		20	A	完全正确					
			B	基本正确，个别知识点遗漏					
			C	回答不够准确，存在明显差错					
			D	回答错误，无法回答					
3		15	A	完全正确					
			B	基本正确，个别知识点遗漏					
			C	回答不够准确，存在明显差错					
			D	回答错误，无法回答					
4		25	A	操作正确，熟练掌握					
			B	操作正确，欠熟练					
			C	操作正确，很不熟练					
			D	不会正确操作					
5	安全生产无事故发生	20	A	安全文明生产，完全符合操作规程					
			B	安全文明生产，基本符合操作规程					
			C	安全文明生产存在问题					
			D	不能安全文明生产，不符合操作规程					
合计配分		100	合计得分						

注：阴影处为否决项。表中“评价要素”由教师根据内容自行填写。　　带教老师（签名）：

表 C-4　机床故障分析与排除检查评分表

任务名称		控制电路故障分析与排除				鉴定时限		30min	
评价要素		配分	等级	评分细则	评定等级				得分
					A	B	C	D	
1	以书面形式写出故障现象	20	A	通电检查，2个故障现象判别完全正确					
			B	通电检查，2个故障现象判别基本正确					
			C	通电检查，1个故障现象判别正确，另1个判别不正确					
			D	未进行通电检查判别或通电检查，不会判别故障现象					
2	对故障原因以书面形式作简要分析	30	A	2个故障原因分析完全正确，思路清晰					
			B	2个故障原因分析基本正确					
			C	1个故障原因分析基本正确，1个故障原因分析不正确					
			D	2个故障原因分析错误或不能分析					
3	排除故障，写出实际故障点	30	A	2个故障排除完全正确，思路清晰					
			B	1个故障排除正确，另1个故障排除不正确					
			C	经返工后能排除1个故障					
			D	排除故障错误或不能排除故障					
4	安全生产无事故发生	20	A	安全文明生产，操作规范，穿电工鞋					
			B	安全文明生产，操作规范，未穿电工鞋					
			C	安全文明生产，操作基本规范，未穿电工鞋					
			D	不能文明生产，不符合操作规程					
合计配分		100		合计得分					

注：阴影处为否决项。　　　　带教老师（签名）：

故障分析记录：

第一题：

故障现象＿＿＿＿＿＿＿＿＿＿＿＿＿＿＿＿＿＿＿＿

＿＿＿＿＿＿＿＿＿＿＿＿＿＿＿＿＿＿＿＿＿＿＿＿

分析可能出现的故障原因＿＿＿＿＿＿＿＿＿＿＿＿＿＿

＿＿＿＿＿＿＿＿＿＿＿＿＿＿＿＿＿＿＿＿＿＿＿＿

写出实际故障点＿＿＿＿＿＿＿＿＿＿＿＿＿＿＿＿＿＿

＿＿＿＿＿＿＿＿＿＿＿＿＿＿＿＿＿＿＿＿＿＿＿＿

第二题：

故障现象＿＿＿＿＿＿＿＿＿＿＿＿＿＿＿＿＿＿＿＿

＿＿＿＿＿＿＿＿＿＿＿＿＿＿＿＿＿＿＿＿＿＿＿＿

分析可能出现的故障原因＿＿＿＿＿＿＿＿＿＿＿＿＿＿

＿＿＿＿＿＿＿＿＿＿＿＿＿＿＿＿＿＿＿＿＿＿＿＿

写出实际故障点＿＿＿＿＿＿＿＿＿＿＿＿＿＿＿＿＿＿

＿＿＿＿＿＿＿＿＿＿＿＿＿＿＿＿＿＿＿＿＿＿＿＿

评分比值请参考附录A。

附录D 单元4评分表

表D-1 PLC的使用考核检查评分表

任务名称					鉴定时限	60min			
评价要素		配分	等级	评分细则	评定等级				得分
					A	B	C	D	
1		30	A	可以按照要求很好的完成，思路清楚					
			B	可以按照要求较好的完成，思路比较清楚					
			C	基本达到考核要求完成，思路欠清楚					
			D	基本上无法完成考核内容					
2		30	A	可以按照要求很好的完成，思路清楚					
			B	可以按照要求较好的完成，思路比较清楚					
			C	基本达到考核要求完成，思路欠清楚					
			D	基本上无法完成考核内容					
3		40	A	可以按照要求很好的完成，思路清楚					
			B	可以按照要求较好的完成，思路比较清楚					
			C	基本达到考核要求完成，思路欠清楚					
			D	基本上无法完成考核内容					
合计配分		100	合计得分						

表D-2 指令应用检查评分表

任务名称		________指令的应用			鉴定时限	60min			
评价要素		配分	等级	评分细则	评定等级				得分
					A	B	C	D	
1	软件使用的熟练度	20	A	能够熟练使用软件					
			B	掌握了软件的使用方法，不熟练					
			C	能够在别人的帮助下使用软件					
			D	完全不能使用软件					
2	____指令的应用	40	A	理解指令的使用原则，能够正确运用指令					
			B	理解指令的使用原则，在灵活运用指令方面有欠缺					
			C	指令的使用原则理解不透彻，指令运用有欠缺					
			D	完全不理解指令的运用					

（续）

任务名称		＿＿＿＿＿＿＿＿指令的应用		鉴定时限		60min		
评价要素		配分	等级	评分细则	评定等级				得分
					A	B	C	D	
3	＿＿指令的应用	40	A	理解指令的使用原则，能够正确运用指令					
			B	理解指令的使用原则，在灵活运用指令方面有欠缺					
			C	指令的使用原则理解不透彻，指令运用有欠缺					
			D	完全不理解指令的运用					
合计配分		100	合计得分						

注：阴影处为否决项。　　　　带教老师（签名）：

表 D-3　PLC 项目检查评分表

编号及名称		项目四　用 PLC 控制三相异步电动机Y-△起动			时　间	60min				
评价要素		配分	等级	评分细则	评定等级					得分
					A	B	C	D	E	
1	接线	12	A	接线完全正确						
			B	接线有 1 根接错						
			C	接线有 2 根接错						
			D	接线有 3 根以上接错						
			E	差或未答题						
2	梯形图设计	20	A	梯形图正确表达控制要求						
			B	梯形图设计错 1 ~2 点						
			C	梯形图设计错 3 ~5 点						
			D	梯形图设计错误多或不能设计						
			E	差或未答题						
3	根据梯形图编写语句表	20	A	语句表编写完全正确						
			B	语句表编写错 1 ~2 点						
			C	语句表编写错 3 ~5 点						
			D	语句表编写错多或不能编写						
			E	差或未答题						
4	用编程器或用计算机软件输入程序	20	A	键盘操作熟练，程序输入步骤正确						
			B	键入程序错误 1 次，能自行修改，程序基本正确						
			C	键入程序错误 2 次，能自行修改，程序基本正确						
			D	程序输入错，不会修改或不会输入程序						
			E	差或未答题						

（续）

编号及名称		项目四　用 PLC 控制三相异步电动机Y-△起动			时　间		60min			
评 价 要 素		配分	等级	评 分 细 则	评 定 等 级					得分
					A	B	C	D	E	
5	模拟调试	20	A	调试步骤正确，能达到控制要求						
			B	系统运行失败 1 次，能独立纠正						
			C	系统运行失败 2 次，能独立纠正						
			D	通电调试失败多或系统不能运行						
			E	差或未答题						
6	安全生产无事故发生	8	A	安全文明生产，符合操作规程						
			B	操作基本规范						
			C	损坏计算机内编程软件						
			D	不能文明生产，不符合操作规程						
			E	差或未答题						
合计配分		100	合计得分							

评分比值请参考附录 A。

参考文献

[1] 刘建华，伍尚勤．电子工艺技术［M］．北京：科学出版社，2009.

[2] 康华光．电子技术基础：数字部分［M］．5版．北京：高等教育出版社，2008.

[3] 康华光．电子技术基础：模拟部分［M］．5版．北京：高等教育出版社，2009.

[4] 王兆安，黄俊．电力电子技术［M］．4版．北京：机械工业出版社，2011.

[5] 莫正康．电力电子应用技术［M］．3版．北京：机械工业出版社，2011.

[6] 陈立定，等．电气控制与可编程控制器的原理及应用［M］．北京：机械工业出版社，2004.

[7] 刘建华，张静之．传感器与PLC应用［M］．北京：科学出版社，2010.

[8] 潘毅，翟恩民，游建．机床电气控制［M］．北京：科学出版社，2009.

[9] 廖常初．PLC基础及应用［M］．北京：机械工业出版社，2007.

[10] 刘建华，张静之．三菱 FX_{2N} 系列PLC应用技术［M］．北京：机械工业出版社，2010.

[11] 张静之，刘建华．电气自动控制综合应用［M］．上海：上海科学技术出版社，2007.

[12] 王照清．维修电工：中级［M］．北京：中国劳动社会保障出版社，2004.

[13] 王照清．维修电工：初级［M］．北京：中国劳动社会保障出版社，2005.

[14] 李敬梅．电力拖动控制线路与技能训练［M］．4版．北京：中国劳动社会保障出版社，2007

机 械 工 业 出 版 社

教师服务信息表

尊敬的老师：

您好！感谢您多年来对机械工业出版社的支持与厚爱！为了进一步提高我社教材的出版质量，更好地为职业教育的发展服务，欢迎您对我社的教材多提宝贵意见和建议。另外，如果您在教学中选用了《维修电工综合实训教程》（张静之　刘建华　主编）一书，我们将为您免费提供与本书配套的电子课件。

一、基本信息

姓名：____________ 性别：____________ 职称：____________ 职务：____________

学校：____ 系部：____________

地址：____ 邮编：____________

任教课程：____________________ 电话：____________（O）手机：____________

电子邮件：____________________ qq：____________________ msn：____________

二、您对本书的意见及建议

（欢迎您指出本书的疏误之处）

三、您近期的著书计划

请与我们联系：

100037　北京市西城区百万庄大街22号机械工业出版社·技能教育分社　陈玉芝

Tel：010-88379079

Fax：010-68329397

E-mail：cyztian@ gmail. com 或 cyztian@ 126. com